教育部高职高专计算机教指委规划教材

Web数据库设计项目教程

主　编　邵冬华
副主编　周军　王海　居晓琴　吴小峰

中国人民大学出版社
·北京·

总 序

近年来，我国高等教育取得了跨越式发展，毛入学率由1998年的8%迅速增长到2010年的25%，已经进入到大众的发展阶段，这其中，高等职业教育对实现“形成全民学习、终身学习的学习型社会”、“构建终身教育体系”的宏伟目标，发挥着其他教育形式不可替代的作用。

质量是职业教育的生命，社会需求是职业教育发展的终极动力。新颁布的《国家中长期教育改革和发展规划纲要》特别强调通过推进教育教学改革来提高质量。《纲要》要求通过课程、教材、教学模式和评价方式的创新，推进就业创业教育，实现人才培养方式转变，着力提高学生的职业道德、职业技能和就业创业能力。

实际上，为了适应我国高等职业教育的发展，全面提高教育教学质量，教育部主管部门先后启动了“国家精品课程建设”和“国家示范性高等职业院校建设计划”，经过四年的建设，无论是办学条件、人才培养模式，还是学生的就业质量都取得了显著进步；同时，也涌现出了一批高水平的优秀课程和优秀教材，为传播优秀教学理念、教学方法和教学内容起到了重要作用，为提高教学质量奠定了坚实基础。

为进一步深化教育教学改革和精品课程建设，进一步挖掘优秀的课程和教材，推广优秀的教育成果，扩大精品课程的受益面，在教育部高等学校高职高专计算机类专业教学指导委员会的指导下，中国人民大学出版社组织召开了计算机类专业的教材研讨会，并成立了教材编审委员会，计划在未来两三年内陆续推出百种高职高专计算机系列精品教材。

此套教材的作者大都是有着丰富的职业教育教学经验和较高专业学术水平的专家和教

授。教材内容的选择克服了追求理论“大而全”的不足，做到了少而精，有针对性，突出了能力的训练和培养；教材体例的安排突出了学习使用的弹性和灵活性，形成文字教材和多媒体教程相结合的立体化教材，加强了教师对学生学习过程的指导和帮助，形象生动、灵活方便，更能适应学员在职、业余自学，或配合教师讲授时使用，相信会起到很好的教学效果。为满足教师在实际教学中的需求，本套教材在编写体例形式上不拘一格，具备“任务引领型”、“案例型”、“项目实训型”等写作特点，其目的是让学生在学中练、练中学，在实际动手练习中掌握理论知识的专业技能。

我们期待，这套高职高专计算机精品教材能够为促进我国高校IT职业教育的教学质量做出积极的贡献；我们也相信，这套教材必将在实践中日臻完善、追求卓越！

教育部高等学校高职高专计算机类专业教学指导委员会 主任委员

大连东软信息学院院长　温涛教授

二〇一〇年六月

前言

目前，在全球范围内运行的数据库系统大多数建立在互联网或局域网上，具有异地分布的特点。随着计算机网络的发展和普及，在网络数据库家族中，Web 数据库得到广泛的应用。而在众多的 Web 数据库开发技术中，ASP 因其简单易学、便于开发与维护、功能强大等特点，已经成为 Web 开发人员的首选平台之一。

ASP 是 Microsoft 公司于 1996 年推出的一种 Web 应用开发技术，用于取代对 Web 服务器进行可编程扩展的 CGI 标准。ASP 的主要功能是将脚本语言 VBScript（或 JavaScript）、HTML、组件和 Web 数据库访问功能有机地结合在一起，形成一个能在服务器端运行的应用程序，该应用程序可根据来自浏览器的请求生成相应的 HTML 文档并回送给浏览器。使用 ASP 能够创建 HTML 网页作为用户界面，以及与数据库进行交互的 Web 应用程序。

本书是在项目课程理论的基础上，根据编者们多年的教学经验与学生的学习规律，精心组织内容，以项目引领、任务驱动的教学模式构建项目开发教材体系，做到语言通俗易懂，内容丰富翔实，结构科学合理，突出以能力为中心，在理论学习中进行操作实践，在操作实践中接受理论知识，达到“教、学、做”一体化，真正满足高职高专院校培养高技能型人才的要求。

本书共分 11 个子项目，内容包括：本书学习总项目——企业网站设计；子项目 1 介绍企业网站页面的设计；子项目 2 介绍计数器系统的设计；子项目 3 介绍用户登录与注册系统的设计；子项目 4 介绍树型菜单系统的设计；子项目 5 介绍文件管理系统的设计；子项目 6 介绍站内搜索引擎的设计；子项目 7 介绍产品投票系统的设计；子项目 8 介绍企业新闻发布系统的设计；子项目 9 介绍企业网站聊天室的设计；子项目 10 介绍企业留言系统的设计；

子项目 11 介绍在线订单系统的设计。

本书紧密结合生活实际，具有可读性、实用性和可操作性等特点。本书既可作为承担国家技能型紧缺人才培养培训任务的高职高专院校计算机类、信息管理类专业的教材，也可以为各类 Web 程序设计培训的培训教材，还可供广大 Internet/Intranet 网站开发人员参考。

本书由邵冬华担任主编，周军、王海、居晓琴、吴小峰等担任副主编，李经炜、于艳华负责程序代码调试与整合。其中，子项目 1、2、8 由邵冬华编写并对全书进行统稿；子项目 3、4 由王海编写；总项目及子项目 5、6 由周军编写；子项目 7、9 由吴小峰编写；子项目 10、11 由居晓琴编写。

由于编者水平有限，加上时间仓促，书中不妥之处在所难免，恳请各位专家、读者不吝指正。

作　者

2010 年 8 月

建议教学课时数（70 课时）

序　号	章　节	建议教学课时数
1	总项目　企业网站设计	2
2	子项目 1　企业网站页面的设计	8
3	子项目 2　计数器系统的设计	6
4	子项目 3　登录与注册系统的设计	6
5	子项目 4　树型菜单系统的设计	6
6	子项目 5　文件管理系统的设计	6
7	子项目 6　站内搜索引擎的设计	6
8	子项目 7　产品投票系统的设计	4
9	子项目 8　企业新闻发布系统的设计	8
10	子项目 9　企业网站聊天室的设计	4
11	子项目 10　企业留言系统的设计	6
12	子项目 11　在线订单系统的设计	8

目　录

总项目　企业网站设计

学习目标

能为中小型企业设计网站方案。

了解企业网站的应用需求。

了解并掌握企业网站系统体系结构与设计方法。

0.1　系统应用背景

随着计算机、电子通信技术的飞速发展和网络的应用越来越广泛，国内外不少的大中小企业都意识到利用网络传递信息能够提高办事效率、提升企业的竞争力。通过 Internet 为自己做宣传、树立企业的形象和提高企业在业界的知名度，这也是目前大多数企业的主要宣传方式。这与传统的宣传方式相比有着明显的投资少、收益大的良好效果。

其中，网站已经成为现阶段众多企业不可或缺的网络营销平台，互联网应用规模正不断扩大。目前我国中小企业数量已达到 4200 多万户，占全国企业总量的 99.8%。而应用互联网发展业务的中小企业只占总数的 44.2%，并且有很大一部分中小企业网站存在各种应用弊端。

网站是企业在互联网上的形象，网站应用的效果直接关系到企业的网上经营业绩。对用户而言，随着网络的普及，无论是个人还是企业用户更习惯于通过互联网查找自己所需的产品、服务、合作伙伴以及其他资料。对企业而言，网站作为企业在互联网上的门户，发挥着名片作用，可以很好地建立企业的形象，及时发布企业的产品信息和服务信息，及时通过网站留言系统掌握客户反馈的信息，企业产品和服务销售策略的调整能通过网站传达给客户，可以想象没有网站的企业肯定不是客户的首选。

0.2　系统需求分析

1. 建立企业网站目的

企业网站建站的目的一般有以下几方面：

（1）树立企业形象，将企业文化、产品、服务最直接地通过互联网传达给广大客户。

（2）建立完善的网上销售和服务系统，打造出企业与客户有效的电子商务平台。

(3) 为现有客户提供更有效的服务，吸引更多的潜在客户，保持市场的领先地位。

(4) 开拓新的商业机会，通过互联网多渠道了解和吸纳人才、加盟者与合作伙伴。

(5) 建立完善的网上服务系统、跟踪系统，提高企业运营和管理效率。

2. 信息管理系统所具备的功能

为实现这些目的，企业网站信息管理系统一般应具备以下功能：

(1) 客户界面模块。

- 代表企业形象并能体现企业特色的首页设计；
- 在首页中可以查看企业最新产品、企业介绍、企业动态新闻、产品的满意度；
- 用户可以留言、在线订单、站内搜索、文件的管理。

(2) 企业管理员界面模块。

- 用户、访问者与管理员等身份的管理；
- 栏目的管理；
- 新闻的发布、修改、删除等管理；
- 留言板内容的管理；
- 反馈信息、图片等文件上传、下载的管理；
- 产品订单的维护；
- 产品满意度的信息维护。

0.3 系统设计

0.3.1 系统设计思想

1. 模块化设计页面

模块化程序设计思想在大型软件开发中应用较广，体现了系统“结构整齐、功能清晰、维护简捷”的特点。本章所引入的企业网站信息管理系统案例在设计时，把一些常用的部分设计成各个模块，这样在设计新的页面时如果有重复出现的部分，只需要利用现成的模块来组装就可以了。

企业网站中使用最多的模块一般有数据库连接文件、包含文件、网页头部与底部等。

2. 结构化设计目录

合理的目录结构组织也是企业网站在设计时需要考虑的。因为作为一个代表企业形象的网站，所涉及的信息内容比较多，如企业介绍和产品介绍，新闻及信息反馈等，若能将与这些功能对应的文件按目录存放，从而使得系统结构更加清晰。

3. 系统安全性设计

(1) 避免使用 .inc 作为扩展名。很多开发人员喜欢用 Include 包含的文件的扩展名设为 .inc，但这样的设计安全性较低，尤其在安全机制不好的 Web Server 上运行时，只需在地址栏中输入某个扩展名是 .inc 文件的 URL，就可以浏览该文件的内容。这是由于在 Web Server 上，如果没有定义好解析类型（如 .inc）的动态链接库，该文件会以源代码方式显示。

因此建议开发者以 .asp 或 .asa 等作为引用文件的扩展名，提高系统的安全性。

(2) 数据库的选择。对于中小型企业来说，网站的数据库建议采用 SQL Server 数据库，因其安全性、可靠性能得到保障。本书所介绍的系统则都是利用 SQL Server 数据库来进行设计的。

(3) 过滤字符串中的单引号。这也是一个很基本的问题，当用字符串来组织 SQL 语句时，最重要的一个问题就是过滤字符串中的单引号，因为 SQL 语句中字符串是以单引号为分界符的。这样通过过滤可以防止某些非法用户通过输入由单引号组成的字符串来恶意篡改后台代码。

(4) 上传功能的使用。设计一个上传的程序并不复杂，但要设计一个稳定的、安全的上传程序却并不那么容易。如果某网站开通了对所有访客的上传权限，那么黑客也可以利用这个功能上传一个 .asp 文件，然后便可以在这个文件中做其想做的事了。因此，如果用户是一个初学者，要慎用上传功能，比如可以设为只有管理员才可以使用上传权限，限定上传文件的类型等。本书所涉及的文件管理主要用来介绍其文件的管理功能。

4. ASP 代码优化

为优化代码，可以从以下几方面考虑：

(1) 使用 Option Explicit 强制变量声明，可以大大减小语义错误的发生率，同时也能提高效率。

(2) 使用数据库连接池技术，充分利用 IIS 所提供的功能，从而大大提高数据库连接效率。

(3) 在使用 Request 对象获取参数值时，避免访问非限定的 Request 对象，需要明确指出具体的集合，比如是属于 QueryString 还是 Form，并且将多次需要使用的数据存储在本地 Session 变量中，从而提高效率。

(4) 使用模块化程序设计思想，在多处地方利用函数实现关键功能，使程序结构更清晰，程序代码更优化。

0.3.2 系统体系结构设计

根据系统的需求分析，企业网站的结构如图 0—1、图 0—2 所示。

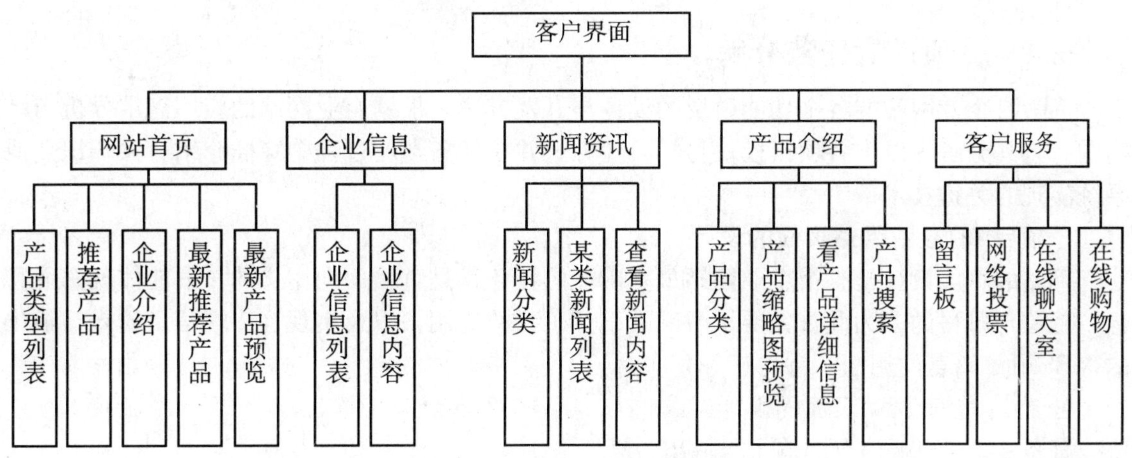

图 0—1 客户界面系统功能图

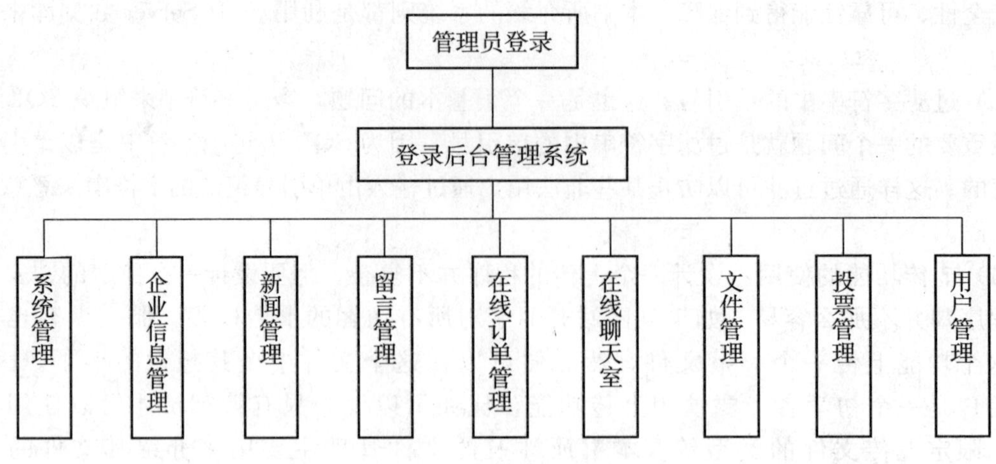

图 0—2　管理员功能图

0.3.3　数据库设计

在一个企业网站信息管理系统中，数据库的地位是非常重要的，它是企业网站正常运行的重要基础。数据库设计一方面需要科学与规范的方法，另一方面也需要丰富的实践经验。数据库的设计一般需要分为以下三步：

步骤 1： 收集、分析需求；

步骤 2： 将需求抽象出一般的实体、关系和它们的属性；

步骤 3： 将第 2 步中抽象出的实体、关系与属性按照一定的规则转换为二元表结构。

本书所介绍的企业网站信息管理系统中的数据库设计是按“整体搭建、分块设计”的原则展开的，即在系统整体功能的基础上构建数据库框架，各子系统分块具体设计数据表。数据库平台是采用稳定性好、安全性高的 SQL Server 数据库。

根据这一思想，设计企业网站信息管理系统数据库，数据库名称定义为 EnterpriseData，考虑其访问安全性，建立访问用户为 EnterpriseUser，密码为 123456，读者设计时可以根据情况自己定义访问用户名与访问密码。

0.4　总项目的任务分解

为学习企业网站的各个功能模块的设计与开发方法，根据企业网站的应用需求分析与结构图，将其分解为以下各项目模块与学习任务，并在任务学习过程中穿插介绍有关知识点或系统实现的关键技术。

子项目 1：企业网站页面的设计

网站的页面设计是整个企业网站最基础性的任务，是直接面向用户的，最能体现企业特色、形象与风格的。为此首先要学习网页设计工具的应用，以及实现客户端信息输入与输出的 VBScript 语言的用法。特将任务分解为：

任务 1：企业网站页面的设计。

任务 2：客户端信息的输入与输出。

子项目 2：计数器系统的设计

许多网站在推出后，网站设计者非常希望了解到底有多少访问者曾经访问过自己的网站，他们来自何方，浏览页面时又有什么规律等。一个好的网站设计者会根据访问信息来及时更正网页的内容与结构，以便吸引更多用户的眼球，扩大网站的影响力，而访问计数器就可以轻松实现这个功能。在学习第一个 ASP 程序之前，首先需要掌握 Internet 信息服务的有关技术，为此将任务分解为：

任务 1：Internet 信息服务（IIS）的安装与配置。

任务 2：计数器系统的设计。

子项目 3：用户登录与注册系统的设计

为防止非法用户使用网站应用系统，保证合法用户的利益，同时了解并统计使用企业网站的合法用户信息，一般由用户登录与注册系统来完成此目的。系统的用户信息需要由数据库来存储，因此在学习该系统之前必须要掌握数据库连接技术。为此将任务分解为：

任务 1：数据库的连接与配置。

任务 2：用户登录模块的设计。

任务 3：用户注册模块的设计。

子项目 4：树型菜单系统的设计

在企业网站建设中，菜单形式有成千上万种，为了让用户有一个更好的体验，减轻服务器的负担。使用“按需取数据”的思想，最大限度地减少冗余请求和响应对服务器造成的负担。将功能模块设计成树型菜单是一种较为常见的形式。ASP 的脚本代码有两种：VBScript和 JavaScript，默认情况下使用的是 VBScript，而对于某些应用场合利用 JavaScript 则将会提高代码效率，因此在介绍树型菜单前简要介绍 JavaScript 的用法。为此将任务分解为：

任务 1：利用 JavaScript 实现学生平均成绩的计算。

任务 2：树型菜单系统的设计。

子项目 5：文件管理系统的设计

文件管理系统的主要功能是在浏览器里实现对远程服务器上文件的管理，如上传、新建、复制、移动、删除文件或文件夹。虽然功能没有 FTP 软件那么强大，但对于一些能上网却被网管封了 FTP 权限的用户维护自己的网站颇有用处，只要能上网就可以管理你的网站。为此将任务分解为：

任务 1：文件（夹）的基本操作。

任务 2：文件管理系统的设计。

子项目 6：站内搜索引擎的设计

假如你拥有一个庞大的网站，内容又多，那么来访者往往很难找到自己所需要的东西，这时候就需要提供一个站内搜索引擎来帮助来访者快速地找到所需的资料。在搜索信息时往往需要通过若干关键字来搜索，掌握关键字切分技术是实现搜索引擎技术的一项重要内容。为此将任务分解为：

任务 1：关键字的切分。

任务 2：站内搜索引擎的设计。

子项目 7：产品投票系统的设计

很多企业想要了解本企业的产品或者服务的满意度的情况，可借助网络投票系统，预先设定好投票对象如企业产品满意度、企业服务满意度等，由用户根据实际情况对相应的投票对象进行投票，企业最终可根据投票的情况来了解自己的产品与服务的满意度，以便于改进企业产品与提高服务意识。为更好地学习与掌握产品投票系统的设计，为此将学习任务分解为：

任务1：产品投票。

任务2：投票结果查看。

任务3：投票系统后台管理。

子项目8：企业新闻发布系统的设计

新闻发布系统是将网页上的某些需要经常变动的信息，如新闻、产品宣传、业界动态等信息进行集中管理，通过标准化的模板发布到网站上的一种网站应用程序。为此将任务分解为：

任务1：企业新闻浏览。

任务2：企业新闻编辑与发布。

任务3：后台管理。

子项目9：企业网站聊天室的设计

有些用户在访问企业网站时需要实时在线与企业销售或者管理人员进行沟通，此时网站聊天室程序则可为其创造良好的实时沟通环境。为此将任务分解为：

任务1：聊天室客户端模块设计。

任务2：聊天室后台模块设计。

子项目10：企业留言系统的设计

聊天室是提供一个实时的交流平台，而有些时候用户与企业销售或者管理人员不能同时在线，此时就需要一个平台供用户发布信息，以便于企业有关人员或者其他用户查看。留言板是一种最为简单的BBS应用，借助留言板，用户可以张贴留言的方式给企业销售、网站管理员或其他浏览者进行留言和提问。为此将任务分解为：

任务1：留言客户端模块设计。

任务2：留言后台模块设计。

子项目11：企业产品在线订单系统的设计

随着电子商务的不断发展，企业产品网上订单的形式越来越受到人们的关注，借助于在线订单系统可以方便用户购买产品，方便企业统计用户订单信息等。为此将任务分解为：

任务1：产品在线订单客户端模块设计。

任务2：产品订单后台模块设计。

实训与习题

1. 搜集相关资料结合本章内容试描述模块化程序设计方法。
2. 结合身边企业实际情况，为其量身设计一套企业网站方案。

子项目 1　企业网站页面的设计

学习目标

学会使用企业网站页面设计的工具，掌握 VBScript 语言的用法。

了解并掌握 Dreamweaver 的使用方法。

了解并掌握 HTML 的使用方法。

掌握 VBScript 语言的用法，并能利用该语言编写相关程序。

项目任务

对于一个企业网站来说，网站页面设计直接体现了企业的整体形象，能从侧面反映出企业的实力。因此，要做好一个企业网站，首先需要熟练掌握网页设计工具，如 Dreamweaver 等，而与之密切相关的 HTML 又是一切 Web 页面的基础；其次需要熟练运用在客户端运行的脚本语言，实现信息的输入与输出。

本项目分为两大任务：一是介绍网页设计工具 Dreamweaver，因有许多专门的教材介绍 Dreamweaver，为此本书主要从几个主要功能模块来分析介绍，如 HTML、布局表格、CSS 样式等；二是通过实例分析，详细介绍脚本语言 VBScript 的用法。

任务 1　企业网站页面的布局

学习目标与任务：

- 了解并掌握网页设计工具 Dreamweaver 的用法；
- 了解并掌握 HTML 语言的用法；
- 了解并掌握层叠样式 CSS 的用法；
- 根据实例学会利用表格进行页面设计的方法。

1.1.1　问题情景及实现

1. 问题情景

企业网站设计的好坏，关键要看布局设计的新颖性、合理性、科学性、便利性等，还有页面色彩的选择与搭配等。这些都是需要靠网站设计师多年的网站设计经验的积累以及美术功底。

本任务是某企业网站页面设计实例，介绍页面设计的工具、技术等相关知识。

2. 页面设计案例

图 1—1 给出了某企业网站主页面的部分内容。

图 1—1 某企业网站页面

网站页面设计的页面布局（产品投票）部分代码如下：

```
<table width="100%" border="0" cellspacing="0" cellpadding="0" style="border:1px solid #dfdfdf;
    background-image:url(/Images/aboutusbg.jpg);background-repeat:repeat-x;">
    <tr>
    <td><a href="#"><img src="/Images/vote.jpg" style="padding-left:10px;" border="0" /></a></td>
    </tr>
    <tr>
    <td valign="top" style="padding-left:10px;padding-right:10px;"><!--网络调查开始-->
      <%Call Page_Vote()%>        'VBScript 服务端脚本代码用于调用产品投票函数
      <!--网络调查结束-->
    </td>
    </tr>
    <tr>
    <td height="10"></td>
    </tr>
</table>
```

上述代码是网站主页面中的一小部分，在页面中插入一张表格，用于产品投票功能布局。而实现产品投票功能的是利用 VBScript 服务端脚本代码（子项目 2 将介绍）调用投票函数。

1.1.2 相关知识：HTML 语言、Dreamweaver 的基本应用

由代码可知，页面设计的基础则是 HTML 代码。下面让我们一起来学习 HTML 语言以及 Dreamweaver 的基本应用。

1. HTML 语言

超文本标记语言 HTML(HyperText Markup Language)作为网页设计的基础，读者在学习本书之前应有一定的基础，在此只是作为复习的形式再次提出。若读者对本部分内容还不了解，最好先参阅相关书籍。

(1) HTML 概述。1990 年，HTML 与 World Wide Web 一起诞生于瑞士日内瓦的 CERN，主要研究人员是 CERN 的研究人员 TimBerners-Lee。它的语言规则发展得很快，不断有新版本出现。HTML 3.2 问世以前，在不同浏览器上看同一 HTML 文档，可能会有不同的形式，但现在只要严格遵守 HTML 3.2 规范，哪怕最新问世的 HTML 5，也不会存在这个问题了。

HTML 文档是纯文本文件，不含有任何二进制控制码，因此可用任何一个能编辑纯文本文件的编辑器编写 HTML 语言。HTML 文档的扩展名是 .htm，采用 .htm 格式；而在 UNIX 和 Windows 95 环境下，则应保存成 .html。

HTML 语言的第一个版本都采用 SGML 语言（ISO 论证的定义其他标注语言的元语言 meta-language）定义，它既是一种文档类型，即 HTML 文档类型；又是一种标注语言，即 HTML 语言，用于描述 HTML 文档类型。HTML 语言不区分大小写，它有以下一些特点：

- 没有特定的逻辑结构，分成不同的逻辑单元，它是一种结构化文本文档。
- 可以提供图像、动画以及其他多媒体等信息的超级链接。
- 创建过程非常简单，易学易用。
- 版本开发采取向后兼容的方式，这使 HTML 文档容易维护。
- HTML 作为 Web 上通用的描述语言，为各种计算机平台提供了一个公开的标准接口，因此，HTML 语言与平台无关。

(2) HTML 的词法。

①数据实体字符。除了 ASCII 字符以外，数据字符中还有一种被称为字符实体的特殊字符。这是为了在文档中使用一些非 ASCII 字符的特殊字符，如希腊字母等，其格式为“& 实体名称”。一些常用的实体如表 1—1 所示。

表 1—1　　数据实体字符集

实　体	字　符	说　明
<	<	小于号
>	>	大于号
&	&	
"	“	双引号
		空格

②标记。HTML 语言中，标记用来界定各种单元，如标题、段落等，语法格式如下：

起始标记 + 单元内容 + 结束标记

例如：

```
〈title〉这是一个HTML标记的例子〈/title〉
```

其中，〈title〉是起始标记；〈/title〉是结束标记；中间的“这是一个 HTML 标记的例子”则是内容。

注意：起始符“〈”之后不允许有空格，如〈 title〉是不允许的。

③属性。在起始标记中可以加入属性以提供进一步的信息，一般由属性名称、等号和属性值组成。例如：

```
〈font Color = "blue"Size = 6〉字体属性为:蓝色,六号字〈/font〉
```

其中，Color=“blue” Size=6 是对字体属性的说明。

④HTML 注释。注释说明以“〈!”开头，“〉”结束，第一条注释都以“–”开始和结束。例如：

```
〈!--注释--〉
```

⑤HTML 语言创建 Web 页的大体结构。以下举例说明 HTML 语言创建 Web 页的大体结构。

【例 1.1】HTML 语言创建 Web 页的大体结构。

```
'Rem html 标记
〈html〉
'Rem head 标记
〈head〉
〈title〉HTML 语言创建 Web 页的大体结构〈/title〉
〈/head〉
'Rem body 标记
〈body〉
'Rem 确认〈center〉中的内容居中
〈center〉
〈font size = 6 color = "blue"〉HTML 语言创建 Web 页的大体结构〈/font〉
'Rem 〈hr〉画一横线
〈/center〉〈hr color = "blue"〉
'Rem 〈br〉代表一行结束
大体结构如下:〈br〉
'Rem 显示文档内容
   &lthtml&gt〈br〉
   &lthead&gt〈br〉
   &lttitle&gt 内容 &lt/title&gt〈br〉
   &lt/head&gt〈br〉
   &ltbody&gt〈br〉
   内容〈br〉
   &lt/body&gt〈br〉
   &lt/html&gt〈br〉
〈/body〉
〈/html〉
```

以上程序显示了一个 HTML 文档创建的大体结构。其中的一些句法只是比较简单的 HTML 标记，在后面将会介绍。从中可以看到两个不可缺少的结构：〈head〉和〈body〉结构，这就好像 E-mail 有题头和正文。其中，〈title〉〈/title〉结构中的内容模式为普通文本，不允许其他标记，否则将报错。图 1—2 显示了此文档的结果。

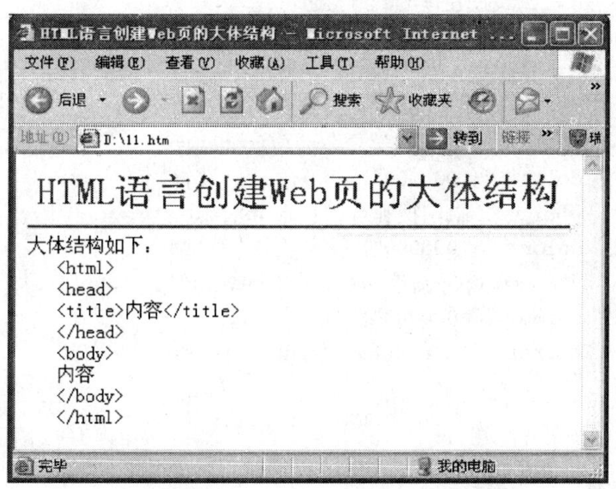

图 1—2　HTML 语言的大体结构

（3）HTML 的标记语法。下面例题用来学习 HTML 的语法，在代码中利用注释对标记逐一说明。

【例 1.2】 HTML 语法例程。

```
'Rem 表示 HTML 文档
〈html〉
'Rem 表示文档页首节,提供文档的一些信息
〈head〉
〈title〉HTML 标记简介〈/title〉
'Rem Meta 描述 HTML 文档自身的信息
〈meta http-equiv = "refresh" content = "60;URL = L1-2. htm"〉
〈/head〉
'Rem body 是 HTML 文档的主体,以一幅画做背景
〈body background = "bg. JPG"
'Rem 〈p〉表示分段,〈b〉表示粗体,〈center〉表示该块内容居中
'Rem font 单元有三个属性:size 表示字体大小,color 表示颜色,以 16 进制颜色表示,face 表示字体
'Rem div 表示其中的内容为一个整体进行格式化,align = "left"表示位置左对齐
〈div align = "left"〉
'Rem table 表示制表,border 表示表框线阴影宽度,默认值 1,width 和 height 设置表格宽与高,
可以相对浏览宽度,以 % 表示,也可以像素为单位表示绝对宽度
〈table border = "0" width = "905" height = "65"〉
'Rem 〈tr〉定义表中的一行,可设置对齐方式:align(水平) = "left/center/right"和 valign(垂直)
 = "top/middle/bottom"
〈tr〉
'Rem 〈td〉定义一行中的单元,也可设置对齐方式〈th〉是定义一行中的表头,其中的内容为黑体格式
〈td width = "205" height = "65" rowspan = "2" align = "center"〉
'Rem 〈a〉表示链接的锚点,用于嵌入一个超级链接,URL 由 href 指定
〈a href = "L1-2. htm"〉Web 页大体结构〈/a〉
〈/td〉
〈td width = "520" height = "55" align = "center"〉
〈b〉〈font face = "隶书" color = "＃000000" size = "5"〉ASP 特点〈/font〉〈/b〉〈/td〉
```

```
<td width="150" height="65" rowspan="2" align="center">
<font face="隶书" size="7" color="#000000"><b>
'Rem IMG用于在文本中插入图像(内联图像),width和height用于设置图片的宽与高,为相对路径
<img border="0" src="友情链接.JPG" width="155" height="76"></b></font>
<p><font face="隶书" color="#000000">
<a href="http://www.5460.net">中国同学录</a></font></p>
<p><font face="隶书" color="#000000">
<a href="http://www.sohu.com">中国搜狐</a></font></p>
<p><font face="隶书" color="#000000">
<a href="http://www.sina.com.cn">新浪网</a></font></p>
<p><font face="隶书" color="#000000">
<a href="http://www.263.net">263.net</a></font></p>
<p></p></td>
</tr>
<tr>
'Rem  表示一个空格
<td width="523" height="1">特点:<br>
<br>      
ASP是Microsoft开发的动态网页技术,主要应用于Windows NT+IIS或Windows 9x+PWS平台。……
因此本书介绍的例程是利用ASP技术开发的。
<br><br>
</td>
</tr>
</table></div>
</body>
</html>
```

该HTML程序创建了一个简单的静态页面，其运行显示如图1—3所示。

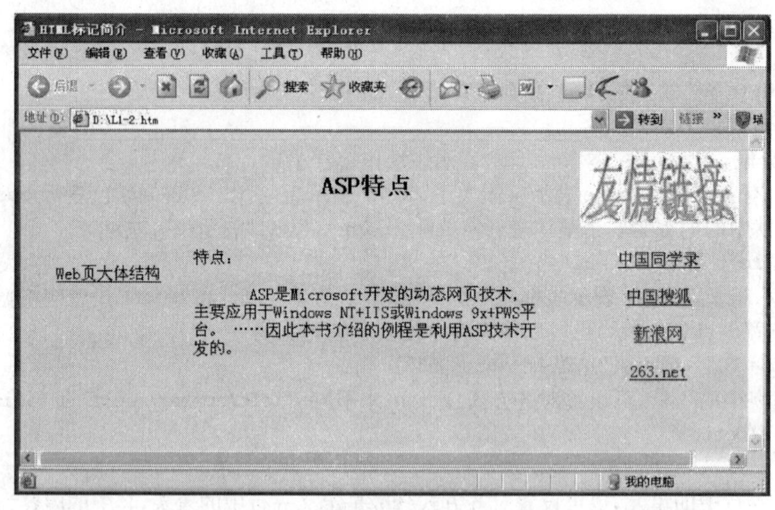

图1—3 HTML编写的静态网页

2. Dreamweaver的基本应用

Dreamweaver是Macromedia公司推出的一系列功能强大的网页设计软件之一，随着版本的不断更新升级，功能越来越强大，界面也越来越友好，具有所见即所得、易学易用的特

点。为此，它是网站制作人员的首选工具。

因有专门的教材介绍 Dreamweaver，本书就不再一一详细阐述了。下面主要围绕页面的排版、格式展开简要说明。

(1) CSS 使用基础。CSS 英文全称为 Cascading Style Sheets，即层叠样式表单，通常都称它为样式表。在网页中是和 HTML 结合在一起使用的，用于控制 HTML 中元素的显示格式，并扩展 HTML 的功能。使用 CSS 可以对文本的多个属性进行样式的设定，使用 CSS 过滤镜可以对图像在浏览器中显示效果进行进一步的修饰，使用 CSS 的一些高级属性设置可以自定义浏览器滚动条的样式和鼠标在页面中的样式。

①基本语法。

● 语法规则。CSS 中的每一个样式都有一定的格式，基本格式如下：

```
selector {property:value;property:value; … }
```

选择符(selector)一般有 3 种形式：HTML 的标记、类选择符和 ID 选择符；属性(property)是可被定义样式的参数，如颜色(color)；值(value)是指与属性相对应的值，如颜色值为 red。

使用样式表时需要注意以下几点：

i. 属性和值之间是用“:”连接；

ii. 如果需要对一个选择符指定多个属性，必须使用分号将每一对属性和值分开；

iii. CSS 规则和 HTML 类似，对大小写没有严格要求；

iv. 如果属性的值是多个单词组成，必须在值上加上引号；

v. 为使样式表更清晰，最好采用分行的书写格式。

● HTML 标记选择符。任何 HTML 标记都可以作为一个选择符，设定样式后选择符将标记范围内的内容都以相关样式显示出来。例如：

```
<style type="text/css">
P{font:16pt}
</style>
```

凡在 HTML 代码中用到段落标记 P，段落中的字体则按样式中的值显示。

● 类选择符。类选择符有两种：标签相关类和独立类。用标签相关类选择符能够把相同的元素分别定义不同的样式，格式如下：

```
selector.class {property:value;}
```

定义时，需要在自定义类的名称前加一个点号。如上面例子，一部分段落文字是 16pt，另一部分却是 10pt，则可以更改为：

```
<style type="text/css">
P.big {font:16pt}
P.small {font:10pt}
</style>
```

【例 1.3】使用上述样式表设置格式。

```
<html><head><title>CSS 样式应用</title>
<style type="text/css">
    p.big {font:16pt}
```

```
    p.small {font:10pt}
</style>
</head><body>
<p class="big">这是应用 big 产生的效果</p>
<p class="small">这是应用 small 产生的效果</p>
</body></html>
```

● ID 选择符。在 HTML 页面中，ID 参数指定了某个单一元素，ID 选择符用来对这个单一元素定义单独的样式。ID 选择符的功能和用法与独立类选择符类似，只是要注意定义 ID 选择符要在 ID 名称前加上一个“#”号，在运用到标签中时，需要使用 id 而不是 class。例如：

```
#big{font:16pt}
'在格式应用时可见如下用法
<p id="big">使用 ID 选择符</p>
```

● 相关选择符。相关选择符是由空格隔开的两个或两个以上的单一选择符组成的选择符，例如：

```
table p
{
color:blue
}
```

表格内的段落的文本改变了样式，颜色为蓝色，而表格以外的段落的文字仍为默认颜色。

● 选择符组合。如果若干选择符的声明完全一致，则可以把具有相同属性和值的多个选择符组合起来书写，用逗号将选择符分开，以减少样式的重复定义，如：

```
h1,h2,h3,h4,h5,h6{
color:blue
font-size:10pt
}
```

这个选择符组合的应用效果是所有标题元素内的文字颜色都为蓝色，大小为 10pt。

● 继承。样式表的继承规则是外部的元素样式保留下来继承给这个元素所包含的其他元素。如在 table 标记中嵌套 p 标记，则可首先定义一个 table 的样式。

```
table{color:brown;font-size:10pt}
当网页中出现如下代码时：
<table>
<p>
  这个段落的文字颜色为棕色,大小为 10pt
</p>
</table>
```

p 元素中的文本会继承 table 定义的属性从而显示为棕色，大小为 10pt。若当样式表继承遇到冲突时，则以距离最近的定义的样式为准。

有关继承内容读者可参考其他相关资料，在此不再详细介绍。

● 注释。在 CSS 中添加注释有助于设计者和访问者对相关样式的理解并方便后续的编辑与修改。在浏览器中，注释是不显示的。CSS 注释与 C 语言中注释一样，以“/*”开头，以“*/”结尾，格式如下：

```
p
{
color:blue        /* 设置段落文本颜色为蓝色 */
}
```

②伪类。伪类可以看作是一种特殊的类选择符，是能被支持 CSS 的浏览器所自动识别的特殊选择符。最重要的用途是定义链接文本在不同状态时可显示不同的样式效果。

● 语法。伪类的语法是选择符后加上一个伪类（classname），格式如下：

```
selector:classname{property:value}
```

类选择符及其他选择符也可以与伪类混用，格式如下：

```
selector.class:classname{property:value}
```

● 锚的伪类。最常用的是 4 种锚元素的伪类，它表示链接文本在 4 种不同状态下的样式：link、visited、active、hover（未访问时、访问过后、激活时、鼠标光标移过时）。使用定位锚伪类是网站整体风格设定的重要方面，作为网站主体的文字样式和链接的设置会直接影响到网站的质量。如下 4 种锚元素的伪类应用：

```
a:link{color:red;text-decoration:none}          /*未访问时链接的样式,颜色为红色,无下划线*/
a:visited{color:black;text-decoration:none}     /*访问过后链接的样式,颜色为黑色,无下划线*/
a:hover{color:brown;text-decoration:underline}
/*鼠标光标划过时链接的样式,颜色为棕色、有下划线*/
a:active{color:blue;text-decoration:underline} /*激活链接时的样式,颜色为蓝色、有下划线*/
```

● 伪类和类选择符。将伪类和类结合起来使用，就可以在同一个页面中应用不同的链接样式效果，如定义一组链接，默认样式为黑色，无下划线，访问后为蓝色，有下划线；另一组链接，默认样式为蓝色，有下划线，访问后为黑色，无下划线。代码如下：

```
a.one:link{color:black;text-decoration:none}
a.one:visited{color:blue;text-decoration:underline}
a.two:link{color:blue;text-decoration:underline}
a.two:visited{color:black;text-decoration:none}
```

样式应用代码如下：

```
<a class="one" href="#">第一组链接</a>
<a class="two" href="#">第二组链接</a>
```

③在 HTML 中使用 CSS。链接一个外部的样式表。链接外部样式表应用的格式如下：

```
<link rel="stylesheet"type="text/css"href="MyStyle.css">
```

其中，stylesheet 指定一个固定或首选的样式，text/css 是指文件的类型是样式表文件。

外部样式表是一个保存在页面外部的以.css 为扩展名的样式表文件，可以通过 HTML 中的 link 元素链接到 HTML 文档中。使用此种方法的优点在于一个外部样式表文件可以应用于多个页面。网页设计者使用外部样式表可以通过只改变一个文件即可改变整个网站的外观，大大提高了工作效率，而且方便以后对页面样式的编辑，浏览网页时也不需要重复下载代码，节省了浏览者的时间。

● 嵌入式样式表。嵌入式样式表是应用最广泛的一种样式表。只需把样式表直接放到页面的〈head〉区里，这些定义的样式就应用到页面中了，作用范围是整个 HTML 文档。应用的格式如下：

```
〈style type = "text/css"〉
〈!--                                    /* 利用〈!--……--〉是防止低版本浏览器无法识别 style 标记 */
p{ font-size:10pt;color:blue}
-->
〈/style〉
```

● 导入外部样式表。导入外部样式表的应用格式为：

```
〈style type = "text/css"〉
〈!--
@import url (MyStyle.css)           /* 此处表示导入 MyStyle.css 样式表 */
p{font-size:10pt;color:blue}
-->
〈/style〉
```

注意：在使用时需要明确外部样式表路径，@import 声明必须放在样式表的开始位置，而其他 CSS 规则仍然要包括在 style 标记中。

● 内链式样式表。内链式样式表是混合在 HTML 标记里使用的，比其他样式表的使用方法更加灵活，并且必须使用 content-style-type 对整个文档进行单独的样式表语言声明，格式如下：

```
〈meta http-equiv = "content-type"content = "text/css"〉
```

内链样式的使用是直接在 HTML 标记里加入 style 参数，style 参数的内容就是 CSS 的属性和值。例如：

```
〈p style = "font-size:10pt;color:blue"〉     /*引号中的内容相当于样式表规则中大括号的内容*/
段落中的文本的样式为:字体颜色为蓝色,大小为 10pt
〈/p〉
```

(2) 使用布局表格。表格在 Dreamweaver 中的一个重要作用在于它在网页布局和排版上的功能，这里主要介绍布局表格的使用方法。

①创建布局表格。在 Dreamweaver 的“插入”面板中的“布局”子面板中有两个视图按钮：标准视图和布局视图。默认页面的视图为标准视图，单击布局视图按钮“布局视图”，即可切换到布局视图状态，单击“绘制布局表格”按钮，鼠标指针会变成十字形，在页面中就可以像绘图一样创建出布局表格，然后单击“绘制布局单元格”按钮，鼠标指针也会变成十字形，这样就可以在已经绘制的布局表格中绘制布局单元格，如图 1—4 所示。

为绘制整齐的布局单元格或者布局表格，在绘制时绘制区域有靠齐属性，即当靠近边框时，绘制区域会自动贴紧边框线。若不需要出现自动贴紧边框时，可在绘制时按住 Alt 键即可避免这种情况。

在绘制单元格时单击一次“绘制布局单元格”按钮就只能绘制一个布局单元格，若需要一次单击绘制多个布局单元格，则可在绘制布局单元格的时候按住 Ctrl 键就可连续绘制出多个单元格。绘制好布局表格与单元格后，要对其属性进行设置以达到预期的效果。布局表格属性面板如图 1—5 所示。

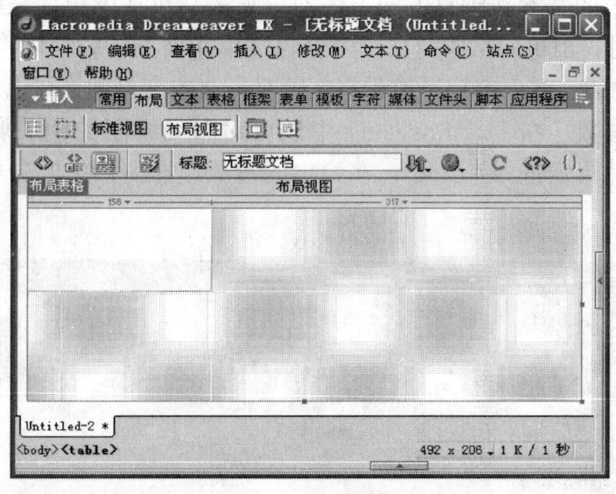

图 1—4　绘制布局表格和单元格

图 1—5　布局表格属性面板

布局表格属性面板设置说明如下：

● 宽：布局表格的宽度。若选择固定，则可在文本框中输入一个具体数值表示宽度，单位为像素；若选择自动伸展，表格大小则会随着浏览器的缩放而缩放，其单位用百分比表示。

● 高：布局表格的高度。在文本框中输入一个具体的数值表示，单位为像素。

● 背景颜色：布局表格的背景颜色，可直接在颜色选择器中选择。

● 填充：布局表格内的内容和表格边框之间的距离，单位为像素，一般采用默认 0 即可。

● 间距：布局表格单元格之间的距离，单位为像素，一般采用默认 0 即可。

布局单元格属性面板如图 1—6 所示。

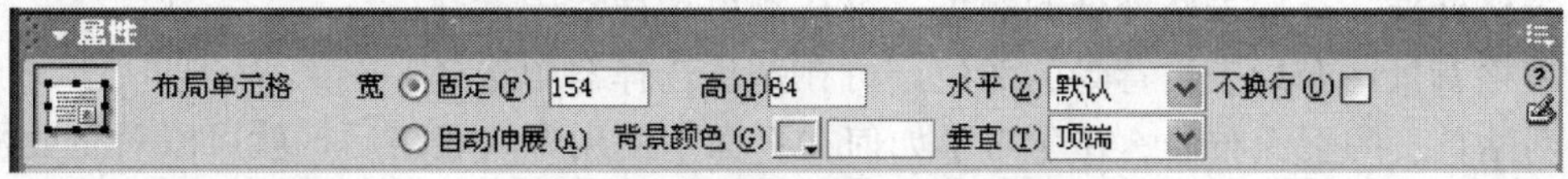

图 1—6　布局单元格属性面板

布局单元格属性面板设置说明如下：

● 宽：布局单元格的宽度。若选择固定，则可在文本框中输入一具体的数值表示宽度，单位为像素；若选择自动伸展，单元格的大小会随着浏览器的缩放而缩放，其单位为百分比。

● 高：布局单元格的高度，在文本框中输入一具体的数值来表示，单位为像素。

● 背景颜色：布局单元格的背景颜色，可直接在颜色选择器中选择。

● 水平：单元格中的文本在水平方向上的对齐方式，可在下拉列表中选择。

● 垂直：单元格中的文本在垂直方向上的对齐方式，可在下拉列表中选择。

● 不换行：选中时，当单元格中的文本内容超过单元格宽度时，则将改变单元格的宽度。不选中时，当单元格中的文本内容超过单元格宽度时，文本会自动换行以适应单元格的宽度。

②设置布局视图参数。在 Dreamweaver 中还可对布局视图的相关属性作出设置。选择主菜单“编辑”中的“参数选择”命令，在弹出的参数选择窗口中的分类列表中选择“布局视图”，如图 1—7 所示。

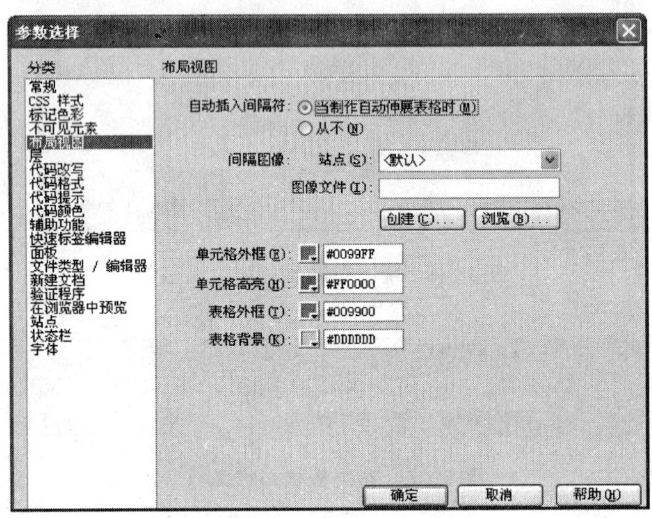

图 1—7　布局视图参数设置

布局视图相关参数说明如下：

● 自动插入间隔符：若选中“当制作自动伸展表格时”，则当布局表格的列宽设置为自动伸展时会插入间隔符；若选中“从不”则不会插入间隔符。

● 站点：默认设置为当前站点。

● 图像文件：可在相应文本框中输入间隔图像的路径和文件名，也可创建或者选择所需的间隔图像。

● 单元格外框：布局单元格外框的颜色，可在颜色选择器中选择。

● 单元格高亮：布局单元格高亮的颜色，可在颜色选择器中选择。

● 表格外框：布局表格外框的颜色，可在颜色选择器中选择。

● 表格背景：布局表格背景的颜色，可在颜色选择器中选择。

③网站首页的页面布局。在学习了如何在页面中使用布局表格后，就可以对企业网站的首页进行页面布局了。利用布局表格进行页面设计的效果如图 1—8 所示，它是图 1—1 所示的企业网站页面的布局表格效果图。在网站页面布局中需要注意几个方面：

● 尽量按照效果图的效果来进行页面布局。

● 不要把整个页面都放在一个大的布局表格中，因为在浏览这样的网页时，浏览器会等表格内所有内容都下载完才显示出来，这样会影响访问效率。为此可按照页面的版面和内容划分出若干个布局表格，然后在各布局表格中插入布局单元格。

● 首页布局不应太过细化，否则后期的修改工作量将非常大。因此只需划分出大致的页面结构即可。

● 在相关布局单元格中输入一些提示信息，在具体网站设计时可按照提示信息插入相关页面内容。

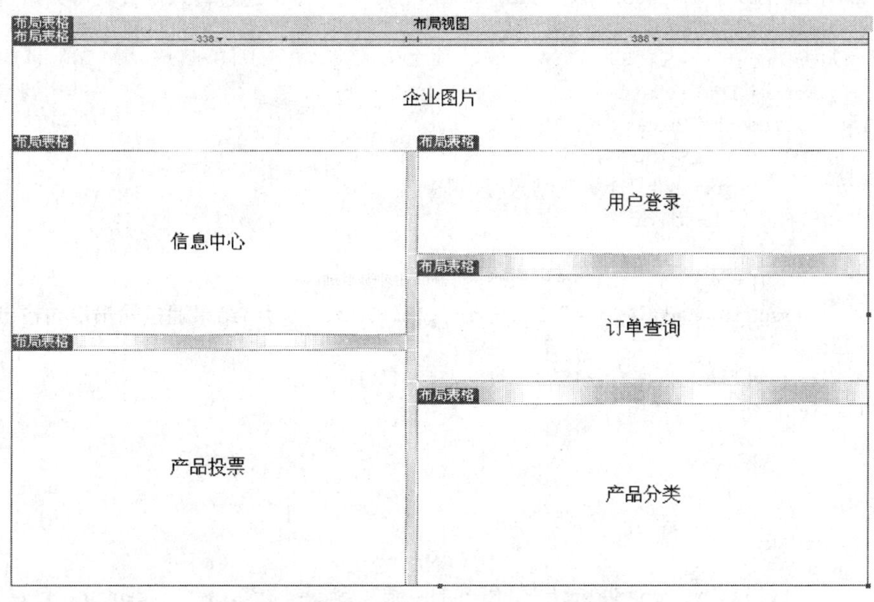

图 1—8　网站页面布局表格效果

任务 2　客户端信息的输入与输出

学习目标与任务：

- 了解并掌握 VBScript 语言的输入与输出函数的用法；
- 了解并掌握 VBScript 语言的各类语法；
- 掌握 VBScript 语言的程序结构；
- 掌握 VBScript 语言的函数与过程的用法；
- 了解 VBScript 的常用事件、对象与集合；
- 掌握 VBScript 的程序编写方法。

1.2.1　问题情景及实现

1. 问题情景

在网页中单击按钮"计算 n 的阶乘"，在弹出的对话框中输入相关信息后，将接收的数据通过有关运算并输出显示在对话框中。

2. 系统实现

系统实现代码如下：

```
<html>
<head>
<title>输入输出应用</title>
<script language = "VBScript">
```

```
<!--
    Private Sub MyValue_OnClick()
        Dim MyData, Product, Info, InfoTitle
        InfoTitle = "n的阶乘的计算"
        Info = "请输入 n 的值:"
        MyData = InputBox(Info, InfoTitle)                              '通过输入函数获得数据
        IF MyData<>"" Then
            Product = 1
            For i = 1 to MyData
              Product = Product * i
              IF MyData>150 Then
                  Product = "计算机结果溢出"
                    Exit For
              End If
              Next
              MsgBox MyData & "! = " & Product,, InfoTitle      '将结果通过输出语句输出
        Else
            MsgBox "输入数据有误!请校对!",, InfoTitle
        End if
    End Sub
-->
</script>
</head>
<body>
<center><input type = "button" Value = "计算 n 的阶乘" name = "MyValue"></center>
</body>
</html>
```

在网页设计器（如 Dreamweaver）中，保存上述代码，命名为 InOut. htm。直接运行该网页即可，程序运行结果如图 1—9～图 1—12 所示。

图 1—9　计算 n 的阶乘

图 1—10　输入 n 值

图 1—11　5 的阶乘

图 1—12　数据输入错误

上述代码设计了一个计算求 n! 的过程（当 n＞150 时溢出），并通过按钮事件调用该过程。

1.2.2 相关知识：VBScript 语言的应用

本任务所实现的“n 阶乘的计算”是利用 VBScript 语言的客户端脚本代码定义过程，并通过按钮事件调用过程功能来实现的。程序中，首先在过程内定义了四个变量，用于存放对话框标题信息、提示信息、n 的值以及求得的阶乘等，再利用循环结构计算出 n 的阶乘，最后将阶乘通过输出语句输出显示。

为学习编写诸如此类的 VBScript 程序，必须要了解并掌握 VBScript 语言的用法，如数据类型、变量、常量、数组、语句、过程、对象与事件等。下面让我们一起来学习VBScript 语言各类功能的用法。

1. 什么是 VBScript

Microsoft Visual Basic Scripting Edition 是程序开发语言 Visual Basic 家族的最新成员，它将灵活的 Script 应用于更广泛的领域，包括 Microsoft Internet Explorer 中的 Web 客户机 Script 和 Microsoft Internet Information Server 中的 Web 服务器 Script。VBScript 脚本语言的最大优点是易学易用，直接包含在 HTML 文档中，用纯 ASCII 文本建立，编写和修改十分便利。如果您已了解 Visual Basic 或 Visual Basic for Applications 就会很快熟悉 VBScript。即使没有学过 Visual Basic，只要学会 VBScript，就能够使用所有的 Visual Basic语言进行程序设计。

SCRIPT 元素用于将 VBScript 代码添加到 HTML 页面中。VBScript 代码写在成对的〈SCRIPT〉标记之间。例如，以下代码为一个测试传递日期的过程：

```
〈SCRIPT LANGUAGE = "VBScript"〉
〈!--
  Function CanDeliver(Dt)
    CanDeliver = (CDate(Dt)-Now( ))>2
  End Function
-->
〈/SCRIPT〉
```

代码的开始和结束部分都有〈SCRIPT〉标记。LANGUAGE 属性用于指定所使用的 Script 语言。由于浏览器能够使用多种 Script 语言，所以必须在此指定所使用的 Script 语言。

注意：CanDeliver 函数被嵌入在注释标记(〈!-- 和 --〉)中。这样能够避免不能识别〈SCRIPT〉标记的浏览器将代码显示在页面中。

因为以上示例是一个通用函数（不依赖于任何窗体控件），所以可以将其包含在页面的 HEAD 部分。

```
〈HTML〉
〈HEAD〉
〈TITLE〉订购〈/TITLE〉
〈SCRIPT LANGUAGE = "VBScript"〉
〈!--
  Function CanDeliver(Dt)
    CanDeliver = (CDate(Dt)-Now( ))>2
  End Function
```

```
-->
</SCRIPT>
</HEAD>
<BODY>
…
</BODY>
```

SCRIPT 块可以出现在 HTML 页面的任何地方(BODY 或 HEAD 部分之中)。然而最好将所有的一般目标 SCRIPT 代码放在 HEAD 部分中，以使所有 SCRIPT 代码集中放置。这样可以确保在 BODY 部分调用代码之前所有 SCRIPT 代码都被读取并解码。

上述规则的一个值得注意的例外情况是，在窗体中提供内部代码以响应窗体中对象的事件。例如，以下示例在窗体中嵌入 SCRIPT 代码以响应窗体中按钮的单击事件。

```
<HTML>
<HEAD>
<TITLE>测试按钮事件</TITLE>
</HEAD>
<BODY>
<FORM NAME = "Form1">
<INPUT TYPE = "Button" NAME = "Button1" VALUE = "单击">
<SCRIPT FOR = "Button1" EVENT = "onClick" LANGUAGE = "VBScript">
MsgBox "按钮被单击!"
</SCRIPT>
</FORM>
</BODY>
</HTML>
```

大多数 SCRIPT 代码在 Sub 或 Function 过程中，仅在其他代码要调用它时执行。然而，也可以将 VBScript 代码放在过程之外、SCRIPT 块之中。这类代码仅在 HTML 页面加载时执行一次。这样就可以在加载 Web 页面时初始化数据或动态地改变页面的外观。

2. VBScript 脚本语言的输入与输出

不管哪一种程序设计语言，输入与输出是用于实现人机交互的一种最基本功能。VBScript 借助 MsgBox 与 InputBox 两个函数来分别实现输出与输入功能。

(1) 输出函数 MsgBox。输出函数 MsgBox 可以将程序中的结果或者用户所需信息输出，其语法格式如下：

```
D = MsgBox (prompt[,buttons][,title][,helpfile,context])
```

参数及说明见表 1—2。

表 1—2　　MsgBox 参数及其说明

参　数	说　明
prompt	提示信息，必选项。给出对话框中的显示信息，字符串表达式，允许的最大长度约为 1024。若字符内容超出一行，可以使用回车符 Chr(13)、换行符 Chr(10) 等进行分隔
buttons	按钮，可选项。给出显示按钮的个数及样式，数值表达式或数值表达式值的总和。buttons 的默认值为 0
title	标题，可选项。显示在所弹出对话框标题栏中的标题，字符串表达式。默认时，程序将脚本名放在标题栏中

续前表

参　数	说　明
helpfile	帮助文件，可选项。用来识别向对话框提供上下文相关帮助的帮助文件，字符串表达式。若提供了 helpfile，必须提供 context 文件
context	帮助文件的上下文编号，可选项。由帮助文件的作者指定给适当的帮助主题的上下文编号、数值表达式。若提供了 context，则必须提供 helpfile 文件
D	返回值，当用户单击按钮时，各按钮返回与单击按钮相对应的整数值，这个整数值是 MsgBox 函数的返回值

其中，buttons 参数的取值见表 1—3。

表 1—3　　buttons 参数的取值

符号常量	值	功　能
VbOkOnly	0	仅显示“确定”按钮
VbOkCancel	1	显示“确定”和“取消”按钮
VbAbortRetryIgnore	2	显示“终止”、“重试”和“忽略”按钮
VbYesNoCancel	3	显示“是”、“否”和“取消”按钮
VbYesNo	4	显示“是”和“否”按钮
VbRetryCancel	5	显示“重试”和“取消”按钮
VbCritical	16	显示关键信息图标，红色［Stop］
VbQuestion	32	显示询问信息图标，［?］
VbExclamation	48	显示警告信息图标，［!］
VbInformation	64	显示信息图标，［i］
VbDefaultButton1	0	默认第一个按钮为活动按钮
VbDefaultButton2	256	默认第二个按钮为活动按钮
VbDefaultButton3	512	默认第三个按钮为活动按钮

MsgBox 函数的返回值见表 1—4。

表 1—4　　MsgBox 函数的返回值

按　钮	符号常量	返回值
确定	VbOk	1
取消	VbCancel	2
终止	VbAbort	3
重试	VbRetry	4
忽略	VbIgnore	5
是	VbYes	6
否	VbNo	7

为进一步了解 MsgBox 函数的用法，下面我们一起看几个例子。

【例 1.4】使用 MsgBox 函数。

```
<html>
<head>
<title>MsgBox 函数</title>
```

```
</head>
<script language = "vbscript">
<!--
    D = MsgBox("MsgBox 函数的应用!")
-->
</script>
<body>
</body>
</html>
```

【例 1.5】 MsgBox 函数中按钮的应用。

```
<html>
<head>
<title>MsgBox 函数</title>
</head>
<script language = "vbscript">
    Dim D
    D = MsgBox("口令错误,继续吗?",5 + 32 + 256,"MsgBox 函数按钮的应用")
    if D = VbRetry then
        MsgBox "您继续重新登录!"
    else
        MsgBox "您取消了登录!"
    end if
</script>
<body>
</body>
</html>
```

弹出的对话框如图 1—13 所示。

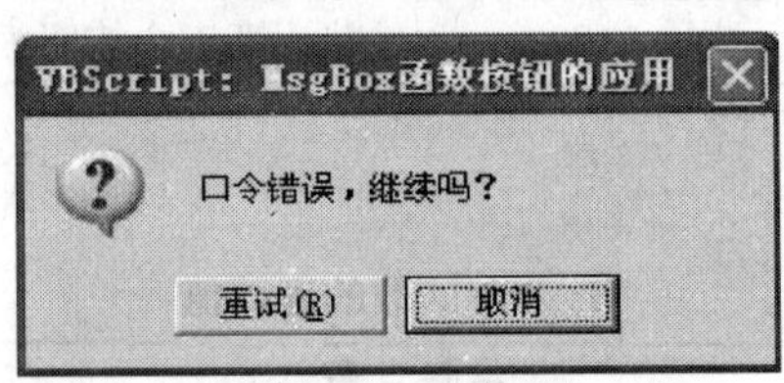

图 1—13　MsgBox 函数

MsgBox 除了作为函数供程序调用以外，还可以作为语句使用，其语法格式如下：

```
MsgBox prompt[,buttons][,title][,helpfile,context]
```

其中参数的作用与 MsgBox 函数相同，只是作为语句使用时没有返回值，参数项也不需要使用括号。例 1.4 中已经应用了 MsgBox 语句，请读者注意观察。

(2) 输入函数 InputBox。输入函数 InputBox 的作用是产生一个等待用户输入数据的对话框，用户输入数据，确认后，InputBox 将返回用户输入的内容。语法格式如下：

```
D = InputBox (prompt[,title][,default][,xpos,ypos][,helpfile,context]
```

参数及说明见表 1—5。

表 1—5　　**InputBox 参数及其说明**

参　数	说　　明
prompt	提示信息，必选项。给出对话框中的显示信息，字符串表达式，允许的最大长度约为 1024。若字符内容超出一行，可以使用回车符 Chr(13)、换行符 Chr(10) 等进行分隔
title	标题，可选项。显示在所弹出对话框标题栏中的标题，字符串表达式。缺省时，程序将脚本名放在标题栏中
default	默认值，可选项。作为输入文本框的默认值，替代用户输入，字符串表达式。若默认，文本框为空，光标闪烁，等待用户键入数据
xpos，ypos	x，y 坐标位置，可选项。用来确定对话框离屏幕左边界的距离(xpos)和离上边界的距离（ypos），单位为像素，数值表达式。使用时必须都给出或都省略。若默认，则对话框被置于屏幕水平方向居中，垂直方向距上边界约三分之一位置
helpfile	帮助文件，可选项。用来识别向对话框提供上下文相关帮助的帮助文件，字符串表达式。若提供了 helpfile，则必须提供 context 文件
context	帮助文件的上下文编号，可选项。由帮助文件的作者指定给适当的帮助主题的帮助上下文编号，数值表达式。若提供了 context，则必须提供 helpfile 文件

【例 1.6】使用 InputBox 函数输入数据，运行结果如图 1—14 与图 1—15 所示。

```
〈head〉
〈title〉MsgBox 函数〈/title〉
〈/head〉
〈script language = "vbscript"〉
    Dim instr
    instr = InputBox("请输入姓名:","InputBox 函数应用")
    MsgBox "您的名字是:" &instr
〈/script〉
```

图 1—14　**InputBox 函数的输入框**

图 1—15　**获取数据后输入显示**

3. VBScript 的数据类型与运算符

(1) VBScript 的数据类型。VBScript 只有一种数据类型，称为 Variant。Variant 是一种特殊的数据类型，根据使用的方式，它可以包含不同类别的信息。因为 Variant 是 VBScript中唯一的数据类型，所以它也是 VBScript 中所有函数的返回值的数据类型。

最简单的 Variant 可以包含数字或字符串信息。Variant 用于数字上下文中时作为数字处理，在字符串上下文中将作为字符串处理。这就是说，如果使用看起来像是数字的数据，则 VBScript 会假定其为数字并以适用于数字的方式处理。与此类似，如果使用的数据只可能是字符串，则 VBScript 将按字符串处理。当然，也可以将数字包含在引号(" ")中使其成为字符串。

除简单数字或字符串以外，Variant 可以进一步区分数值信息的特定含义，如使用数值信息表示日期或时间。此类数据在与其他日期或时间数据一起使用时，结果也会表示为日期或时间。当然，从 Boolean 值到浮点数，数值信息是多种多样的。Variant 包含的数值信息类型称为子类型。大多数情况下，可将所需的数据放进 Variant 中，而 Variant 也会按照最适用于其包含的数据的方式进行操作。表 1—6 说明了 Variant 包含的数据子类型。

表 1—6　　Variant 的数据子类型

子类型	名　称	存储空间(Byte)	描　述
Empty	空类型		未初始化的 Variant。对于数值变量，值为 0；对于字符串变量，值为零长度字符串("")
Null	空值		不包含任何有效数据的 Variant
Boolean	布尔型	2	包含 True 或 False
Byte	字节型	1	包含 0～255 之间的整数
Integer	整型	2	包含－32 768～32 767 之间的整数
Currency	货币型	8	范围在－922 337 203 685 477.580 8～ 922 337 203 685 477.580 7 之间
Long	长整型	4	包含－2 147 483 648～2 147 483 647 之间的整数
Single	单精度型	4	包含单精度浮点数，负数范围在－3.402823E38～－1.401298E－45 之间，正数范围在 1.401298E－45～3.402823E38 之间
Double	双精度型	8	包含双精度浮点数，负数范围在 －1.79769313486232E308～－4.94065645841247E－324之间，正数范围在 4.94065645841247E－324～1.79769313486232E308 之间
Date/Time	日期/时间型	8	包含表示日期的数字，日期范围从公元 100 年 1 月 1 日到公元 9999 年 12 月 31 日
String	字符串型	10	包含变长字符串，最大长度可为 20 亿个字符
Object	对象	4	包含对象
Error	错误		包含错误号

VBScript 的类型返回函数是 VarType(varname)，可用转换函数来转换数据的子类型，也可使用 VarType 函数返回数据的 Variant 子类型，VarType 函数的返回值见表 1—7。

表 1—7　　VarType 函数返回值

常　量	值	描　述
VbEmpty	0	Empty（未初始化）
VbNull	1	Null（无有效数据）
VbInteger	2	整型
VbLong	3	长整型
VbSingle	4	单精度浮点数
VbDouble	5	双精度浮点数
VbCurrency	6	货币
VbDate	7	日期
VbString	8	字符串
VbObject	9	Automation 对象
VbError	10	错误
VbBoolean	11	布尔量

续前表

常　量	值	描　　述
VbVariant	12	Variant（只和变量数组一起合用）
VbDataObject	13	数据访问对象
VbByte	17	字节
VbArray	8192	数组

注： 此表中的常量名由 VBScript 指定。可以在源代码的任意处使用这些常量名，用来取代实际的值。VarType 函数不通过自己返回数组(Array)的值。它总是要添加一些其他值来指示一个具体类型的数组。当 Variant 的值被添加到Array数组的值中，以表明 VarType 函数有参数是一个数组时才被返回。

VarType 的语法格式如下：

```
VarType(varname)
```

ReVarType 利用 VarType 函数决定变量的子类型如下示例：

```
dim ReVarType
ReVarType = VarType("Connection")          '返回 8
ReVarType = VarType("#05/15/09#)          '返回 7
ReVarType = VarType(60)                    '返回 2
```

（2）VBScript 的运算符。VBScript 有一套完整的运算符，包括算术运算符、比较运算符和逻辑运算符。当表达式包含多个运算符时，将按预定顺序计算每一部分，这个顺序被称为运算符优先级。可以使用括号越过这种优先级顺序，强制优先计算表达式的某些部分。运算时，总是先执行括号中的运算符，然后再执行括号外的运算符。但是，在括号中仍遵循标准运算符优先级。当表达式包含多种运算符时，首先计算算术运算符，然后计算比较运算符，最后计算逻辑运算符。所有比较运算符的优先级相同，即按照从左到右的顺序计算比较运算符。算术运算符和逻辑运算符的优先级如表 1—8 所示。

表 1—8　　算术运算符、比较运算符和逻辑运算符的优先级

算术运算符		比较运算符		逻辑运算符	
描述	符号	描述	符号	描述	符号
求幂	^	等于	=	逻辑非	Not
负号	-	不等于	<>	逻辑与	And
乘	*	小于	<	逻辑或	Or
除	/	大于	>	逻辑异或	Xor
整除	\	小于等于	<=	逻辑等价	Eqv
求余	Mod	大于等于	>=	逻辑隐含	Imp
加	+	对象引用比较	Is		
减	-				
字符串连接	&				

当乘号与除号同时出现在一个表达式中时，按从左到右的顺序计算乘、除运算符。同样当加与减同时出现在一个表达式中时，按从左到右的顺序计算加、减运算符。字符串连接(&)运算符不是算术运算符，但是在优先级顺序中，它排在所有算术运算符之后和所有比较运算符之前。Is 运算符是对象引用比较运算符，它并不比较对象或对象的值，而只是进行检查，判断两个对象引用是否引用同一个对象。

4. 常量、变量及注释

(1) 常量。常量是具有一定含义的名称，用于代替数字或字符串，其值一旦设定，在程序的运行中是不可以改变的。VBScript 定义了许多固有常量，表 1—9 所列的是 VBScript 的预定义常量，其他固有常量或符号常量有兴趣的读者可以参阅相关资料。

表 1—9　　VBScript 的预定义常量

常　量	描　述	常　量	描　述
Empty	变量尚未初始化	VbCrLf	回车/换行
False	表示一个布尔假值	VbLf	换行
Nothing	对象没有引用任何变量	VbNullChar	空字符
Null	不含有效数据的变量	VbNullStr	空字符串
True	表示一个布尔真值	VbTab	制表符
VbCr	回车		

使用 Const 语句在 VBScript 中创建用户自定义常量。使用 Const 语句可以创建名称具有一定含义的字符串型或数值型常量，并给它们赋原义值。例如：

```
Const MyString = "这是一个字符串。"
Const MyAge = 49
```

注意：字符串文字包含在两个引号(" ")之间。这是区分字符串型常量和数值型常量最明显的方法。日期文字和时间文字包含在两个井号(＃)之间。例如：

```
Const CutoffDate = ＃6-1-97＃
```

最好采用一个命名方案以区分常量和变量。这样可以避免在运行 Script 时对常量重新赋值。例如，可以使用“vb”或“con”作常量名的前缀，或将常量名的所有字母大写。将常量和变量区分开可以在开发复杂的 Script 时避免混乱。

(2) 变量。

①含义。变量是一种使用方便的占位符，用于引用计算机内存地址，该地址可以存储 Script 运行时可更改的程序信息。例如，创建一个名为 ClickCount 的变量来存储用户，单击 Web 页面上某个对象的次数。使用变量并不需要了解变量在计算机内存中的地址，只要通过变量名引用变量就可以查看或更改变量的值。在 VBScript 中只有一个基本数据类型，即 Variant，因此所有变量的数据类型都是 Variant。

变量的命名必须遵循 VBScript 对命名的规则：

- 变量名的第一个字符必须是英文字母。
- 变量名只能由字母、数字和下划线组成。
- 变量名的长度应小于等于 255 个字符。
- 变量名中间不应包含句点。
- 变量名在作用域内必须唯一。
- 变量名不能和 VBScript 的保留字（关键字）相同。

②变量声明。声明变量的一种方式是使用 Dim 语句、Public 语句和 Private 语句在 Script 中显式声明变量。例如：

```
Dim DegreesFahrenheit
```

声明多个变量时，使用逗号分隔变量。例如：

```
Dim Top,Bottom,Left,Right
```

另一种方式是通过直接在 Script 中使用变量名这一简单方式来隐式声明变量，这不是一个好习惯，因为这样有时会因为变量名被拼错而导致在运行 Script 时出现意外的结果。因此，建议使用 Option Explicit 语句要求显式声明所有变量，并将其作为 Script 的第一条语句。

③变量的作用域与存活期。变量的作用域由声明它的位置决定。如果在过程中声明变量，则只有该过程中的代码可以访问或更改变量值，此时变量具有局部作用域并被称为过程级变量。如果在过程之外声明变量，则该变量可以被 Script 中所有过程所识别，称为 Script 级变量，具有 Script 级作用域。

变量存在的时间称为存活期。Script 级变量的存活期从被声明的一刻起，直到 Script 运行结束。对于过程级变量，其存活期仅是该过程运行的时间，该过程结束后，变量随之消失。在执行过程时，局部变量是理想的临时存储空间。可以在不同过程中使用同名的局部变量，这是因为每个局部变量只被声明它的过程识别。

④变量赋值。创建如下形式的表达式给变量赋值：变量在表达式左边，要赋的值在表达式右边。例如：

```
B = 200
UserName = "张三"
UserNum = 793061101
```

注意：若定义的对象变量则不能采用这种赋值方法，创建对象应使用 Set 命令：

```
Set 对象变量名 = 对象名
```

例如（后面章节将要介绍的数据库连接对象的创建）：

```
Set ObjConn = Server.CreateObject("ADODB.Connection")
```

⑤标量变量和数组变量。多数情况下，只需为声明的变量赋一个值。只包含一个值的变量被称为标量变量。有时将多个相关值赋给一个变量更为方便，因此可以创建包含一系列值的变量，称为数组变量。数组变量和标量变量是以相同的方式声明的，唯一的区别是声明数组变量时变量名后面带有括号。例如：

```
Dim A(20)          '声明了一个包含 21 个元素的一维数组
```

虽然括号中显示的数字是 20，但由于在 VBScript 中所有数组都是基于 0 的，所以这个数组实际上包含 21 个元素。在基于 0 的数组中，数组元素的数目总是括号中显示的数目加 1。这种数组被称为固定大小的数组。

在数组中使用索引为数组的每个元素赋值。从 0 到 20，将数据赋给数组的元素，如下所示：

```
A(0) = 256
A(1) = 324
A(2) = 100
…
A(20) = 55
```

与此类似，使用索引可以检索到所需的数组元素的数据。例如：

```
…
SomeVariable = A(8)
…
```

数组并不仅限于一维。数组的维数最大可以为 60(尽管大多数人不能理解超过 3 或 4 的维数)。声明多维数组时用逗号分隔括号中每个表示数组大小的数字。在下例中，MyTable 变量是一个有 6 行和 11 列的二维数组：

```
Dim MyTable(5,10)
```

在二维数组中，括号中第一个数字表示行的数目，第二个数字表示列的数目。可以声明动态数组，即在运行 Script 时大小发生变化的数组。对数组的最初声明使用 Dim 语句或 ReDim 语句。但是对于动态数组，括号中不包含任何数字。例如：

```
Dim MyArray( )
ReDim AnotherArray( )
```

要使用动态数组，必须随后使用 ReDim 确定维数和每一维的大小。在下例中，ReDim 将动态数组的初始大小设置为 25，而后面的 ReDim 语句将数组的大小重新调整为 30，同时使用 Preserve 关键字在重新调整大小时保留数组的内容。

```
ReDim MyArray(25)
…
ReDim Preserve MyArray(30)
```

重新调整动态数组大小的次数是没有任何限制的，但是应注意：将数组的大小调小时，将会丢失被删除元素的数据。可以把一个数据集读入某个数组，其方法是使用 Array 函数，也称数组的初始化。Array 函数的格式如下：

```
数组变量名 = Array(数组元素值表列)
```

“数组变量名”的命名方法与变量类似，作为数组名的定义其后不能含有括号，既不包括维数，也不能包括上下界。“数组元素值表列”中的值按行、列的顺序赋给数组中各元素，值与值之间用逗号分隔。例如：

```
Dim UserData
UserData = Array(2,36,17,60,9, - 10,8, - 29,992)
```

该表达式将表列中的数值按顺序分别赋给 UserData(0)、UserData(1)、…、UserData(8)。

⑥注释。在程序的适当位置添加注释，可以提高程序的通用性、可读性。VBScript 有两种注释格式：

```
Rem      注释内容
‘        注释内容
```

与其他高级语言类似，VBScript 的注释内容不被执行，也不会被解释或编译，仅在源代码中列出。任何字符均可放在注释行中作为注释内容。Rem 一般用在语句的首部。

5. VBScript 语句

语句是程序执行具体操作的指令。VBScript 有赋值、控制、Set、Call 语句等，每条语句以回车结束。编写程序时，一般要求每行源代码一条语句。可以将几条语句放入一行源代码，用冒号“:”作为语句的分隔符。可以使用下划线“_”作为语句换行时的续行符，一条语句行的长度不能超过 1023 个字符。使用续行符时应注意其在断行语句中的插入位置，如果不恰当，将产生错误（如将续行符插在变量名之间或将其插在参数字符之间等）。

（1）赋值语句。赋值语句的一般格式如下：

```
目标操作符 = 源操作符
```

目标操作符一般包括：符号常量、变量和带有属性的对象。源操作符一般包括：常量、表达式、变量（简单变量或下标变量）和带有属性的对象等。

注意：目标操作符与源操作符的类型应该保持一致。赋值语句具有双重功能，既可以计算，又可以赋值。但在给对象变量赋值时，必须使用关键字 Set。

（2）控制语句。控制语句的作用是改变程序的流向。在 VBScript 中可以使用的控制语句有条件语句、循环语句。使用条件语句可以编写进行判断操作的 VBScript 代码，循环语句可以编写重复操作的 VBScript 代码。

①条件语句。条件语句的语法格式一般如下：

```
If〈条件表达式〉Then
      〈语句 1〉
Else
      〈语句 2〉
End if
```

该语句用于计算条件是否为 True 或 False，并且根据计算结果指定要运行的语句。

● 条件为 True 时运行单行语句，格式如下：

```
If〈条件表表达式〉Then〈语句〉
```

例如：

```
Sub FixDate( )
    Dim myDate
    myDate = #05/15/09#
    If myDate<Now Then myDate = Now
End Sub
```

● 条件为 True 时运行多行语句，格式如下：

```
If〈条件表达式〉Then
  〈语句〉
End if
```

例如：

```
Sub AlertUser(value)
    If value = 0 Then
        AlertLabel.ForeColor = vbRed
        AlertLabel.Font.Bold = True
```

```
        AlertLabel.Font.Italic = True
    End If
End Sub
```

● 条件为 True 和 False 时分别运行某些语句，格式如一般格式，当条件为 True 时运行一语句块，为 False 时运行另一语句块。例如：

```
Sub AlertUser(value)
    If value = 0 Then
        AlertLabel.ForeColor = vbRed
        AlertLabel.Font.Bold = True
        AlertLabel.Font.Italic = True
    Else
        AlertLabel.Forecolor = vbBlack
        AlertLabel.Font.Bold = False
        AlertLabel.Font.Italic = False
    End If
End Sub
```

● 多条件判断。当存在多个条件的判断时，则须选取多个 Else If 子句。只是过多的 Else If 子句会使程序变得累赘，较好的办法是利用 Select Case 语句。例如：

```
Sub ReportValue(value)
    If value = 0 Then
        MsgBox value
    ElseIf value = 1 Then
        MsgBox value
    ElseIf value = 2 then
        Msgbox value
    Else
        Msgbox "数值超出范围!"
    End If
End Sub
```

②选择控制语句。选择控制语句的作用是根据一个表达式的值，在给定的一组相互独立可选语句序列中选择符合条件的可执行语句序列，又称情况语句或 Case 语句，它是 If 语句的变通形式。语法格式如下：

```
Select Case 表达式
      Case 表达式 1
            语句块 1
      Case 表达式 2
            语句块 2
      ......
      Case Else
            语句块 n
End Select
```

Select Case 语句中的表达式仅提供一次简单的计算测试，其结果将与语句中的每个 Case 值进行比较。如果匹配，则执行与该 Case 关联的语句块；若均不匹配，则执行 Case Else 后的语句块。若有多个相匹配的值，则仅执行第一个匹配值后的语句。

【例 1.7】情况语句。

```
<HTML>
<HEAD><TITLE>情况语句</TITLE>
<SCRIPT LANGUAGE = "VBScript">
Sub MyCase_OnClick
    Dim data
    data = InputBox("请输入成绩:")
    Select Case data\10
        Case 10
            MsgBox  "成绩满分!"
        Case 9
            MsgBox  "成绩优秀!"
        Case 8
            MsgBox  "成绩良好!"
        Case 7
            MsgBox  "成绩中等!"
        Case 6
            MsgBox  "成绩及格!"
        Case Else
            MsgBox  "成绩不及格!"
    End Select
End Sub
</SCRIPT>
</HEAD>
<BODY>
<INPUT type = "button" name = "MyCase" value = "Select Case 语句,请单击">
</BODY>
</HTML>
```

③循环控制语句。循环控制语句的作用是按指定条件重复执行一组语句序列的语句，如图 1—16 所示。VBScript 循环有三类：一类在条件变为 False 之前重复执行语句（当型循环 Do While…loop），一类在条件变为 True 之前重复执行语句（直到型循环 Do…loop While），另一类按照指定的次数重复执行语句（计数循环 For…Next）。

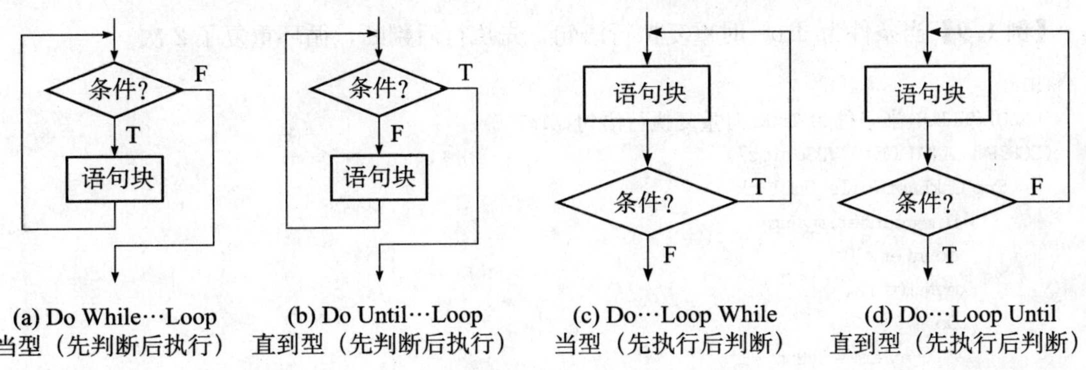

图 1—16 循环语句 Do…Loop 结构图

VBScript 的循环语句形式有如下四种：

Do…Loop：当（或直到）条件为 True 时循环。

While…Wend：当条件为 True 时循环。

For…Next：指定循环次数，使用计数器重复运行语句。

For Each. …Next：对于集合中的每项或数组中的每个元素，重复执行一组语句。

● 使用 Do…Loop 循环。可以使用 Do…Loop 语句多次（次数不定）运行语句块。当条件为 True 时或条件变为 True 之前，重复执行语句块。其用法见图 1—16 流程图所示。

i. 当条件为 True 时重复执行语句。While 关键字用于检查 Do…Loop 语句中的条件。有两种方式检查条件：在进入循环之前检查条件（如下面的 ChkFirstWhile 示例）；或者在循环至少运行完一次之后检查条件（如下面的 ChkLastWhile 示例）。在 ChkFirstWhile 过程中，如果 myNum 的初始值被设置为 9 而不是 20，则永远不会执行循环体中的语句。在 ChkLastWhile 过程中，循环体中的语句只会执行一次，因为条件在检查时已经为 False。

【例 1.8】 当条件为 True 时重复执行语句，先判断后执行，循环重复了 10 次。

```
〈HTML〉
〈HEAD〉〈TITLE〉当条件为 True 时重复执行语句〈/TITLE〉
〈SCRIPT LANGUAGE = "VBScript"〉
    Sub ChkFirstWhile_OnClick
        Dim counter, myNum
        counter = 0
        myNum = 20
        Do While myNum > 10
            myNum = myNum - 1
            counter = counter + 1
        Loop
        MsgBox "循环重复了"& counter & "次。"
    End Sub
〈/SCRIPT〉
〈/HEAD〉
〈BODY〉
〈INPUT type = "button" name = "ChkFirstWhile" value = " 先判断后执行,请单击"〉
〈/BODY〉
〈/HTML〉
```

【例 1.9】 当条件为 True 时重复执行语句，先执行后判断，循环重复了 2 次。

```
〈HTML〉
〈HEAD〉〈TITLE〉当条件为 True 时重复执行语句〈/TITLE〉
〈SCRIPT LANGUAGE = "VBScript"〉
    Sub ChkLastWhile_OnClick
        Dim counter, myNum
        counter = 0
        myNum = 12
        Do
            myNum = myNum - 1
            counter = counter + 1
        Loop While myNum>10
        MsgBox "循环重复了 " & counter & " 次."
    End Sub
```

```
</SCRIPT>
</HEAD>
<BODY>
<INPUT type = "button" name = "ChkLastWhile" value = " 先执行后判断,请单击">
</BODY>
</HTML>
```

ii. 重复执行语句直到条件变为 True。Until 关键字用于检查 Do…Loop 语句中的条件。有两种方式检查条件：在进入循环之前检查条件（如下面的 ChkFirstUntil 示例）；或者在循环至少运行完一次之后检查条件（如下面的 ChkLastUntil 示例）。只要条件为 False，就会进行循环。

【例 1.10】重复执行语句直到条件变为 True，先判断后执行，循环重复了 10 次。

```
<HTML>
<HEAD><TITLE>重复执行语句直到条件变为 True </TITLE>
<SCRIPT LANGUAGE = "VBScript">
    Sub ChkFirstUntil_OnClick
        Dim counter, myNum
        counter = 0
        myNum = 20
        Do Until myNum = 10
            myNum = myNum - 1
            counter = counter + 1
        Loop
        MsgBox "循环重复了 " & counter & " 次。"
    End Sub
</SCRIPT>
</HEAD>
<BODY>
<INPUT type = "button" name = "ChkFirstUntil" value = "先判断后执行,请单击">
</BODY>
</HTML>
```

【例 1.11】重复执行语句直到条件变为 True，先执行后判断，循环重复了 9 次。

```
<HTML>
<HEAD><TITLE>重复执行语句直到条件变为 True </TITLE>
<SCRIPT LANGUAGE = "VBScript">
    Sub ChkLastUntil_OnClick
        Dim counter, myNum
        counter = 0
        myNum = 1
        Do
            myNum = myNum + 1
            counter = counter + 1
        Loop Until myNum = 10
        MsgBox "循环重复了 " & counter & " 次。"
End Sub
</SCRIPT>
</HEAD>
```

```
〈BODY〉
〈INPUT type = "button" name = "ChkLastUntil" value = " 先执行后判断,请单击"〉
〈/BODY〉
〈/HTML〉
```

● 使用退出循环 Exit Do。Exit Do 语句用于退出 Do…Loop 循环。因为通常只是在某些特殊情况下要退出循环（如避免死循环），所以可在 If…Then…Else 语句的 True 语句块中使用 Exit Do 语句。如果条件为 False，循环将照常运行。

myNum 的初始值将导致死循环。If…Then…Else 语句检查此条件，防止出现死循环。

【例 1.12】 退出循环 Exit Do。

```
〈HTML〉
〈HEAD〉〈TITLE〉退出循环 Exit Do 〈/TITLE〉
〈SCRIPT LANGUAGE = "VBScript"〉
Sub ExitExample_OnClick
    Dim counter, myNum
    counter = 0
    myNum = 9
    Do Until myNum = 10
        myNum = myNum - 1
        counter = counter + 1
        If myNum<10 Then Exit Do
    Loop
    MsgBox "循环重复了 " & counter & " 次。"
End Sub
〈/SCRIPT〉
〈/HEAD〉
〈BODY〉
〈INPUT type = "button" name = "ExitExample" value = " Exit Do,请单击"〉
〈/BODY〉
〈/HTML〉
```

上例中 myNum 初值是 9，而 Until 后条件 myNum 值是 10，在循环中 myNum 执行的自减，若正常情况下不会退出循环(死循环)。If myNum<10 Then Exit Do 语句的实现则可退出循环。

● 使用 While…Wend。While…Wend 语句又称为 While 循环语句，其作用是当给定条件为 True(非 0 值)时，执行循环体中的语句。遇到 Wend，控制返回到 While 语句并对条件进行测试，若仍为 True，再次执行循环体中的语句，若条件为 False，则执行 Wend 的后续语句。语法格式如下：

```
While 条件
[语句块]
Wend
```

While…Wend 语句是为那些熟悉其用法的用户提供的，但是由于 While…Wend 缺少灵活性，所以建议最好使用 Do…Loop 语句。

● 使用 For…Next。For…Next 语句用于将语句块运行指定的次数。在循环中使用计数器变量，该变量的值随每一次循环增加或减少。

【例 1.13】将加法重复执行 50 次。For 语句指定计数器变量 i 及其起始值与终止值。Next 语句使计数器变量每次加 1。

```
<HTML>
<HEAD><TITLE>使用 For…Next </TITLE>
<SCRIPT LANGUAGE = "VBScript">
Sub DoAdd50Times_OnClick
        Dim i,sum
        Sum = 0
        For i = 1 To 50
            Sum = sum + 1
        Next
        MsgBox "和是:" &sum
End Sub
</SCRIPT>
</HEAD>
<BODY>
<INPUT type = "button" name = "DoAdd50Times" value = " For… Next,请单击">
</BODY>
</HTML>
```

另外，关键字 Step 用于指定计数器变量每次增加或减少的值。在下面的示例中，计数器变量 j 每次加 2(若 step 为 1，则可省略，见例 1.12)。循环结束后，total 的值为 2、4、6、8 和 10 的总和。

【例 1.14】使用 For…Next Step。

```
<HTML>
<HEAD><TITLE>使用 For…Next Step</TITLE>
<SCRIPT LANGUAGE = "VBScript">
Sub TwosTotal_OnClick
    Dim j,total
    Total = 0
    For j = 2 To 10 Step 2
        total = total + j
    Next
    MsgBox "总和为 " & total & "。"
End Sub
</SCRIPT>
</HEAD>
<BODY>
<INPUT type = "button" name = "TwosTotal" value = " For… Next Step,请单击">
</BODY>
</HTML>
```

若要使计数器变量递减，可将 Step 设为负值。此时计数器变量的终止值必须小于起始值。在下面的示例中，计数器变量 myNum 每次减 2。循环结束后，total 的值为 16、14、12、10、8、6、4 和 2 的总和。

【例 1.15】使用 For…Next Step 减 2。

```
<HTML>
```

```
<HEAD><TITLE>使用 For…Next Step</TITLE>
<SCRIPT LANGUAGE = "VBScript">
Sub NewTotal_OnClick
    Dim myNum,total
    For myNum = 16 To 2 Step - 2
        total = total + myNum
    Next
    MsgBox "总和为 " & total & "。"
End Sub
</SCRIPT>
</HEAD>
<BODY>
<INPUT type = "button" name = "NewTotal" value = " For … Next Step,请单击">
</BODY>
</HTML>
```

另外，Exit For 语句用于在计数器达到其终止值之前退出 For…Next 语句。因为通常只是在某些特殊情况下(例如在发生错误时)要退出循环，所以可以在 If…Then…Else 语句的 True 语句块中使用 Exit For 语句。如果条件为 False，循环将照常运行。

● 使用 For Each…Next。For Each…Next 循环与 For…Next 循环类似，For Each…Next 不是将语句运行指定的次数，而是对于数组中的每个元素或对象集合中的每一项重复一组语句。这在不知道集合中元素的数目时非常有用。

【例 1.16】 Dictionary 对象的内容用于将文本分别放置在多个文本框中。

```
<HTML>
<HEAD><TITLE>窗体与元素</TITLE></HEAD>
<SCRIPT LANGUAGE = "VBScript">
<!--
Sub cmdChange_OnClick
    Dim dic                          '创建一个变量
    Set dic = CreateObject("Scripting. Dictionary")
    dic. Add "0","Athens"            '添加键和项目
    dic. Add "1","Belgrade"
    dic. Add "2","Cairo"
    For Each a in dic
        Document. frmForm. Elements(i). Value = dic. Item(a)
         i = i + 1
    Next
End Sub
-->
</SCRIPT>
<BODY>
<CENTER>
<FORM NAME = "frmForm">
<Input Type = "Text"><p>
<Input Type = "Text"><p>
<Input Type = "Text"><p>
<Input Type = "Button" NAME = "cmdChange" VALUE = "单击此处"><p>
</FORM>
```

```
</CENTER>
</BODY>
</HTML>
```

（3）Set 语句。Set 语句是将对象引用赋给变量或属性，其参数及说明见表 1—10。语法格式如下：

```
Set objectvar = objectexpression | Nothing
```

表 1—10　　Set 语句参数及其说明

参　数	说　明
objectvar	必选项。为按标准变量命名约定命名的变量或属性的名称
objectexpression	必选项。由对象名、所声明的相同对象类型的其他变量，或者返回相同对象类型的函数或方法所组成的表达式
Nothing	可选项。断绝 objectvar 与任何指定对象的关联。若没有其他变量指向 objectvar 原来所引用的对象，将其赋为 Nothing 会释放该对象所关联的所有系统及内存资源

注：为保证数据的合法类型，objectvar 必须与所赋对象类型一致。Dim、Private、Public、ReDim 以及 Static 语句都只声明了引用对象的变量。在用 Set 语句将变量赋为特定对象之前，该变量并没有引用任何实际的对象。可以有多个对象变量引用同一个对象。

（4）Call 语句。Call 语句是将控制权转移到 VBScript 的过程 Sub 或 Function，其参数及说明见表 1—11。语法格式如下：

```
[Call] name [argumentlist]
```

表 1—11　　Call 语句参数及其说明

参　数	说　明
Call	可选项，关键字。如果指定了这个关键字，则 argumentlist 必须加上括号
name	必选项。被调用的过程名称
argumentlist	可选项。过程的参数列表

注：过程调用中不一定要使用 Call 关键字。带参数的过程被 Call 调用时，argumentlist 可选项必须要用圆括号。如果省略了 Call 关键字，那么 argumentlist 外面的圆括号也必须去掉。如果使用 Call 来调用内建函数或用户自定义函数，则函数的返回值将被丢弃。

6. VBScript 过程

过程是 VBScript 中的结构块，是一种程序中分开的逻辑段落。过程中的代码只有当过程被调用时才执行。它可以被另一个过程的 Call 语句调用，但过程不能嵌套，因为它们的地位是平等的。当然，过程也可以被事件触发，如单击按钮 button _ OnClick 等。在 VBScript 中有两种类型的过程：Sub 过程和 Function 过程。

（1）Sub 过程。Sub 过程是由 Sub 和 End Sub 过程包含的代码块，在前面例子中，我们已经接触到了 Sub 过程。Sub 过程可以使用参数(由调用过程传递的常数、变量或表达式)。如果 Sub 过程无任何参数，则 Sub 语句必须包含空括号。Sub 可以调用其他过程，但它不能返回一个值。声明一个过程的语法格式如下：

```
Sub SubName(arguments)
过程体
End Sub
```

说明：过程的名字是 SubName，而在首尾之间的部分称为过程体，agruments 是用逗号分开的参数列表。在过程体中可以使用语句 Exit Sub 从过程中退出。

用Call语句可以实现从过程以外的某处调用这个过程，其语法形式如下：

```
Call SubName(arg0,arg1,……,arnN)
```

或者

```
SubName arg0,arg1,……,arnN
```

说明：SubName是过程的名字，其参数是arg0，arg1，……，arnN

当不小心或出于某种需要从过程体内部调用该过程时，这种调用方式就称为递归，VBScript完全支持递归，这为我们编制高级程序打下了很好的基础。因为一些高级的算法结构(如广度、深度搜索等)都离不开递归的使用。

【例1.17】 判断输入的字符是否为数字字符。

```
<html>
<head>
<title>过程小示例</title>
<Script Language = "VBScript">
<!--
'Rem 设置 Function 过程,在此过程中设置 checknumber( )函数
Function CheckNumber(string)
  Dim str1,i,element
  'Rem trim 去掉 string 的首尾的空格
  str1 = trim(string)
  for i = 1 to len(str1)
      'Rem mid 取 str1 中的一个字符
      element = mid(str1,i,1)
      if (asc(element)<asc("0")) or (asc(element)>asc("9")) then
        'Rem asc 将字符转换成 ASCII 码,if 检查输入是否合法,即是否为 0～9 之间的数,如果不是,将函数值赋假,并退出函数
        CheckNumber = false
        Exit function
      end if
  next
  'Rem 如果检查合法,则将函数赋真
  CheckNumber = true
End Function
-->
</Script>
</head>
<body>
<h1 align = "center"><font size = "7">过程小示例</font></h1>
<hr>
<form name = "frm1">
<p>please input a number:<input type = "text" name = "T1" size = "20"></p>
<p> <input type = "submit" value = "提交" name = "B1"></p>
</form>
<Script Language = "VBScript">
<!--
'Rem 定义 B1 按下时的执行过程,用于检查输入数字是否合法
Sub B1_OnClick( )
```

```
    if(CheckNumber(Document.frm1.T1.value) = false) then
      MsgBox "你不能输入非数字符号,请重新输入!",0+16,"Warming"
      Exit Sub
    End if
  End Sub
  -->
  </Script>
  </body>
  </html>
```

程序运行结果如图 1—17 所示。

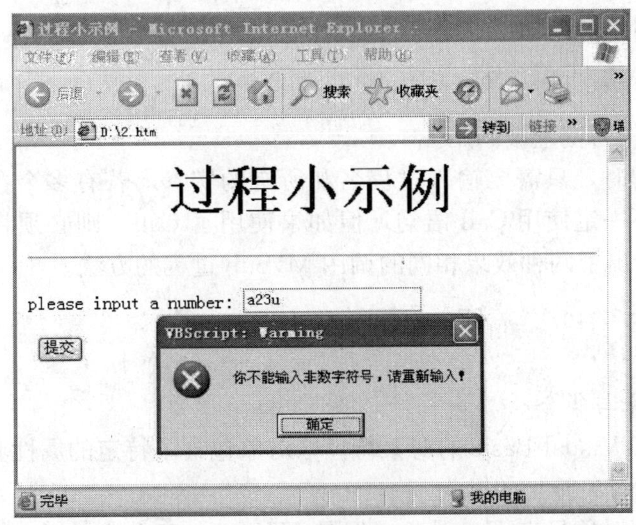

图 1—17　过程示例执行结果

以上 Sub 过程是对按键的响应，也没有调用参数，是最简单的过程语句。但是，它不但调用库函数 MsgBox，还调用了外部自定义函数 CheckNumber 函数，此函数是检验一个字符串是否全为数字，可用来检查填写的学号、电话号码及身份证号码等数据是否合法。

注意：*在 Function 过程中设置 CheckNumber 函数是因为可以利用 Function 函数的返回值来判断数字是否合法，而 Sub 过程是不能获取返回值。*

(2) Function 过程。Function 与 Sub 一样是被赋予一个名字的语句块，它除了可以支持外部参数的调用，还可以用 Exit Function 语句从函数中退出。使用以下语法格式，可以将参数传到函数中：

```
Function funcName(arguments)
函数体
End Function
```

arguments 的语法与子程序相同。传递参数的方式也与 Sub 过程相同，分为应用传递和值传递两种。最后，与过程不同的是，在函数中常有这样一句代码：

```
functionName = expression
```

其中，expression 是一个合法的 VBScript 表达式，它为此函数决定对外的返回值。如上例中的 CheckNumber 函数在检查了所传递来的参数 String 是否合法后就将返回一个逻辑值。

不合法时 CheckNumber＝false，返回假；合法时 CheckNumber＝true，返回真。

（3）过程调用。VBScript 中过程调用的方法通常有三种方法：

①作为语句调用，例如：

```
MsgBox "你不能输入非数字符号,请重新输入!",0 + 16,"Warming"
```

说明：MsgBox 过程作为语句被调用。

②作为表达式调用，例如：

```
if(CheckNumber(Document.frm1.T1.value) = false) then
```

说明：CheckNumber 函数作为表达式被调用。

③作为变量被调用，例如：

```
MsgBox"0 的 ASCII 码是:"& asc("0")
```

说明：asc 过程作为变量被调用。

调用 Sub 子过程时，只需要输入过程名和所有的实参，若有多个参数值，可用逗号分隔。调用 Sub 过程不一定使用 Call 语句，但如果使用了 Call，则必须将所有参数放在括号中。下面两个语句给出了两种效果相同的调用 MySub 过程的方法。

```
Call MySub(arg1,arg2,arg3)
MySub arg1,arg2,arg3
```

7. VBScript 对象与集合

VBScript 保留了 Visual Basic 的对象特性，对象包含了特定的属性和方法，即指示对象当前状态，和可以对对象施加的操作。

VBScript 中通用对象只有 Err 对象。但是 VBScript 完全支持 ActiveX™控件，常用组件 Scripting 中包括了一些常用对象，如 Directory 对象、Drive 对象、File 对象、FileSystemObject 对象、Folder 对象和 TextStream 对象等。其中一些对象将在文件管理系统章节中详细介绍。

无论使用的是 ActiveX™控件（以前称为 OLE 控件）还是 Java™对象，Microsoft Visual Basic Scripting Edition 和 Microsoft Internet Explorer 都以相同的方式处理它们。如果读者使用的是 Internet Explorer 并且 ActiveX 库中安装了这些控件，就会看到由以下代码制作的页面。

〈object〉标记用来包含对象，〈param〉标记用来设置对象属性的初始值。使用〈param〉标记类似于在 Visual Basic 中设置窗体控件的初始属性值，像对任何窗体控件一样，可以获取属性、设置属性和调用方法。

例如，以下代码包含〈Form〉控件，可用其对标签控件的两个属性进行操作。

```
〈form name = "LabelObject"〉
〈input type = "text" name = "txtNewText" size = 25〉
〈input type = "button" name = "BtChange" value = "更改文本"〉
〈input type = "button" name = "BtRotate" value = "旋转标签"〉
〈/form〉
```

【例 1.18】 客户端脚本。可以定义窗体的事件处理函数，BtChange 按钮的事件过程可以更改按钮上的文字。

```
<script language = "vbscript">
<!--
Sub BtChange_OnClick
    dim Theform
    set Theform = Document.LabelObject
    Theform.txtNewText.value = "这是新文字"
End Sub
-->
</script>
```

8. VBScript 事件

事件是用户和 Web 页交互时产生的操作。大多数情况下 VBScript 是基于事件驱动的，通常的事件都是由用户的一系列操作引起的。VBScript 处理事件的过程分为以下两步：

(1) 定义脚本可以处理的事件；

(2) 提供将这些事件链接到用户的 VBScript 代码标准方法。

VBScript 定义了链接、图形、窗体元素的窗口的事件，以及对应这些 HTML 元素的标志属性。VBScript 中常用的事件如表 1—12 所示。

表 1—12　　VBScript 常用事件

类型	事件名称	说　明
键盘事件	OnKeyDown	当一个键被按下时激发
	OnKeyPress	当用户的键盘输入被转换为一个字符时激发
	OnKeyUp	当用户释放一个键时激发
鼠标事件	OnClick	当用户单击一个元素或按 Enter 键时激发
	OnDbClick	当用户双击一个元素时激发
	OnMouseOut OnMouseDown OnMouseUp OnMouseMove OnMouseOver	当鼠标在元素之间移动时，OnMouseOut 事件首先激发，表示鼠标已离开原来的元素。然后 OnMouseMove 事件激发，表示鼠标已经移动。最后，OnMouseOver 事件激发，表示鼠标已经进入到新的元素。OnMouseDown 和 OnMouseUp 分别表示鼠标按下和离开时激发
其他事件	OnChange	当用户按 Tab 键从一个元素离开或在一个元素上按 Enter 键，离开该键时 OnChange 激发
	OnError	当加载一个图像或其他元素过程中发生一个错误时激发，或当一个脚本错误产生时激发
	OnLoad	在文档被加载和页面上所有元素被完全下载后激发
	OnScroll	页面的滚动框或其中的任何元素被重新定位时激发
	OnUnLoad	在文档将被卸载之前或当漫游到另外的文档时立即激发

从上表中我们可以看出 VBScript 的事件过程都是以 On 开头，例如，Click 事件要写成 OnClick(前述例子中已经用到了 OnClick 事件)。这是 VBScript 事件不同于 Visual Basic 事件的关键之处，事件是可以由对象识别的操作。在响应事件时，事件驱动应用程序执行指定的代码。在 HTML 中，可以将 VBScript 语句定义为事件处理过程(Event Handler)，然后通过事件来驱动。事件就是用户在浏览器上所执行的一些操作，如单击鼠标键等。

注意：有些事件可能伴随其他事件一起发生，如驱动 OnDbClick(双击)事件时，将伴随发生 OnMouseDown、OnMouseUp 和 OnClick 事件。

浏览器是 Windows 中的应用程序，VBScript 是其内部的程序。当在页面中发生事件时，所产生的消息由系统层层传递，最后由浏览器处理。如果页面使用了 VBScript，并处理发生在某个对象的事件时，浏览器将把此消息转交 VBScript 的虚拟机，然后将程序执行转到某对象的事件处理过程，而对用户来说，感觉上只是在执行 VBScript 程序。页面文档(HTML)加上脚本，取代了部分视窗程序的功能，从另一个方面看，也增加了浏览器对页面处理的灵活性。在页面上使用的每个对象，基本上都可以用 VBScript 脚本为其设计交互式的处理方法。

项目实训 1　利用 VBScript 语言实现一个简易的日历

1. 实训目的

(1) 通过实训掌握利用 VBScript 语言编写简单程序的方法；

(2) 掌握简易日历实现的原理。

2. 实训情景引入

任务 2 的问题情景是利用 VBScript 语言的输入输出函数实现一个 n 阶乘计算的例子，在相关知识里对 VBScript 语言的用法进行了详细的介绍。为进一步熟悉 VBScript 语言的语法，掌握利用 VBScript 语言编程的方法，本项目的实训任务是利用所掌握的 VBScript 有关知识与编程技巧实现一个简易日历的程序。

3. 实训步骤

(1) 程序实现的几个关键用法如下：

①文档输出语句。利用对话框输出信息有 MsgBox 函数，而在文档中直接输出显示有关信息则可利用 Document 类的 Write 方法，如下代码可以在文档中输出当时日期。

```
Document.Write year(date( )) &"年" & month(date( )) &"月"
```

②日期函数的用法。在程序中将涉及年、月、周、日等数据，可利用以下有关函数：

返回系统当前日期：date( )

返回系统当前年：year( )

返回系统当前月：month( )

返回系统当前日期的星期数：weekday( )

返回系统当前日：day( )

返回日期的指定年、月、日：dateserial( )

③表格的设计。

利用 Document 的 Write 方法直接输出有关表格的 HTML 标记代码。

(2) 参考代码。利用网页设计工具新建一文件，命名为：简易日历 .htm，同时将如下参考代码录入至文件中。

```
<html>
<head><title>简易日历</title>
<script language = "vbscript">
<!--
  dim month1,date1,day1,i
  month1 = month(date)                                    '获取当前系统月份值
  document.write"<center>"
  document.write"<font face = 'verdana' size = '5'>"
  document.write year(date( )) & "年" & month(date( )) & "月"    '输出当前年、月
```

```
document.write"<p>"
document.write"<table cellpadding='10' border='1'><tr>"          '输出表格
document.write"<td><b>日<td><b>一<td><b>二<td><b>三<td>"      '输出日历标题
document.write"<b>四<td><b>五<td><b>六"
document.write"<tr>"
date1 = dateserial(year(date),month(date),1)                      '返回指定的年、月、日
day1 = 1
for i = 1 to 7
    if weekday(date1)>i then
        document.write"<td></td>"
    else
        document.write"<td align='center'><font size='3'>"
        document.write day1                                           '输出日
        document.write"</td>"
        day1 = day1 + 1
        date1 = dateserial(year(date),month1,day1)
    end if
next
document.write"<tr>"
weekdays = 1
while month(date1) = month1
    document.write"<td align='center'><font size='3'>"
    document.write day1
    document.write"</td>"
    day1 = day1 + 1
    weekdays = weekdays + 1
    if weekdays>7 then
        weekdays = 1
        document.write"<tr>"
    end if
    date1 = dateserial(year(date),month1,day1)
wend
document.write"</table>"
document.write"</center>"
-->
</script>
</head>
</html>
```

习 题 1

一、填空题

1. HTML 的英文全称是______ ______ ______ ______，中文含义是__________。

2. VBScript 有一套完整的运算符，其中包括________、________和________三类运算符。

3. 通常将 VBScript 代码添加到 HTML 页面中的标记________和________。

4. 在 VBScript 中________循环语句不需要指定循环次数，循环将自动重复运行。

二、选择题

1. HTML 语言中用于画横线的标记是（　　）。

A.〈br〉　　B.〈hr〉　　C.〈b〉　　D.〈p〉

2. 下列方法不属于 VBScript 过程调用方法的是（　　）。

A. 作为语句调用　　B. 作为变量调用　　C. 作为表达式调用　　D. 作为常量调用

3. 以下所列不属于 Variant 的数据子类型的是（　　）。

A. NULL　　B. BYTE　　C. SHORT　　D. LONG

4. 二维数组 Data(7,8)表示（　　）。

A. 7 行 8 列　　B. 8 行 9 列　　C. 7 行 9 列　　D. 8 行 8 列

三、思考与练习题

1. 简述 HTML 文档的结构。

2. 在页面中使用内链式样式表将段落文本颜色设定为黄色，大小为 18pt。

3. HTML 中调用 CSS 主要有几种方法？哪种应用最广泛？

4. 熟悉使用布局表格并尝试直接在标准视图中插入表格对页面进行布局。

5. VBScript 有何特点？它有什么数据类型？

6. 试描述 MsgBox 函数与 MsgBox 语句的异同点。

7. 写出 InputBox 函数的格式，并说明其中各参数的含义。

8. 编写 VBScript 程序，计算数列 1＋2＋…n 的和。

9. 编写 VBScript 程序，要求双击网页文档中按钮后，弹出一个警示信息框。

10. 编写 VBScript 程序，在对话框中输入华氏温度，由程序将其转换成摄氏温度，并将转换后的摄氏温度显示在对话框中。要求用带参过程调用华氏温度与摄氏温度的转换公式：C＝(F－32)×5/9。

子项目 2　计数器系统的设计

学习目标

能进行 Internet 信息服务(IIS)的安装与配置，能进行计数器系统的设计。

了解 Internet 信息服务(以下均简称 IIS)的基本概念。

了解 Web 数据库的基本概念。

了解 ASP 的基本情况以及体系结构。

了解并掌握 ASP 的对象模型。

掌握 global.asp 的用法。

掌握 ASP 的内置对象 Application 的用法。

项目任务

本项目开始逐一介绍企业网站中所涉及的各个系统。在介绍 ASP 程序设计之前，首先要了解并掌握 IIS 的安装与配置，搭建虚拟网站环境。本项目重点任务是介绍企业网站计数器系统设计与应用。

IIS 的安装与配置是企业网站运行的基础环境，因此我们将其用法作为单独一任务进行分析介绍。由于计数器系统功能单一，为此将此系统进一步做任务分解。

一般网站计数器可以是直接以数字形式表现，还可以是以图片形式表现，本项目在进行系统介绍时以数字形式，在项目实训时则以图片形式。

任务 1　IIS 的安装与配置

学习目标与任务：

- 了解 IIS 的基本概念；
- 掌握 IIS 的安装与配置。

2.1.1　IIS 的安装

Microsoft 公司推出了支持 ASP 的 3 种服务器平台：

- Microsoft Internet Information Server Version on Windows NT。
- Microsoft Peer Web Server Version 3.0 on Windows NT Workstation。

● Microsoft Personal Web Server on Windows 95/98。

前两者是 Microsoft 公司的 Windows NT 系统开发的，功能、稳定性及安全性都比较强。目前大型网站都是用 Microsoft Internet Information Server(简称 IIS)作为服务器，而 Microsoft Personal Web Server(PWS)是为一般的个人用户开发的。由于现在普遍使用的是 Windows XP 操作系统，所以下面将具体介绍基于 Windows XP 操作平台的 IIS 的安装与配置。

IIS 是 Internet Information Server 的缩写，是 Microsoft 提供的 Internet 服务器软件，包括 Web、FTP、Mail 等服务器，使得在 Internet 或 Intranet 上发布信息变得十分容易，并有助于 Web 管理员创建升级的、灵活的应用程序。

Windows XP 在默认的情况下自带了 IIS，但是并没有安装，因此需要用户手动安装，其安装步骤如下所示。

(1) 打开"控制面板→添加/删除程序"，弹出如图 2—1 所示的对话框。

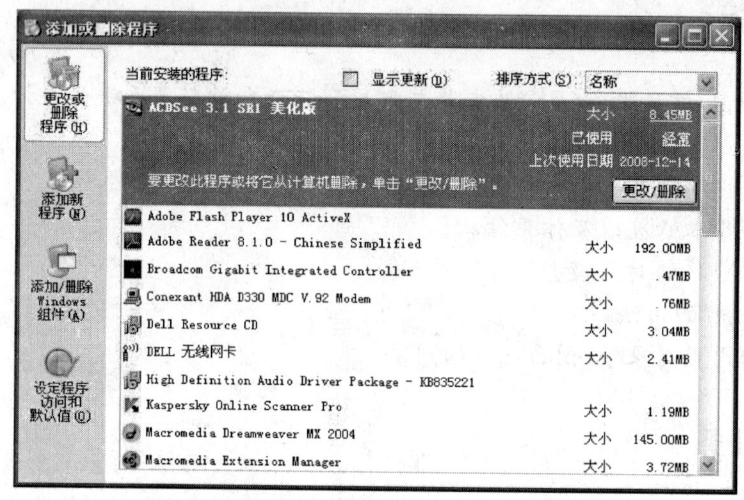

图 2—1　添加/删除程序对话框

(2) 在图 2—1 中选择左边"添加/删除 Windows 组件"，进入如图 2—2 所示对话框。

选中图 2—2 中的"Internet 信息服务（IIS)"，单击"详细信息"按钮，弹出如图 2—3 所示的对话框。在图 2—3 中可以看到很多 IIS 的子组件，但是对开发 ASP 而言，只要选中

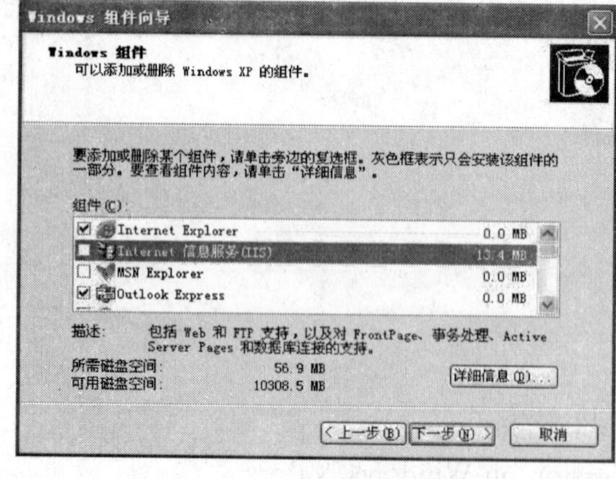

图 2—2　Windows 组件向导

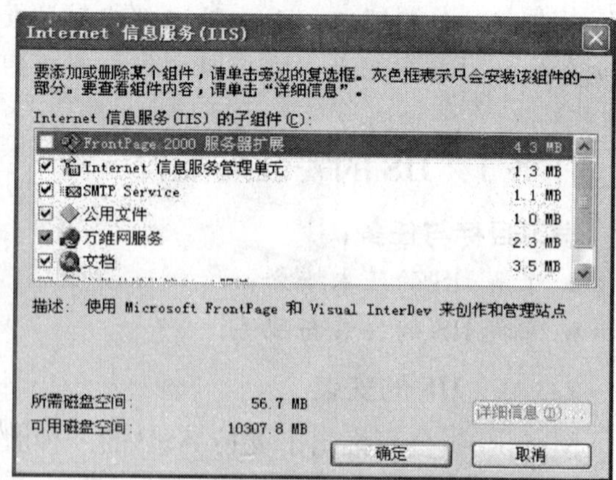

图 2—3　Internet 信息服务（IIS）对话框

“万维网服务”、“FrontPage2000 服务器扩展”、“Internet 信息服务管理单元”、“公用文件”即可。用户可以按默认设置，然后单击“确定”按钮，回到图 2—2 所示的界面。

(3) 将 Windows XP 系统光盘放入光驱，单击“下一步”按钮开始安装。

2.1.2 IIS 的配置

下面详细介绍 IIS 的相关配置信息。

(1) 打开“控制面板→管理工具”，如图 2—4 所示。

(2) 在管理工具面板中，双击“Internet 信息服务”图标，打开“Internet 信息服务”对话框，如图 2—5 所示。

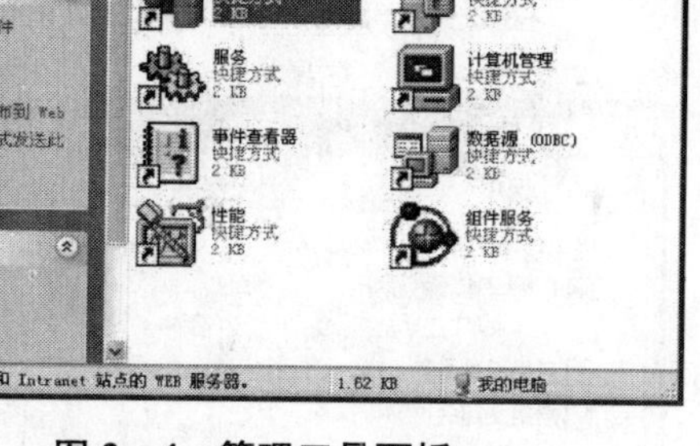

图 2—4 管理工具面板

图 2—5 Internet 信息服务对话框

(3) 单击对话框中的“网站”右边的“+”，选中“默认网站”，然后右键单击“默认网站”，在弹出菜单中选择“属性”菜单命令，如图 2—5 所示。

(4) 打开“默认网站 属性”对话框，如图 2—6 所示，这里可以根据需要进行各项配置。下面对图 2—6 中的部分属性进行说明。

①网站属性页。在图 2—6 中，IP 地址是 Web 服务器绑定的 IP 地址，一般都是本机地址，TCP 端口设为 80。通常，用户在访问端口为 80 的 Web 服务器时，如访问新浪网站，只要地址栏输入“http://www.sina.com.cn”；如果端口为 8080，则要输入“http://www.sina.com.cn：8080”格式，否则不能访问该网站。

②主目录。在图 2—6 中选择“主目录”属性页，如图 2—7 所示，可以定义 Web 站点的主目录，包括三种路径，一般选择“此计算机上的目录”，指服务器本机硬盘上的目录；“另一台计算机上的共享”，指将主目录定位到网络中其他计算机的共享文件夹上；“重定向到 URL”，指将主目录重定向到 URL 上。若选“此计算机上的目录”，最主要的属性是本地路径的设置。通过改变主目录，可以让网络服务器对应不同的网站内容，主目录默认在“C:\inetpub\wwwroot”路径下，读者可以通过单击“浏览”来改变路径，如图 2—8 所示。

另外，在“主目录”属性页中还可以进行客户端访问权限的设置，为了保证网站的安全性，在默认的情况下只要选择“读取”、“记录访问”以及“索引资源”就可以了。在图 2—7 中选择“配置”按钮，可以进行更多的应用程序设置，如图 2—9 所示，有 3 个属性页，其中“选项”（如图 2—9 所示）和“调试”（如图 2—10 所示）属性页比较重要。

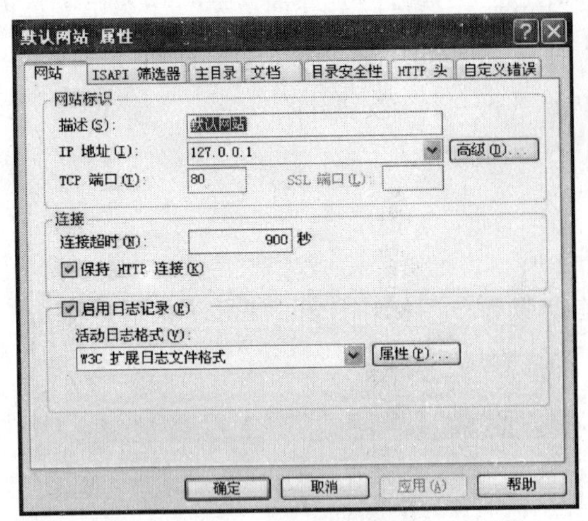

图 2—6 默认网站属性对话框

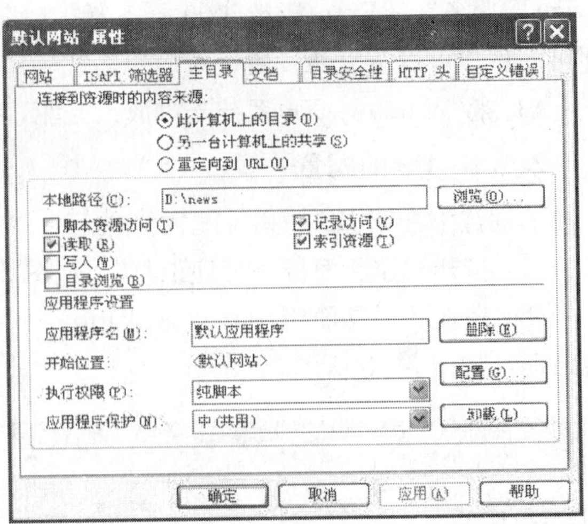

图 2—7 默认网站 属性对话框

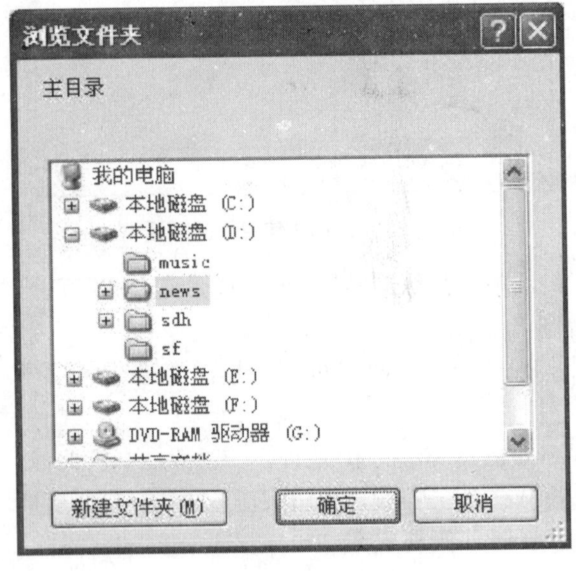

图 2—8 浏览文件夹对话框

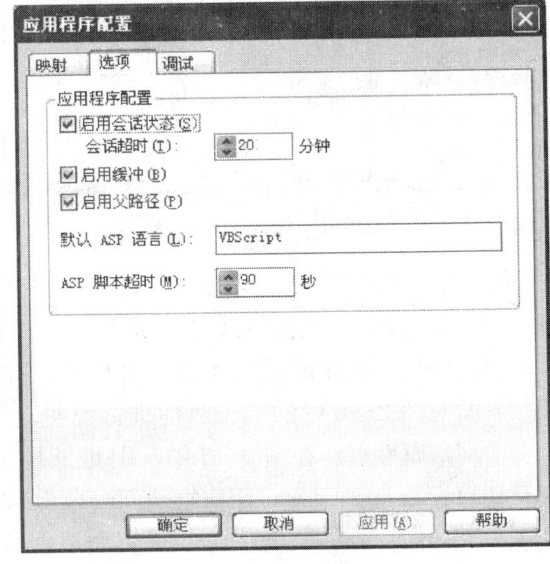

图 2—9 应用程序配置—选项

在图 2—9 中，“启动会话状态”表示一个客户如果在设定期限内没有活动，则服务器会自动放弃保存客户端的信息以及其他相关信息，默认的设置为 20 分钟。“启用缓冲”选项必须选上，因为在 ASP 编程中，很多时候需要利用缓冲输出数据。“启用父路径”选项也必须选上，因为在进行网页链接设计的时候，经常需要用相对路径来表示。

在“调试”属性页中只要选上“启动 ASP 服务器脚本调试”和“启动 ASP 客户端脚本调试”两个选项就可以了，这样在开发 ASP 程序时，如有错误，会直接在浏览器中显示错误地方以及错误原因。

③文档。如图 2—11 所示，系统自己设置的默认网页文档为 Default.htm、Default.asp、iisstart.asp，用户可以自己设置网站的首页文件名。如果想将“index.asp”设置为默认网页文档，则单击“添加”按钮，在弹出的对话框中输入“index.asp”即可完成设置。

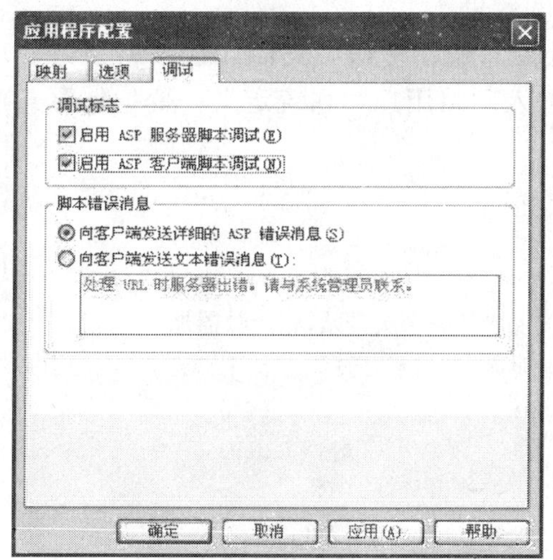

图 2—10 应用程序配置—调试

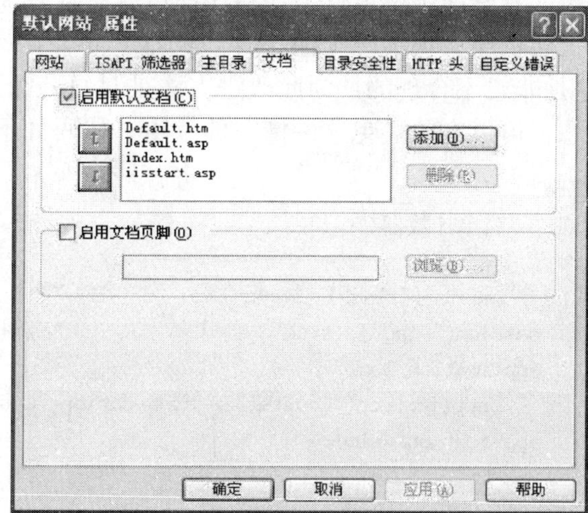

图 2—11 默认网站属性—文档

任务 2 计数器系统的设计

学习目标与任务：

- 了解并掌握计数器系统的设计方法；
- 了解 Web 数据库的有关概念；
- 了解并掌握 ASP 的基本概念以及其结构体系；
- 了解 ASP 的对象模型，掌握 Application 对象的应用方法；
- 学会 global.asa 的用法。

2.2.1 问题情景及实现

1. 问题情景

许多网站在推出后，网站设计者非常希望了解到底有多少访问者曾经访问过自己的网站，他们来自何方，浏览页面时又有什么规律等。一个好的网站设计者会根据访问信息来及时更正网页的内容与结构，以便吸引更多的眼球，扩大网站的影响力，而访问计数器就可以轻松实现这个功能。

2. 系统实现

简易网站计数器的实现代码如下：

```
<html>
<title>简单计数器</title>
<%
    dim visitor
    Application.lock                          '用 Lock 方法锁定 Application 对象
    Application("visitor") = Application("visitor") + 1
    Application.unlock                        '用 Unlock 方法解除锁定
%>
您好！欢迎光临！您是第<b><% = Application("visitor") %></b>位来访者。
</html>
```

在网页设计器(如 Dreamweaver)中，保存上述代码，命名为 count.asp。然后按照**任务 1**

的方法配置好网站，运行上述程序便可查看计数器的效果。

上述程序实现了一个简单计数功能，不足之处是每刷新一次，页面计数器就会自动加1，这是非常不合理的。为此改进方法是对每一个进入网站用户，系统定义一变量保存其进入状态，可以有效避免这一情况的发生，代码如下：

```
<html>
<title>简单计数器</title>
<%
    If Session("flag") = Empty Then            '如果该用户是第一次进站,则计数器加 1
    session("flag") = true                     '否则不加 1
    application.lock
        application("Counter") = application("Counter") + 1
    application.unlock
    End If
%>
您好！欢迎光临！您是第<b><% = Application("Counter") %></b>位来访者。
</html>
```

按上述同样的方法运行该程序便可查看可防止刷新的计数器的效果。

2.2.2 相关知识：Web 数据库概述、ASP 简介、初始文件(Global.asa)、Application 对象

本项目所介绍的计数器系统是本书第一次介绍 ASP 程序，因此我们首先要对 ASP 有个初步的了解，并掌握其基本的用法，才能深入的学习其他系统。

下面我们学习本项目开发相关的知识和技术：Web 数据库的有关概念、ASP 简介、ASP 体系结构、ASP 对象模型、初始文件(Global.asa)与 Application 对象的用法等。

1. Web 数据库概述

(1) 基本概念。Web(World Wide Web)是一种基于超链接(Hyperlink)技术的超文本(HyperText)和超媒体(HyperMedia)系统。在 Web 系统中，信息的表示和传递一般使用 HTML(HyperText Markup Language，超文本标记语言)格式。利用这种格式描述的信息不仅可以包含文本，还可以包含图形、图像、音频、视频等，从而为用户提供了一个易于使用的标准图形化界面。

Web 数据库也叫网络数据库，或者叫网站数据库。促进 Internet 发展的因素之一就是 Web 技术。由静态网页技术的 HTML 到动态网页技术的 CGI、ASP、PHP、JSP 等，Web 技术经历了一个重要的变革过程。Web 已经不再局限于仅仅由静态网页提供信息服务，而改变为动态的网页，可提供交互式的信息查询服务，使信息数据库服务成为可能。Web 数据库就是将数据库技术与 Web 技术融合在一起，使数据库系统成为 Web 的重要有机组成部分，从而实现数据库与网络技术的无缝结合。这一结合不仅把 Web 与数据库的所有优势集合在一起，而且充分利用了大量已有数据库的信息资源。图 2—12 是 Web 数据库的基本结构图，它由 4 部分组成：数据库服务器(Database Server)、中间件(Middle Ware)、Web 服务器(Web Server)、浏览器(Browser)。

工作过程为：用户通过浏览器端的操作界面以交互的方式经由 Web 服务器来访问数据库。用户向数据库提交的信息以及数据库返回给用户的信息都是以网页的形式显示。

在未接触 Web 数据库之前我们可能会觉得它是一门极其高深的技术，但如果我们有开

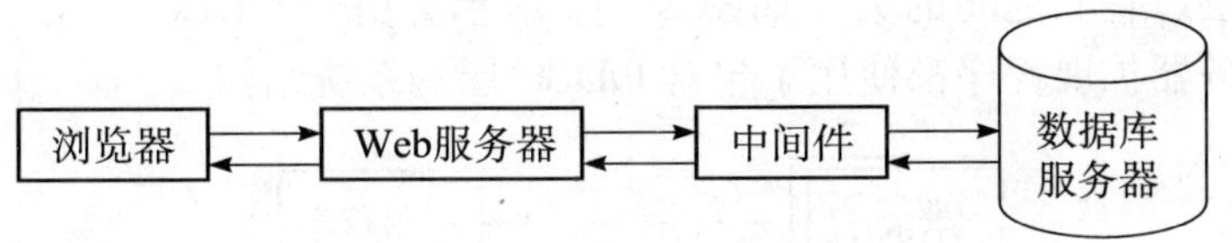

图 2—12　Web 数据库的基本结构

发单机或局域网数据库的经验，那么这些知识背景依然适用于 Web 数据库。在这里可以用一个简单的公式来描述数据库：

Web 数据库(Web DB)＝因特网＋数据库

即 Web DB＝Internet＋DB

网上订货、网上交易、在线查询、资格认证等是人们较为熟悉的网络行为，这些构成了电子商务的基本平台，而 Web 数据库则是它牢固的基石。随着 Internet/Intranet 技术的不断成熟与应用技术的飞速发展，Web 数据库已逐渐渗透到社会的各个层次，并且正在改变着人们的生活方式。Web 网站建设中的数据库开发，更是越来越受到做网站开发的个人和公司以及企业的青睐。商机存在、技术成熟、用途广泛、前景光明，这就是摆在我们面前的 Web 数据库。

(2) Web 数据库访问技术。Web 数据库访问技术通常是通过三层结构来实现的，如图 2—13 所示。目前建立与 Web 数据库连接访问的技术方法可归纳为 CGI 技术，ODBC 技术和 ASP、JSP、PHP 技术。

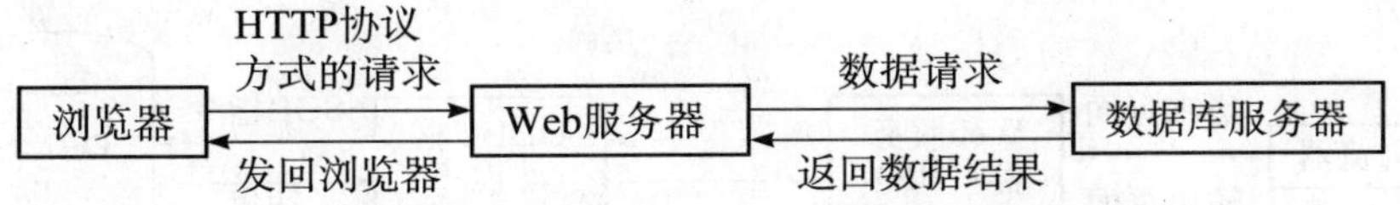

图 2—13　Web 数据库访问的三层结构

①CGI 技术。CGI(Common Gateway Interface，通用网关界面)是一种 Web 服务器上运行的基于 Web 浏览器输入程序的方法，是最早的访问数据库的解决方案。CGI 程序可以建立网页与数据库之间的连接，将用户的查询要求转换成数据库的查询命令，然后将查询结果通过网页返回给用户。一个 CGI 工作的基本原理如图 2—14 所示。

CGI 程序需要通过一个接口才能访问数据库。这种接口多种多样，数据库系统对 CGI 程序提供了各种数据库接口如 Perl、C/C++、VB 等。为了使用各种数据库系统，CGI 程序支持 ODBC 方式，通过 ODBC 接口访问数据库。

图 2—14　CGI 工作流程

②ODBC 技术。ODBC(Open DataBase Connectivity，开放数据库互接)是一种使用 SQL 的应用程序接口(API)。ODBC 最显著的优点就是它生成的程序与数据库系统无关，为程序员方便地编写访问各种 DBMS 的数据库应用程序提供了一个统一接口，使应用程序和数据库源之间完成数据交换。ODBC 的内部结构为 4 层：应用程序层、驱动程序管理器层、驱动

程序层、数据源层。它们之间的关系如图 2—15 所示。由于 ODBC 适用于不同的数据库产品，因此许多服务器扩展程序都使用了包含 ODBC 层的系统结构。

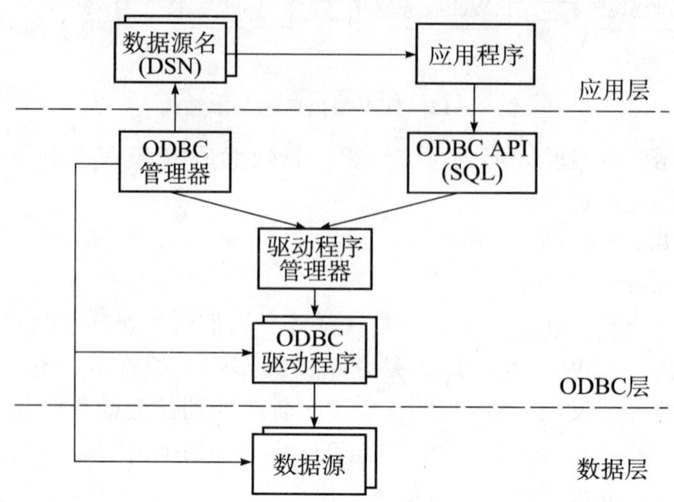

图 2—15　ODBC 的内部结构

Web 服务器通过 ODBC 数据库驱动程序向数据库系统发出 SQL 请求，数据库系统接收到的是标准 SQL 查询语句，并将执行后的查询结果再通过 ODBC 传回 Web 服务器，Web 服务器将结果以 HTML 网页传给 Web 浏览器，工作原理如图 2—16 所示。

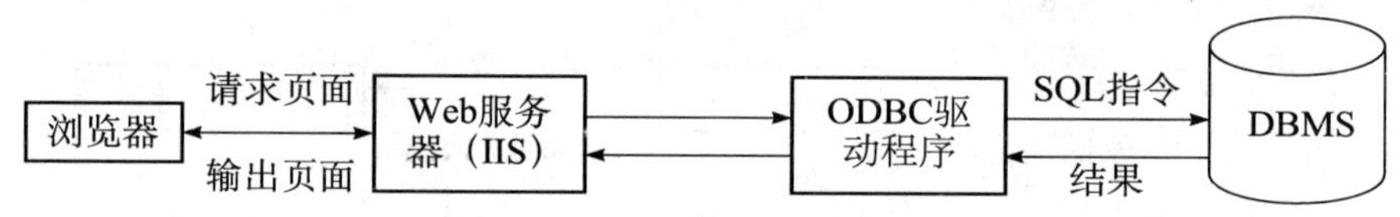

图 2—16　Web 服务器通过 ODBC 访问数据库

由于 Java 语言所显示出来的编程优势赢得了众多数据库厂商的支持。在数据库处理方面，Java 提供的 JDBC 为数据库开发应用提供了标准的应用程序编程接口。与 ODBC 类似，JDBC 也是一种特殊的 API，是用于执行 SQL 语句的 Java 应用程序接口。它规定了 Java 如何与数据库之间交换数据的方法。采用 Java 和 JDBC 编写的数据库应用程序具有与平台无关的特性。

③ASP、JSP、PHP 技术。ASP 是 Microsoft 开发的动态网页技术，主要应用于 Windows NT＋IIS 或 Windows 9x＋PWS 平台。确切地说 ASP 不是一种语言，而是 Web 服务器端的开发环境。利用 ASP 可以产生和运行动态的、交互的、高性能的 Web 服务应用程序。ASP 支持多种脚本语言，除了 VBScript 和 JavaScript，也支持 Perl 语言，并且可以在同一 ASP 文件中使用多种脚本语言以发挥各种脚本语言的最大优势。但 ASP 默认只支持 VBScript 和 JavaScript，若要使用其他脚本语言，必须安装相应的脚本引擎。ASP 支持在服务器端调用 ActiveX 组件 ADO 对象实现对数据库的操作。在具体的应用中，若脚本语言中有访问数据库的请求，则通过 ODBC 与后台数据库相连，并通过 ADO 执行访问库的操作。由于 ASP 对于初学者来说，容易入门，因此本书介绍的项目是利用 ASP 技术开发的。

JSP 是 Sun 公司推出的新一代 Web 开发技术。作为 Java 家族的一员，几乎可以运行在所有的操作系统平台和 Web 服务器上，因此 JSP 的运行平台更为广泛。目前 JSP 支持的脚本语言只有Java。JSP使用JDBC实现对数据库的访问。目标数据库必须有一个JDBC的驱动程序，即一个从数据库到Java的接口，该接口提供了标准的方法使Java应用程序能够连接到数据库并执行对数据库的操作。JDBC不需要在服务器上创建数据源，通过JDBC、JSP就可以实现SQL语句的执行。

PHP是Rasmus Lerdorf推出的一种跨平台的嵌入式脚本语言，可以在Windows、UNIX、Linux等流行的操作系统和IIS、Apache、Netscape等Web服务器上运行，用户更换平台时，无须变换PHP代码。PHP是通过Internet合作开发的开放源代码软件，它借用了C、Java、Perl语言的语法并结合PHP自身的特性，能够快速写出动态生成页面。PHP可以通过ODBC访问各种数据库，但主要通过函数直接访问数据库。PHP支持目前绝大多数的数据库，提供许多与各类数据库直接互连的函数，包括Sybase、Oracle、SQL Server等，其中与SQL Server数据库互连是最佳组合。

2. ASP简介

ASP(Active Server Pages)是服务器端脚本编写环境，它是文本文件，由HTML标志符和Active Server源程序构成。它可以发送客户端的源程序如VBScript和JavaScript，创建并运行动态的、交互的Web服务器应用程序。使用ASP可以组合HTML页、脚本命令和ActiveX组件以创建交互的Web页和基于Web的功能强大的应用程序。ASP不仅仅依靠客户机的请求产生动态HTML，还可以探测现有系统的能力，如数据库、文件检测、以COM为基础的信息服务器。ASP在这里作为HTML的编译器，是为网络提供移植现有应用及创新应用的媒介，因此ASP应用程序很容易开发和修改。基于以上原因，ASP得以迅速地流行，为创建动态网页提供了强有力的工具。

下面，让我们先看一看ASP是怎样在服务器上运行的。浏览器从Web服务器上请求.asp文件时，ASP脚本开始运行。然后Web服务器调用ASP，ASP全面读取请求的文件，执行所有脚本命令，并将Web页传送给浏览器。由于脚本在服务器上而不是在客户端运行，传送到浏览器上的Web页是在Web服务器上生成的，所以不必担心浏览器能否处理脚本。Web服务器已经完成了所有脚本的处理，并将标准的HTML传输到浏览器。由于只有脚本的结果返回到浏览器，所以服务器端脚本不易复制。用户看不到正在浏览的页的脚本命令。

ASP是一套Microsoft开发的服务器端脚本环境，可以在IIS中，结合HTML语言、ASP指令和ActiveX以及数据库等方面知识，创建并运行动态的交互式的Web站点。ASP具有如下特点：

● 使用VBScript、JavaScript等简单易懂的脚本语言，结合HTML代码，即可快速地完成网站的应用程序。

● 无须编译，容易编写，在服务器端直接执行。

● 使用普通的文本编辑器即可进行编辑设计。

● 与浏览器无关，用户端只要使用可执行HTML码的浏览器，即可浏览ASP所设计的网页内容。

● ASP的源程序不会被传到客户端浏览器，因而可以避免所写的源程序被他人剽窃，从而提高了程序的安全性。

● 可使用服务端的脚本来生成客户端的脚本。

3. ASP体系结构

HTML是VBScript的基础，同样也是ASP的基础。ASP文件一般由HTML标记和

VBScript 或 JavaScript 程序代码构成。VBScript 是设计 ASP 的有力工具。这不仅由于 VBScript简单易学，更主要的是它可以非常融洽地嵌入到 HTML 页面之中，并可借助其他组件完成诸如数据库查询等复杂的操作。ASP 默认的脚本语言是 VBScript，使用方法与 1.2.2 节所介绍的脚本语言一样。

【例 2.1】 在屏幕上输出“这是一个 ASP 样例!”(exam.asp)

```
<%@Language=VBScript %>
<html>
<head>
<title>ASP 样例</title>
</head>
<body>
<%
    response.write "这是一个 ASP 样例!"
%>
</body>
</html>
```

按任务一的方法配置好 IIS 后，即可在地址栏输入“http://127.0.0.1/exam.asp”就可以看到程序运行结果，运行结果如图 2—17 所示。

图 2—17 ASP 样例

在 exam.asp 中，包含在〈%与%〉之间的语句将被视为脚本语句来处理，这些脚本语句由 Web 服务器内嵌的 ASP 解释器解释。程序第一行告诉 ASP 使用 VBScript 脚本语言。与此相同，也可以指定 ASP 使用 JavaScript 或 PerlScript 脚本。例如：

```
<%@Language=JavaScript%>
<%@Language=PerlScript%>
```

它们都必须放在 ASP 文件的第一行。使用 VBScript 脚本时，该属性值可以省略，这种指定脚本语言的方法是标准指定法。

另一种指定脚本语言的方法是拓展对象法，即可以用 HTML 的〈SCRIPT〉标记进行声明，例如：

```
<SCRIPT Language=VBScript Runat=Server>
```

【例 2.2】 在屏幕上输出“这是一个 ASP 样例!”(exam1.asp)。

```
〈html〉
〈head〉
〈title〉ASP 样例〈/title〉
〈/head〉
〈body〉
〈SCRIPT Language = "VBScript" Runat = "server"〉
  Sub MyExam
      response.write "这是一个 ASP 样例!"
  End Sub
〈/SCRIPT〉
〈 % MyExam % 〉
〈/body〉
〈/html〉
```

该例执行的效果与例 2.1 相同。

HTML 使用“〈 〉”符号将 HTML 标记括上，区别于一般的文字。HTML 源代码既可运行在用户端，也可运行在服务器端。ASP 使用“〈% %〉”符号将 ASP 的脚本程序括起来，ASP 源代码只能运行在服务端，而执行后所产生的浏览器可识别 HTML 代码送至用户端浏览器。

ASP 文件可以是没有编写任何程序代码的 .htm 文件，只需把扩展名由 .htm 变成 .asp 就可以了。典型的 ASP 文件含有以下四个部分：

(1) 标准 HTML 文件；

(2) 服务器端执行代码（包含在〈% %〉之间）；

(3) 客户端执行代码(处于〈SCRIPT〉与〈/SCRIPT〉之间的脚本语言和 HTML 标记及内容)；

(4) 包含文件语句 # include。

4. ASP 对象模型

前面已经提到 ASP 中包含了大量的嵌入对象和可安装的 ActiveX 组件。这些对象及组件可以使 ASP 的功能更强大。

对象是基于特定模型的。在面向对象的编程中，对象指的是由作为完整实体的操作和数据组成的变量。用户通过一组方法或相关函数的接口访问对象的数据，使用对象的功能。ASP 中有下述六个内建对象：

(1) 请求对象(Request)。可以使用 Request 对象访问任何用 HTTP 请求传递的信息，Request 对象提供了五个集合来传输信息，分别是 ClientCertificate、Cookies、Form 的 Post 和 Get 方法、QuerString 和 ServerVariables 集合。Request 对象能够访问发送给服务器的二进制数据，如上载的文件。

(2) 响应对象(Response)。响应对象用来将信息发送给客户端。它提供了五种方法：Write、Redirect、End、Flush 和 Clear。Write 是将内容输出到浏览器上；Redirect 是将用户引导到另一个 URL 上；End 方法使 Web 服务器停止处理脚本并返回当前结果；Flush 方法立即发送缓冲区中的输出；Clear 方法清除缓冲区中的所有 HTML 输出。Response 对象还可以设置 Cookie 的值。

(3) 会话对象(Session)。可以使用 Session 对象存储特定的用户会话所需的信息。当用户在应用程序的页之间跳转时，存储在 Session 对象中的变量不会清除；而用户在应用程序中访问页时，这些变量始终存在。

（4）应用程序对象（Application）。Application 对象可以管理一个 ASP 应用程序中的信息。这些信息能被应用程序中的多个用户共享。

（5）服务器对象（Server）。Server 对象提供对服务器上的方法和属性进行的访问，主要是许多 Server 端的应用函数，最常用的创建 ActiveX 组件的实例 Server. CreateObject。例如，Set 变量＝Server. CreateObject（ADODB. Recordset）中，就用 Server. CreateObject（ ）方法产生了 ADODB 组件的 Recordset 对象。它还提供了其他一些有用的属性和方法，如 ScriptTimeout 用来设置脚本的超时期限，将 URL 或 HTML 编码成字符串的 HTMLEncode 方法，将虚拟路径映射到物理路径等的 MapPath 方法等。

（6）对象源对象（ObjectContext）。可以使用 ObjectContext 对象提交或撤销由 ASP 脚本初始化的事务，即处理 ASP 在 Microsoft Transaction Server（MTS）中的事物。

5. *初始文件*（global.asa）

Global.asa 是一个可选文件，程序编写者可以在该文件中指定事件脚本，并声明具有会话和应用程序作用域的对象。该文件的内容不是用来给用户显示的，而是用来存储事件信息和由应用程序全局使用的对象。该文件的名称必须是 Global.asa 且必须存放在应用程序的根目录中。每个应用程序只能有一个 Global.asa 文件。

在 Global.asa 文件中，如果包含的脚本没有用〈SCRIPT〉标记封装，或定义的对象没有会话或应用程序作用域，则服务器将返回错误。我们可以用任何支持脚本的语言编写 Global.asa 文件中包含的脚本。如果多个事件使用同一种脚本语言，就可以将它们组织在一组〈SCRIPT〉标记中。

在 Global. asa 文件中声明的过程只能从一个或多个与 Application_OnStart、Application_OnEnd、Session_OnStart 和 Session_OnEnd 事件相关的脚本中调用。在基于 ASP 的应用程序的 ASP 页面中，它们是不可用的。如果要在应用程序之间共享过程，则可在单独的文件中声明这些过程，然后使用服务器端包容（SSI）语句将该文件包含在调用该过程的 ASP 程序中。通常，包含文件的扩展名应为 .inc。

【例 2.3】下面是一个标准的 Global.asa 文件。

```
〈SCRIPT LANGUAGE = "VBScript" RUNAT = "Server"〉
    \'Session_OnStart 当客户首次运行 ASP 应用程序中的任何一个页面时运行
    \'Session_OnEnd 当一个客户的会话超时或退出应用程序时运行
    \'Application_OnStart 当任何客户首次访问该应用程序的首页时运行
    \'Application_OnEnd 当该站点的 Web 服务器关闭时运行
〈/SCRIPT〉
〈SCRIPT LANGUAGE = "VBScript" RUNAT = "Server"〉
    Sub Application_OnStart
        VisitorCountFilename = Server. MapPath ("/ex2") + "\VisitCount. txt"
        Set FileObject = Server. CreateObject("Scripting. FileSystemObject")
        Set Out =  FileObject. OpenTextFile (VisitorCountFilename, 1, FALSE, FALSE)
        Application("visitors") = Out. ReadLine
        Application("VisitorCountFilename") = VisitorCountFilename
    End Sub
    \'=========================================================
    SUB Application_OnEnd
        Set FileOutObject = Server. CreateObject("Scripting. FileSystemObject")
        Set Out =  FileOutObject. CreateTextFile (Application("VisitorCountFilename"), TRUE, FALSE)
```

```
        Out.WriteLine(application("visitors"))
    End Sub
    \'=================================================================
    Sub Session_OnStart
        Session.Timeout = 5
        Application("visitors") = Application("visitors") + 1
        Session("ID") = Session.SessionID
    End Sub
</SCRIPT>
```

在这个 Global.asa 程序中，涉及 ASP 的 File Access 组件，它提供用于访问文件系统的方法、属性和集合。在这里起到了在服务器上创建新文件并对文件进行写操作的作用，这其实是一个 ASP 页面访问计数器应用程序的 Global 文件，当客户首次访问该应用程序的首页时，过程 Application_OnStart 定义了在服务器上指定的虚拟目录下新建一个 VisitCount.txt 的文本文件，并将文件的路径和内容保存在应用程序级的变量中。当客户访问 ASP 应用程序中的任何一个页面时，过程 Session_OnStart 定义将应用程序级的变量 visitors 的值自动加 1。这样，每当有客户访问页面时，变量 visitors 都将自动加 1，以起到统计点击率的作用。由于变量 visitors 的值存储在系统内存，一旦服务器关闭或重新启动，存储在变量中的数据将自动丢失，所以通过定义过程 Application_OnEnd，在服务器关闭或重启之前将数据写入事先建立的文本文件中，这样就能确保当服务器再次启动时，Application_OnStart 过程可以从 VisitCount. txt 文件中读取以前的统计数。

6. Application 对象

Application 对象主要用于在给定的应用程序的所有用户之间共享信息，并在 Web 应用程序运行期间持久地保持数据。基于 ASP 的应用程序与所有的 .asp 文件一样，在一个虚拟目录及其子目录中定义。因为多个用户可以共享 Application 对象，所以必须要有 Lock 和 Unlock 方法以确保多个用户无法同时改变某一属性。

Application 对象没有属性，并提供多个集合、方法和事件，如表 2—1、表 2—2 和表 2—3 所示。Application 对象的语法格式如下：

```
Application.[collection|method|event][(variable)]
```

其中，collection 为集合名，method 为方法名，event 为事件名，variable 为定义的变量名。

表 2—1　　Application 对象的方法

方　法	说　明
Contents. Remove(“var”)	从 Application. Contents 集合中删除一个名为 var 的变量
Contents. RemoveAll( )	从 Application. Contents 集合中删除所有变量
Lock( )	锁定 Application 对象，只有当前 ASP 页面对内容能够进行访问，解决并发操作问题
Unlock( )	解锁

表 2—2　　Application 对象的集合

集　合	说　明
Contents	没有使用〈Object〉元素定义的存储在 Application 对象中的所有变量的集合
StaticObjects	使用〈Object〉元素定义的存储在 Application 对象中的所有变量的集合

表 2—3 **Application 对象的事件**

事　件	说　明
OnStart	当 ASP 启动时触发，在网页执行之前和任何 Session 创建之前
OnEnd	当 ASP 应用程序结束时触发，在最后一个用户会话已经结束并且该会话的 OnEnd 事件中的所有代码已执行之后发生

（1）Application 的方法。Application 方法中常用两个方法：Lock 和 Unlock。其中 Lock 方法用于保证同一时刻只能有一个用户对 Application 操作；Unlock 方法则用于取消 Lock 锁定。例如，Global.asa 文件中 Application 的 Onstart 事件处理代码如下：

```
Sub application_onstart
    Application.lock
    Application("online") = 0
    Application("counter") = 0
    Application("hight") = 0
    Application.unlock
End sub
```

（2）Application 的集合。Application 的集合有两个，分别是：Contents 和 StaticObjects。对于没有使用〈Object〉元素定义的变量保存在 Application 对象的 Contents 集合中，由于它是 Application 对象的默认集合，在使用时可省去集合名（如上例）。对于使用〈Object〉元素定义的变量保存在 Application 对象的 StaticObjects 集合中。

（3）Application 的事件。Application 常用的事件有两个，分别是：Application_OnStart 和 Application_OnEnd。这两个事件的处理代码都必须定义在 Global.asa 文件中。通常我们以为 Application_Start 是一个应用程序最开始的部分，所有编写的代码的执行都从这里开始。当 ASP 启动时触发，在网页执行之前和任何 Session 创建之前，如果 Global.asa 文件中有 Application_Start 事件处理代码，那么就执行该代码。Application_OnStart 事件处理代码一般完成整个 Web 应用所需的一些变量初始化，如上例中初始化在线人数和计数器等。Application_OnEnd 事件在最后一个用户会话已经结束并且该会话的 OnEnd 事件中的所有代码已执行之后发生，主要用于释放系统变量所占资源或汇总保存一些数据等，在例 2—3 中，通过定义过程 Application_OnEnd，在服务器关闭或重启之前将数据写入事先建立的文本文件之中。

项目实训 2　图形计数器的设计

1. 实训目的

（1）掌握图形计数器的设计方法；

（2）通过项目实训进一步掌握 IIS 的配置与建站方法；

（3）熟悉 ASP 的运行环境与程序运行方法。

2. 实训情景引入

任务 2 所介绍的数字计数器为最简易的设计方法。一般的企业网站为了吸引客户的眼球，则利用图片来替代数字，即设计成图形计数器。

3. 实训步骤

（1）数字图片设计。利用 Photoshop 等图形处理软件设计 10 幅内容分别 0～9 的 10 个数字的图片，并分别将文件输出为JPEG格式，文件名分别定义为Digit0～Digit9。

（2）代码设计。利用网页设计工具新建一文件，命名为GraphCount.asp，同时将如下参考代码录入至文件中。

```
<% @ language = vbscript %>
<table border = "1" cellpadding = "1" cellspacing = "1" width = 75 %>
<tr><td>
<p align = right>
<strong><font color = "mediumslateblue" face = "" size = "4">访问过本网站的人次</font></strong>
</P>
</td>
<td>
<%
    tempcounter = application("visitornum")
    '以下为根据计数数值显示相应的数字图片
    for i = 1 to 5
        mstr = "00000"&cstr(tempcounter)
        index = mid(mstr,len(mstr) + i - 5,1)
        select case index
            case 0:response.write"<img src = digit0.jpg>"
                case 1:response.write"<img src = digit1.jpg>"
                case 2:response.write"<img src = digit2.jpg>"
                case 3:response.write"<img src = digit3.jpg>"
                case 4:response.write"<img src = digit4.jpg>"
                case 5:response.write"<img src = digit5.jpg>"
                case 6:response.write"<img src = digit6.jpg>"
                case 7:response.write"<img src = digit7.jpg>"
                case 8:response.write"<img src = digit8.jpg>"
                case 9:response.write"<img src = digit9.jpg>"
        end select
    next
%>
</td>
</td></tr>
</table>
```

上述代码中计数值可由例2.3中Global.asa文件中的计数值获取。

（3）配置IIS。按任务1的方法配置IIS，将主目录设置为GraphCount.asp文件所在的文件夹。

（4）运行。在地址栏输入“http：//127.0.0.1/GraphCount.asp。

习　题　2

一、填空题

1. Web数据库也称________，它是将________技术与________技术融合在一起，使数据库系统成为Web的重要有机组成部分，从而实现数据库与网络技术的无缝结合。

2. ASP程序的服务端脚本是运行在________与________之间，客户端脚本是运行在________与________之间。

3. HTML 文件的后缀名是________，ASP 文件的后缀名是________。

4. ASP 的内置对象有________、________、________、________、________、________。

二、选择题

1. 嵌入 HTML 文件的 ASP 程序代码必须放在哪两个符号之间？（　　）

A. 〈!-- --〉　　B. ‘’　　C. 〈%　%〉　　D. 〈%=　%〉

2. 在建立 Application 对象时会产生哪个事件？（　　）

A. Application _ OnStart　　B. Application _ OnEnd

C. Application _ Start　　D. Application _ End

3. 下面哪项不属于动态网页技术？（　　）

A. JSP　　B. PHP　　C. ASP　　D. CGI

4. ASP 程序里默认的脚本语言是哪种？（　　）

A. PerlScript　　B. JavaScript　　C. VBScript　　D. VB

5. 网站初始文件名为：（　　）

A. Global.asp　　B. Index.asa　　C. Global.asa　　D. Index.asp

6. 下列不能用来编辑 ASP 程序的软件是哪个？（　　）

A. 记事本　　B. FrontPage　　C. Excel　　D. Visual InterDev

三、思考与练习题

1. 练习 IIS 的安装与配置。

2. 试描述 ASP、JSP、PHP 的特点。

3. 试述 ASP 程序的运行原理。

4. 描述 ASP 的文件结构。

5. 描述 Global.asa 文件的作用。

6. 说明 Application 对象的特点。

子项目 3　登录与注册系统的设计

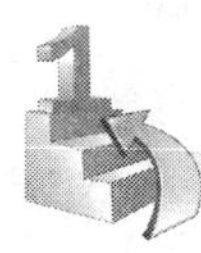

学习目标

能进行 MS SQL Server 2005 的安装，掌握用户登录系统与注册系统的设计与实现。

了解 MS SQL Server 2005 安装的前提条件。

掌握连接数据库的方法。

了解 ODBC、OLE DB 与 ADO。

掌握 ASP 的内置对象 Request 的用法。

掌握 ASP 的内置对象 Response 的用法。

项目任务

本项目在介绍 ASP 程序设计之前，首先要了解并掌握 MS SQL Server 2005 的安装，搭建数据库；掌握连接数据库的技术与方法。本项目重点任务是介绍用户登录系统与注册系统的设计与实现。

MS SQL Server 2005 的安装是中小企业网站开发的基础，因此我们将其作为单独的任务进行详细讲解。企业网站用户登录和注册系统展示了一个电子商务网站用户登录和注册界面的一般功能。开发该界面的目的是让我们能够学以致用。在项目实训时强化学生掌握网页页面与数据库之间进行信息交换。

任务 1　数据库的连接与配置

学习目标与任务：

- 掌握 MS SQL Server 2005 的安装；
- 掌握数据库连接技术。

3.1.1　MS SQL Server 2005 的安装

1. 前提条件

安装 MS SQL Server 2005 的前提条件如下：

（1）安装 Internet 信息服务(IIS)。

（2）Microsoft. Net. Framework 2.0（这个可以不需要安装，在安装 MS SQL Server

2005 时，可自动安装)。

(3) 虚拟光驱 Daemon _ Tools。

2. 具体安装步骤

具体安装步骤如下：

(1) 将 Internet 信息服务(IIS)所需的组件包 IIS _ XPSP3.rar，解压到本地磁盘（如 D 盘)。

(2) 单击“开始 | 控制面板 | 添加或删除程序 | 添加或删除 Windows 组件(A) | Internet 信息服务(IIS)”，然后一直单击“下一步”，当出现找不到相关组件时，单击“浏览”，选中解压在 D 盘的 Internet 信息服务(IIS)所需的组件包 IIS _ XPSP3 文件夹，继续单击“下一步”直到完成。

(3) 安装 Microsoft. Net. Framework 2. 0，单击“下一步”按钮。

(4) 设置安装 SQL Server 2005 必需的 ASP. NET 账户：单击“开始 | 运行”，输入“CMD”，执行 doc 命令：

```
cd C:\WINDOWS\Microsoft. NET\Framework\v2. 0. 50727
aspnet_regiis - u
aspnet_regiis - i
```

(5) 安装虚拟光驱 Daemon _ Tools，选择安装目录。

(6) 运行虚拟光驱 Daemon _ Tools，单击“参数选择 | 集成 | 单击全选 | 应用”，如图 3—1 所示。

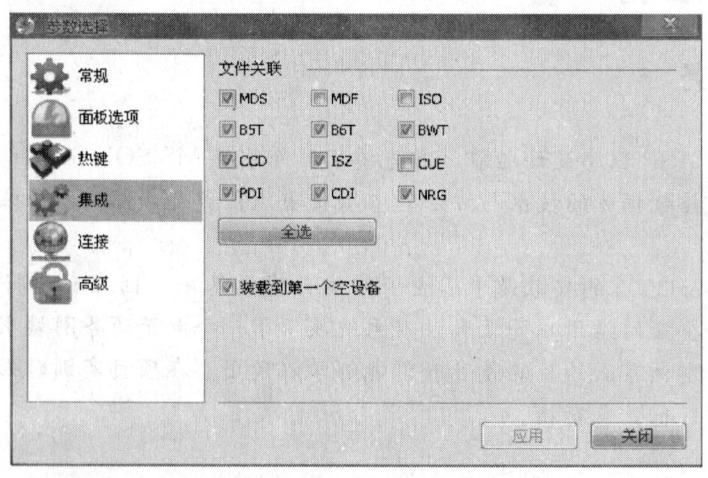

图 3—1 虚拟光驱参数选择

(7) 双击 SQL. 2005. all. chs. iso 镜像文件、整个安装过程如下：

在基于 x86 的操作系统下，单击服务器组件、工具、联机丛书和示例（C)，出现如图 3—2 所示的开始界面。安装的开始界面过后会出现“最终用户许可协议”界面，选择“我接受许可条款和条件”，然后单击“下一步”，如图 3—3 所示。在最终用户许可协议界面单击“下一步”后，开始安装必备组件，如图 3—4 所示，稍等片刻之后，就会出现成功安装所需的组件界面，如图 3—5 所示。

成功安装了所需组件之后，单击“下一步”后进入“Microsoft SQL Server 2005 安装向导”界面，如图 3—6 所示。单击“下一步”后进入“系统配置检查”界面，如图 3—7 所示。

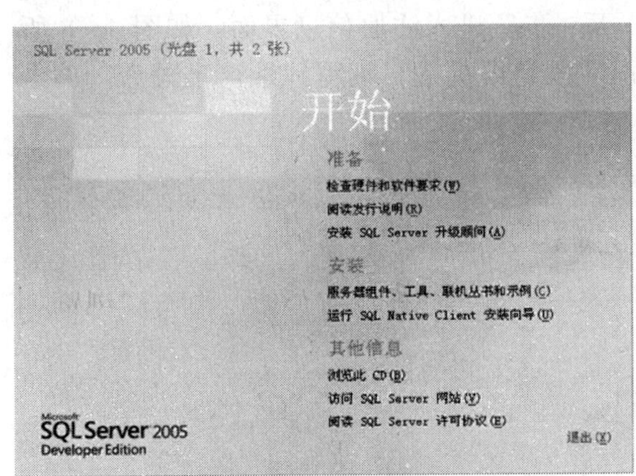

图 3—2　安装的开始界面

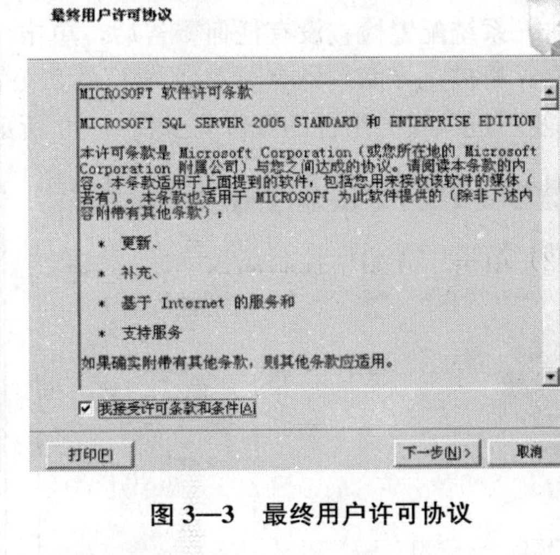

图 3—3　最终用户许可协议

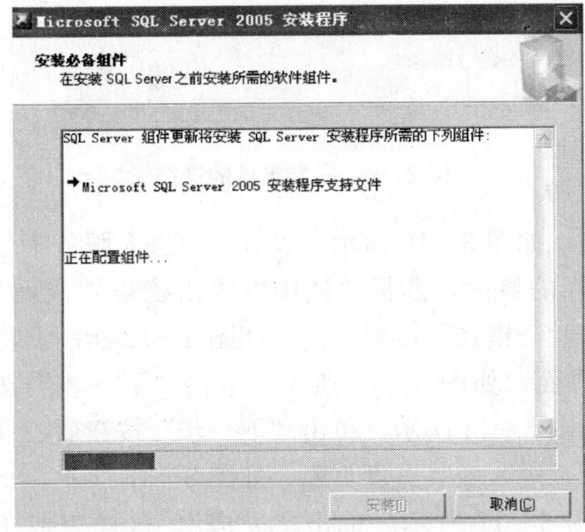

图 3—4　安装必备组件

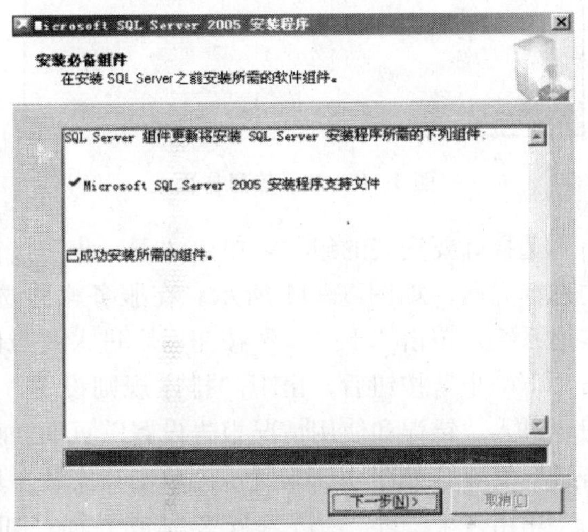

图 3—5　成功安装所需组件

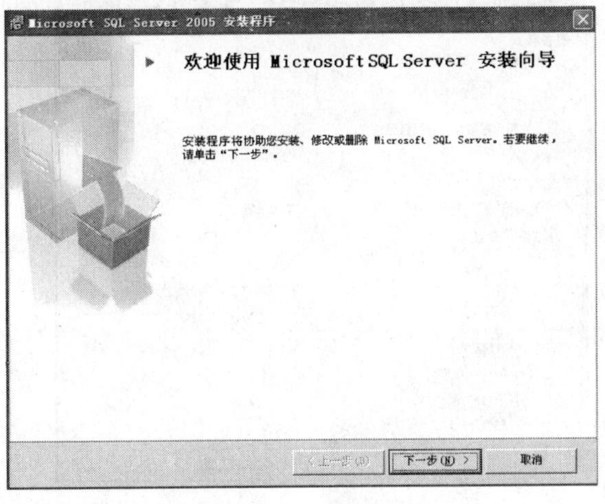

图 3—6　安装向导

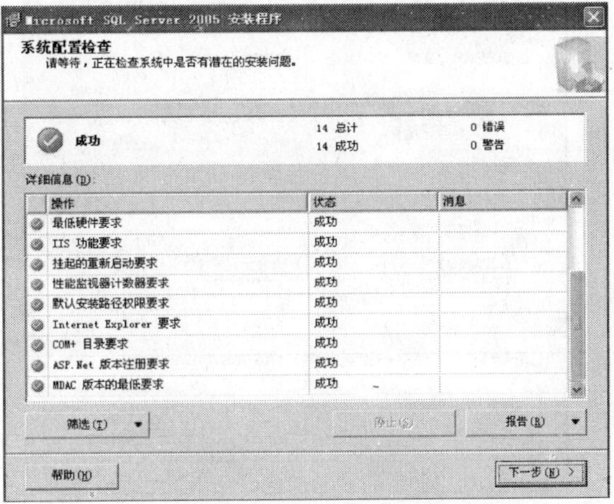

图 3—7　系统配置检查

检测系统配置，正常时是没有警告的，所以说要安装 IIS 服务，不会出现 IIS 功能要求的警告。系统配置检查没有任何警告后，单击“下一步”进入注册信息界面，如图 3—8 所示。在注册信息界面，姓名是必须填写的，公司字段是可选的。填写好姓名字段后，单击“下一步”进入安装组件的选择，如图 3—9 所示。

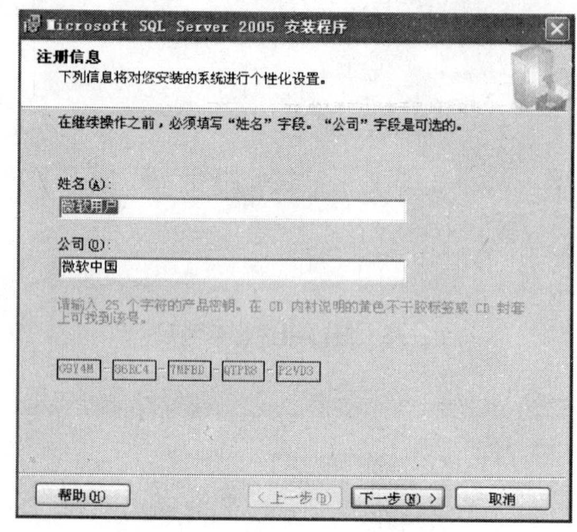

图 3—8　注册信息界面

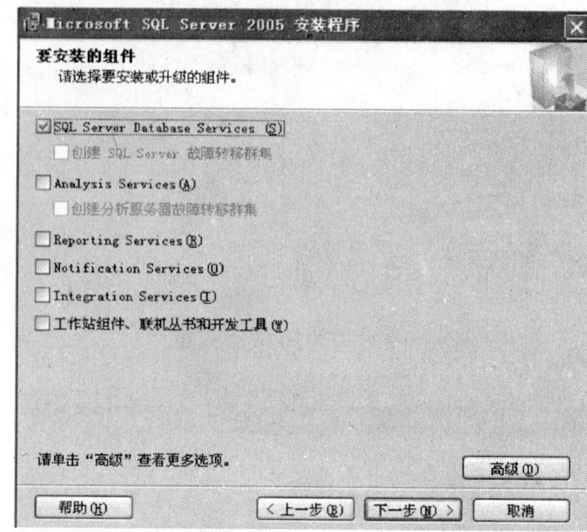

图 3—9　安装组件的选择

选择好要安装的组件，单击“下一步”按钮，如图 3—10 所示。设置好后进入服务帐号的选择界面，如图 3—11 所示。在服务帐号选择的界面，选择“使用内置系统帐号（Y）”本地系统，单击“下一步”按钮后，进入“身份验证模式”设置界面，如图 3—12 所示。单击“下一步”按钮后，出现“排序规则设置”界面，如图 3—13 所示。单击“下一步”按钮，进入“错误和使用情况报告设置”页面，如图 3—14 所示。单击“下一步”按钮后，准备进行安装，如图 3—15 所示。单击“安装”后，进入安装进度页面，如图 3—16 所示。

单击“下一步”，进入安装完成界面，如图 3—17 所示。单击“完成”，这样完成了 Microsoft SQL Server 2005 的安装。

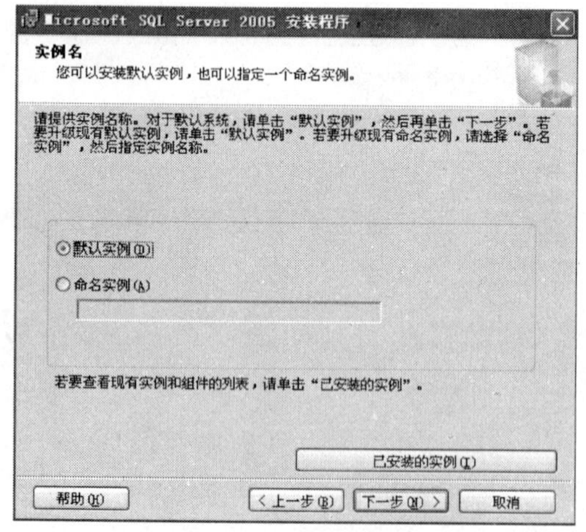

图 3—10　设置实例名对话框

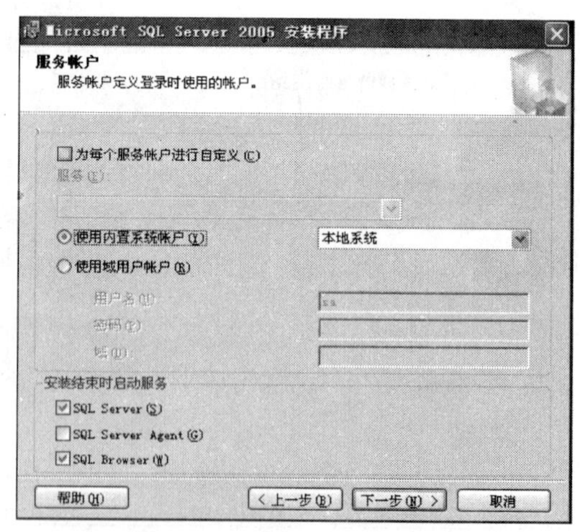

图 3—11　设置服务启动帐户对话框

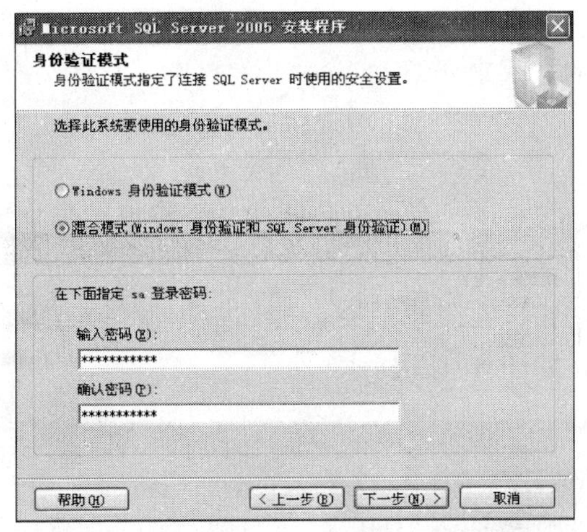

图 3—12　选择身份验证模式对话框

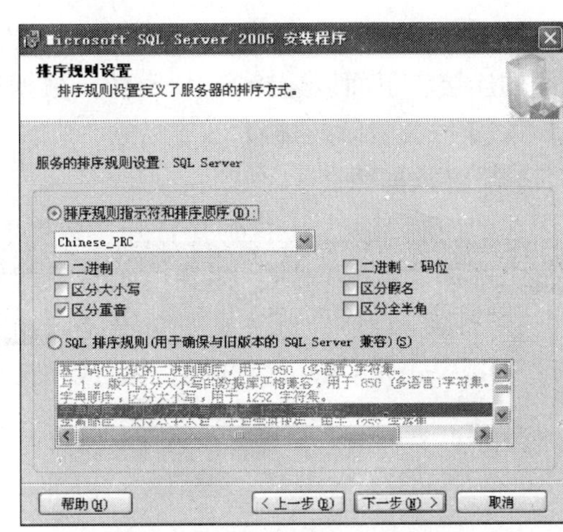

图 3—13　排序规则设置

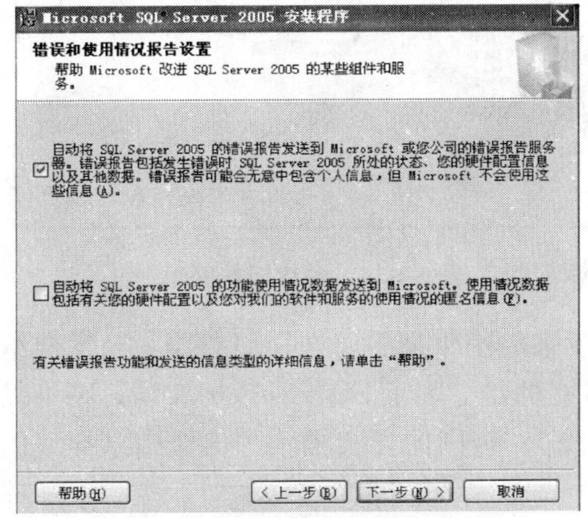

图 3—14　错误和使用情况报告设置

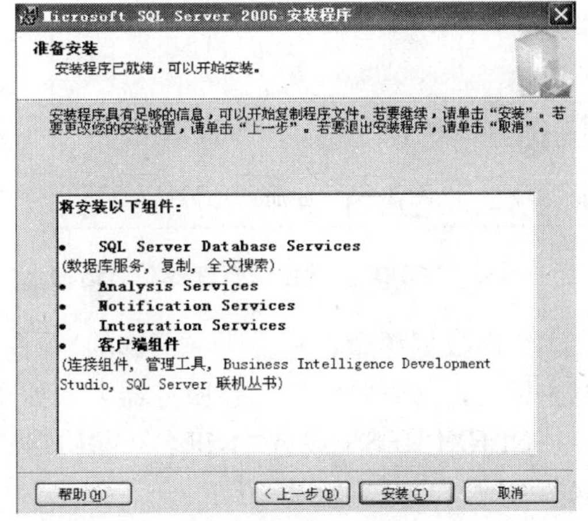

图 3—15　准备安装

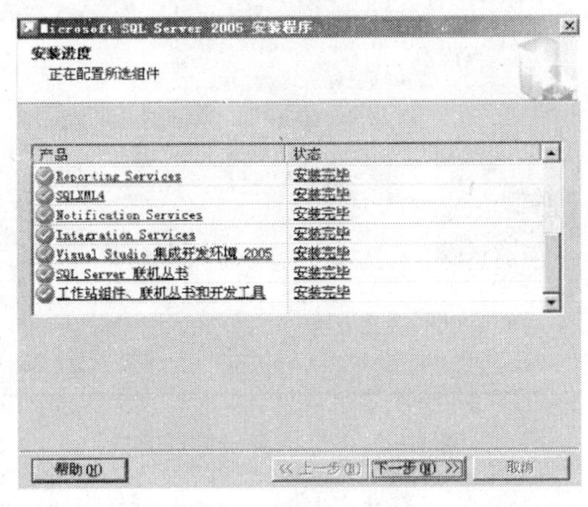

图 3—16　安装进度

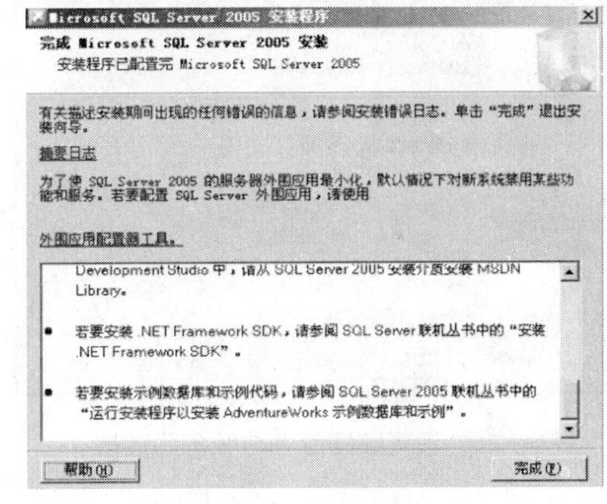

图 3—17　安装完成

3.1.2　相关知识：数据库连接技术

数据库的连接是实现用户登录与注册功能最基本的技术，只有建立了与数据库的连接，才能随心所欲地操纵数据库。连接数据库的方式一般有两大类：配置数据源的连接与未配置数据源的连接。下面以连接 SQL Server 数据库的方式来介绍。

1. 配置好数据源的连接

(1) 配置数据源。

①在“控制面板”中找到并打开“数据源(ODBC)”，在弹出的“ODBC 数据源管理器”对话框中选择“系统 DSN”标签，如图 3—18 所示。

②在“系统 DSN”标签页中单击“添加”按钮，在弹出的“创建新数据源”对话框中选择“SQL Native Client”，单击“完成”按钮，如图 3—19 所示。

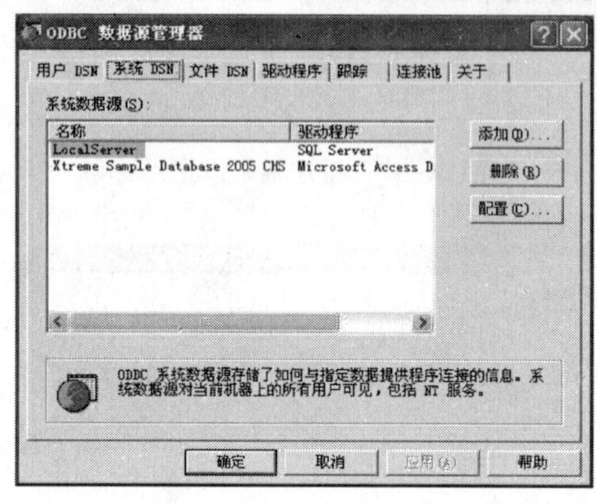

图 3—18 “ODBC 数据源管理器”对话框

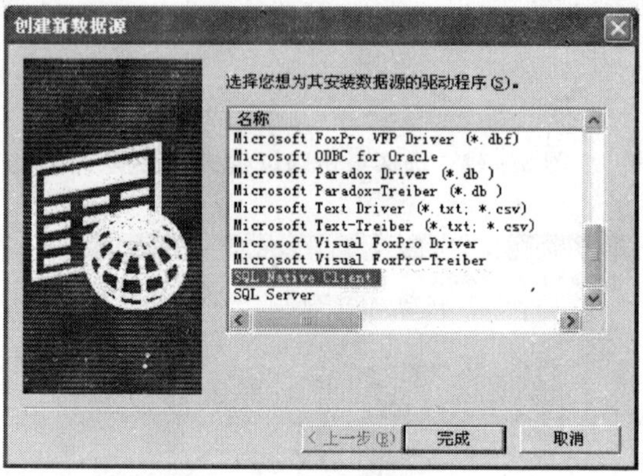

图 3—19 创建新数据源

③给出数据源命名和说明（可选的），在接下来的编辑框中，选择服务器，通常会给出本地主机名，这时要给出完整服务器名。如果本地机器上装了 SQL Server 2005，则可以填上“.\SQLEXPRESS”或者“本机名\SQLEXPRESS”，否则向导会提示“出错信息导致创建数据源失败”，如图 3—20 所示。

④在弹出的对话框中，选取向导默认值，然后单击“下一步”按钮，如图 3—21 所示。

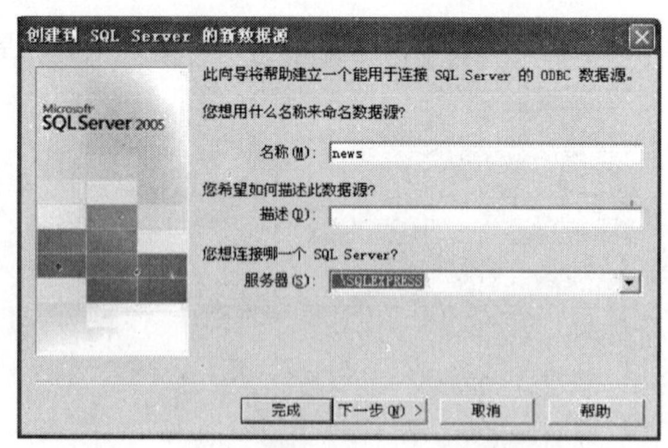

图 3—20 设置数据源名与服务器地址

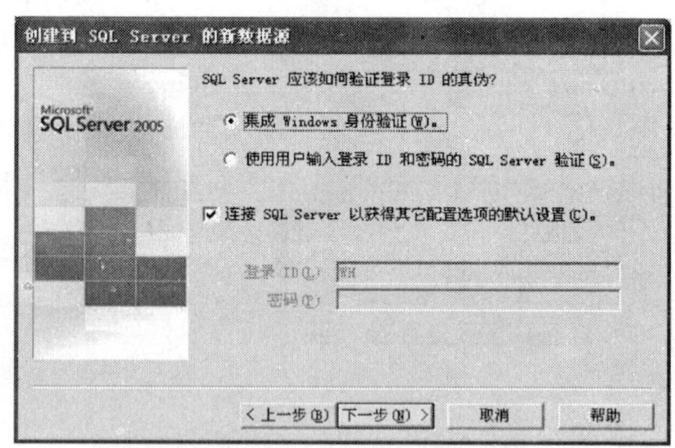

图 3—21 选择身份验证方式

⑤在弹出的对话框中，选择“更改默认的数据库为 (D):”，在下拉列表框中选择配置数据源的数据库，如图 3—22 所示，选择好数据库后单击“下一步”按钮。

⑥在弹出的新对话框中，根据默认设置，单击“完成”按钮，最后单击“测试数据源”按钮测试连接数据库情况。

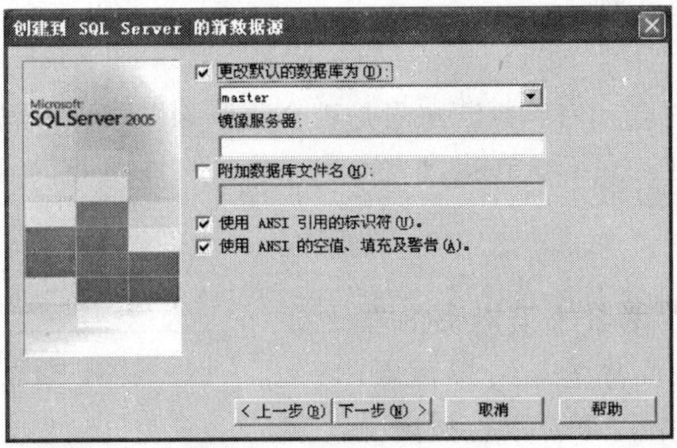

图 3—22　数据库的选择

至此完成连接 SQL Server 2005 数据库的数据源配置。

(2) 连接方式。利用上面所创建的数据源，建立与数据库的连接，代码如下：

```
MM_conn_STRING = "DSN = STU;UID = SA;PWD = 12345"
Set conn = Server.Createobject("ADODB.Connection")
conn.open MM_conn_STRING
SET RS = SERVER.CreateObject("ADOBD.recordset")
SQL = "SELECT * FROM stu_table ORDER BY ID DESC"
RS.open SQL,CONN,3,3                 '3,3 是修改、删除、增加开关
```

建立 DSN 数据源的方法网上有很多，也很简单，不过建议使用"系统数据源"。DSN 的名字最好和数据库名字不一样，如数据库 StuDB，DSN 为 STU。

2. 未配置数据源的连接

若未配置数据源，则可采取以下的方式连接数据库，代码如下：

```
ConnType = "Driver = {SQL Server};"                      '数据库类别
ConnServer = "Server = 192.168.10.117;"                  'SQL 服务器名称,即服务器的 IP
ConnUserPass = "uid = sa;pwd = 12345678;"                '登录 SQL 服务器的用户名与密码
ConnDataBase = "database = datebasename;"                'Sql 数据库名称
ConnStr = ConnType&ConnServer&ConnUserPass&ConnDataBase  '连接 Sql 数据库
On Error Resume Next
Set conn = Server.CreateObject("ADODB.Connection")
conn.Open(connstr)
If Err Then
        Err.clear
        Set conn = Nothing
        Response.write "数据库连接出错,请检查连接字串。"
        Response.End
End If
```

任务 2　用户登录模块的设计

学习目标与任务：

- 掌握用户登录模块的设计与实现；
- 了解 ODBC、OLE DB 与 ADO。

3.2.1 问题情景及实现

1. 问题情景

根据用户提交的用户名和密码判断账号是否合法。如果账户密码不匹配，则转向登录失败页面，否则转向登录成功页面。在提交之前也需要合法性验证，确保用户输入的用户名和密码不为空。

2. 系统实现

（1）基本功能设计。本系统采用 B/S 架构进行设计，以 Web 页面作为前台界面层，使用 ASP 开发中间应用程序层，以连接前端与后台数据库层，进行数据交换及业务的处理，具体功能设计图如图 3—23 所示。

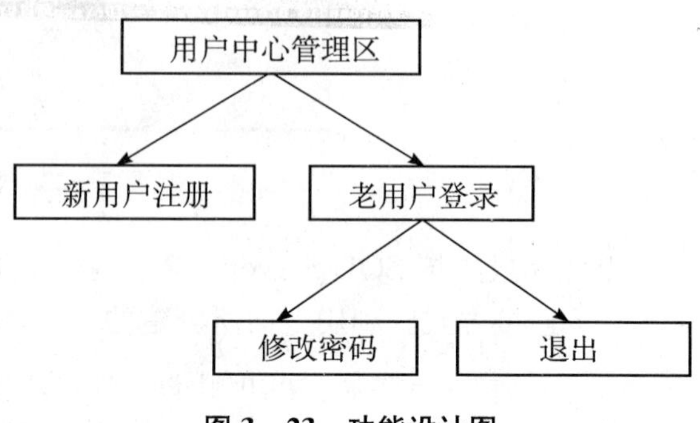

图 3—23 功能设计图

（2）数据库需求分析。数据库需求分析属于软件工程中的需求分析阶段，在这一过程中，根据系统功能的需求来指导数据库的设计。对于初学者来说，软件工程设计技术很难掌握，或者说难以恰当地利用该技术提高软件的设计与维护的效率，即使一般项目开发者有时也会忽略某些设计阶段。譬如说，在数据库需求分析阶段如果不能深入分析系统的功能需求、不能详尽考虑系统将来的维护与更新的需求，则将来很小的一处改动或者功能更新都将会导致其工作量大大增加，如涉及数据库的修改、程序的更改以及调试等。因此对于数据库的设计必须要考虑可扩充性。

用户登录模块要面向的用户角色主要是两个：普通用户和管理员，管理员可以操作此企业网站里的所有功能模块，但是普通用户只能操作企业网站里的部分功能模块。因此数据库需求分析中就要考虑这两方面的因素。

（3）数据库逻辑结构设计。数据库需求分析完毕后，根据信息间的关系将上面分析的需求信息转换为数据库系统所支持的实际数据模型，也就是数据库的逻辑结构。

根据数据量的大小不同，系统可以使用不同的数据库。由于本系统属于企业网站中的一个子系统，涉及信息量较大，因此使用的是 SQL Server 数据库。对于大型企业网站来说数据库建议使用 Oracle，中小网站数据库建议使用 Access（因其使用方便）。

在数据库 EnterpriseData 中添加表 User 和 ROLE，其设计结构如表 3—1 与表 3—2 所示。

表 3—1　　用户表 User 表

字段名称	数据类型	长　度	主　键	默认值	说　明
ID	长整型	8	是	自动编号	用户编号，自动编号
USERNAME	文本	20	否	NULL	用户姓名
USERPASS	文本	32	否	NULL	用户口令
ROLE	文本	1	否	0	权限，0 为普通用户，1 为管理员用户

表 3—2　　用户名和用户权限 ROLE 表

字段名称	数据类型	长　度	主　键	默认值	说　明
ID	整型	4	是	自动编号	用户编号
ROLECODE	文本	1	否	NULL	用户权限代码
ROLENAME	文本	32	否	NULL	用户权限名称

以上介绍了用户登录系统中使用的主要数据库表，有些数据字段需要在系统实现中结合代码来理解。

（4）代码设计。

①用户登录页面 login.asp。实现用户的登录，首先设计登录使用的表单。表单信息由用户名、密码组成。登录文件的设计结构如图 3—24 所示。读者可以在 Dreamweaver 网页设计器里设计该页面。

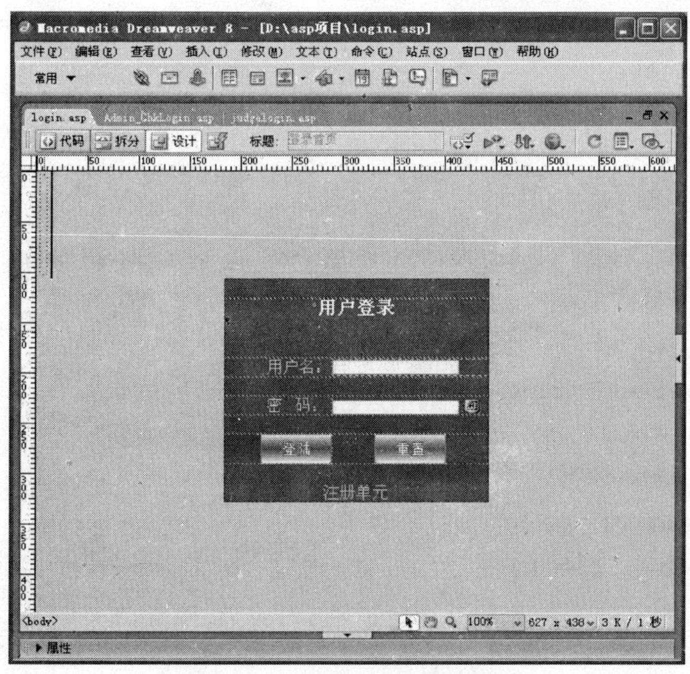

图 3—24　用户登录界面设计结构

该页主要是通过输入用户名和密码来进行登录企业网站，如果用户名和密码正确则登录到企业网站首页，否则跳到错误页面。代码如下：

```
<html>
<head>
<title>登录首页</title>
<link href = "CSS/admin.css" rel = "stylesheet" type = "text/css" />
</head>

<body>
<table width = "350" border = "0" align = "center" cellpadding = "0" cellspacing = "0" bgcolor = "#
0066CC">
<tr>
  <td height = "20" align = "center">
  <span class = "STYLE1"></span></td>
</tr>
  <tr>
    <td height = "200" align = "center"><form name = "loginForm" id = "loginForm" method = "post"
action = "asp/login/judgelogin.asp">
      <table width = "100 % " border = "0" cellspacing = "0" cellpadding = "0">
```

```
            <tr>
              <td colspan = "2" align = "center" class = "midWhite">
                <span class = "STYLE1">用户登录<p></span>
              </td>
            </tr>
            <tr>
              <td width = "39 % " align = "right"><span class = "midWhite">用户名:</span></td>
              <td width = "61 % "><div align = "left">
                  <input type = "text" name = "UserName" style = "font - size:12px;width:125px">
              </div></td>
            </tr>
            <tr>
              <td colspan = "2"> </td>
            </tr>
            <tr>
              <td align = "right" class = "midWhite">密    码: </td>
              <td valign = "middle"><div align = "left">
                <input   type = "password"   name = "userpass"   onFocus = "this. value = "" style = "font-
size:12px;width:125px" />
                <input type = "hidden" value = "check" name = "menu" />
              </div></td>
            </tr>
            <tr>
              <td colspan = "2"> </td>
            </tr>
            <tr>
              <td align = "right"><img src = "images/login_2. jpg" width = "70" height = "30" onClick =
"check( )" /></td>
              <td align = "center" valign = "middle"><img src = "images/login_1. jpg" width = "70" height =
"30" class = "handpic" onClick = "javascript:UserName. value = ";userpass. value = ";" /> </td>
            </tr>
          </table>
          <p class = "midWhite STYLE2"><a href = "asp/System/add.asp">注册单元</a></p>
        </form></td>
        </tr>
      </table>
      <script language = "vbscript">
      function check( )
        if document. loginForm. UserName. value = "" then   //判断表单中文本框 UserName 的值是否为空
          msgbox "用户名不能为空,请输入用户名"               //如果文本框 UserName 的值为空,则给出提示
          document. loginForm. UserName. focus( )           //让表单中的文本框 UserName 获得焦点
          window. event. returnvalue = false                //返回值设置为 false
          exit function                                     //文本框 UserName 的值为空则无条件退出此函数
        end if
        if document. loginForm. userpass. value = "" then
          msgbox "密码不能为空,请输入密码"
          document. loginForm. userpass. focus( )
          window. event. returnvalue = false
          exit function
        end if
```

```
    document.loginForm.submit()                    //提交表单
end function
</script>
</body>
</html>
```

用户登录界面 login.asp 是用户登录与注册系统中的第一个页面，供用户进行登录，实现的页面效果如图 3—25 所示。

②判断页面 judgelogin.asp。用户登录的判断中间页面 judgelogin.asp 用来判断用户名和密码输入是否正确，当用户输入的用户名和密码正确时，就可以成功登录到网站的首页 main.asp，如图 3—26 所示。否则，将跳转到错误页面进行显示，如图 3—27 所示页面。

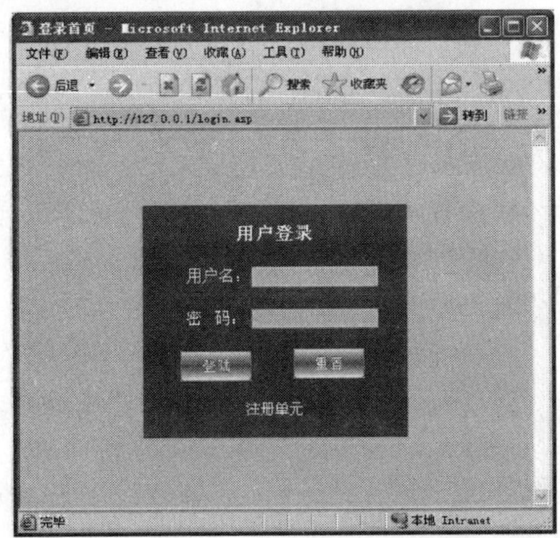

图 3—25 登录界面

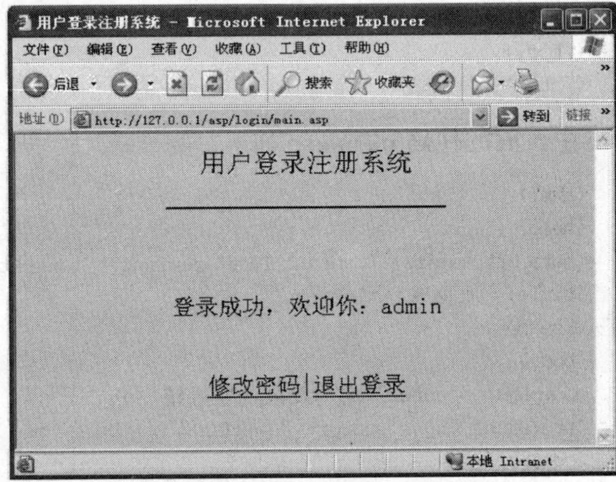

图 3—26 用户成功登录的界面

图 3—27 错误界面

判断页面代码 judgelogin.asp 如下：

```
<html>
<head>
<meta http-equiv = "Content-Type" content = "text/html;charset = gb2312" />
<title>中间判断页</title>
</head>
<body>
<!--#include file = "../../public/asp/db.asp"-->
<!--#include file = "../../public/asp/MD5.asp"-->
<%
    dim username,userpass,userrole,sql,role
    username = request("UserName")
    '提取上一页面表单中 UserName 文本框中所输入的值并存储在变量 username 中
    userpass = request("UserPass")
```

```
    '提取上一页面表单中 UserPass 文本框中所输入的值并存储在变量 userpass 中
    userpass = MD5(userpass,32)          '采用 MD5 加密算法对存储在变量 userpass 中的值进行加密
    sql = "select * from User where USERNAME = '" + username + "' and USERPASS = '" + userpass + "'"
    set rs = conn.Execute(sql)           '对输入的用户名和密码进行查询
    if rs.eof and rs.bof then            '判断查询结果是否为空
      response.Redirect("error.asp")     '如果查询结果为空则跳转到 error.asp 页面
    else
      session("UserName") = username            '记录用户名
      session("UserRole") = rs("USERROLE")      '记录用户的权限号
      Response.Redirect("main.asp")             '跳转到 main.asp 页面
    end if
    rs.close
    conn.close
  %>
</body>
</html>
```

主页面的代码 main.asp 如下：

```
<html>
<head>
<meta http-equiv = "Content-Type" content = "text/html;charset = gb2312" />
<title>主页面</title>
</head>
<body>
<p align = "center">用户登录注册系统</p>
<hr width = "50 % " color = " # FF0000" /><br /><br /><br />
<center>
<%
  response.Write("登录成功,欢迎你:"& session("UserName")&"<br><br><br><center>")
  response.Write("<a href = changepwd.asp>修改密码</a>|<a href = logout.asp>退出登录</a>")
%>
</body>
</html>
```

错误页面 error.asp 如下：

```
<html>
<head>
<meta http-equiv = "Content-Type" content = "text/html;charset = gb2312" />
<title>错误页面</title>
</head>
<body>
<script language = "vbscript">
  msgbox "用户名或密码不正确,请重新登录;如果你还没注册,请先注册再登录!"
  window.location = "../../login.asp"
</script>
</body>
</html>
```

3.2.2 相关知识：ODBC、OLE DB 与 ADO 介绍

1. ODBC、OLE DB

连接数据库的方法有多种，可以用 System DSN、DSN-less 连接或是本地的 OLE DB

Provider。

对于通用的数据库连接方式，微软提供的有：ODBC(广泛支持的数据库连接方式)，接下来是 DAO、RDO、ADO、OLE DB；Java 应用程序中一般都是用 JDBC 进行数据库的连接。除了通用的数据库连接方式外，多数数据库还有自己独立的数据库连接方式，如 SQL Server、Oracle 等。

广泛来看，Excel、Txt 等都可以看作数据库，当然它们有自己的连接，如微软提供的 Excel driver、Txt driver 等。

ODBC：曾经的数据库通信标准，是 Microsoft 基于关系数据库一种互联技术，它只能访问关系数据库。

OLE DB：OLE DB 分两种，直接的 OLE DB 和面向 ODBC 的 OLE DB，后者架构在 ODBC 上，这样没有自己的 OLE DB 提供者的数据库也可以使用 OLE DB 特性。

OLE DB 处于 ODBC 层和应用之间，对于 ASP 页面来说，ADO 是 OLE DB 上面的一种"应用"，所以在连接数据库时 OLE DB 速度更快。

2. ADO 简介

ADO(ActiveX Data Objects) 是目前主流的数据访问技术，ADO 是一个用于访问数据源的 COM 组件，其实属于应用程序层次，是专门用于对数据源进行访问的应用程序。ADO 是一种基于 COM 的数据库访问技术（组件），可以访问关系数据库与非关系数据库，由于它是基于 COM 的，访问速度较快，占用资源较小。ADO 具有以下的特点：

- 它是基于 OLE DB 访问接口的，对 OLE DB 的接口进行封装，并定义了 ADO 对象，屏蔽底层数据库接口之间的差异；属于数据库访问当中的高层接口。
- ADO 有选择的使用不同的底层数据库接口，以提供最高的性能；当数据库供应商提供了符合 OLE DB 的数据库驱动程序时，ADO 直接使用该驱动程序，这时效率较高；当不存在这类驱动时，访问 ODBC 接口，这时效率较低，绝大多数数据库的供应商都提供ODBC 的标准数据库驱动。
- ADO 是一个二进制的标准，独立于任何编程语言，只要应用程序使用的语言支持访问 COM 对象，就可以使用 ADO 部件操作数据库。

在 ADO 组件模型中定义了三个对象：Connection 对象、Command 对象和 Recordset 对象，如图 3—28 所示，这是我们使用最多的三个主要对象。通过它们以及其他对象与集合

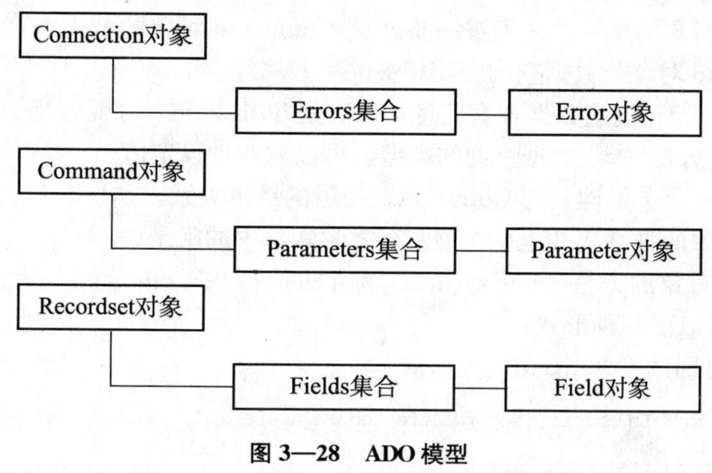

图 3—28　ADO 模型

等，用户可以很方便地建立数据库连接，执行 SQL 查询以及完成数据访问等操作。下面对 ADO 模型里的三个对象介绍如下：

（1）Connection 对象。ADO 中的 Connection 对象代表与底层数据供应程序的一个连接，它保持着数据供应程序的信息。在 ASP 应用环境下，Connection 对象代表从 Web 服务器到数据库服务器的一个连接。Connection 对象调用 Open 方法来实现与数据库的连接，它的语法如下：

```
Connection.Open [ConnectionString],[UserID],[Password],[Options]
```

参数说明如表 3—3 所示。

表 3—3　　**Connection 对象调用 Open 方法的参数**

参　数	说　明
ConnectionString	包含连接细节的字符串。可以是 ODBC DSN 的名称、数据链接文件的名称或真实的连接细节。可选参数
UserID	连接期间，用户使用的名字。覆盖连接字符串中提供的任何用户名。可选参数
Password	用户的口令。覆盖连接字符串中提供的任何口令。可选参数
Options	可以是 adAsyncConnect，指定异步地建立连接。忽略这个参数，则建立一个同步连接。注：因为脚本语言不能接收来自 ADO 的事件，所以异步连接不用于 ASP 环境，一般忽略这个参数

Open 方法是实现与数据库连接的关键，它给出正确的 ConnectionString。

（2）Command 对象。Command 对象定义了将对数据源执行的命令，可以用于查询数据库表并返回一个记录集，也可以用于对数据库表进行添加、更改和删除操作。

①使用 Command 对象的步骤。当在 ASP 页面中使用 Command 对象处理数据时，应首先设置命令类型、命令文本以及相关的活动数据库连接等，并通过 Parameter 对象传递命令参数，然后调用 Execute 方法来执行 SQL 语句或调用存储过程，以完成数据库记录的检索、添加、更改和删除任务。其步骤如下：

a. 使用 ActiveCommand 属性设置相关的数据库连接；

b. 使用 CommandType 属性设置命令类型；

c. 使用 CommandText 属性定义命令（例如 SQL 语句）的可执行文本；

d. 使用 CommandTimeout 属性设置命令超时时间；

e. 使用 Execute 方法执行命令。

②Command 对象的属性。为了进一步阐述 Command 对象的数据查询功能，有必要先介绍一下 Command 对象与数据查询密切相关的一些属性。

- CommandText：指定数据查询信息，可以是 SQL 语句、存储过程。
- CommandType：指定数据查询的类型，可以取四种设定值。
- ActiveConnection：建立与 Connection 通道的链接关系。

Command 对象的详细属性表见本书配套教学素材中的附录。

③Command 对象的方法——Execute。该方法执行在 CommandText 属性中指定的查询。语法格式分为以下两种形式：

- 对于按行返回的 Command：

```
Set recordset = command.Execute(RecordsAffected,Parameters,Options)
```

- 对于不按行返回的 Command：

```
command.Execute RecordsAffected,Parameters,Options
```

其中参数 RecordsAffected 为提供程序返回操作所影响的记录数。Parameters 为使用 SQL 语句传送的参数值。Options 指示提供程序如何对 Command 对象的 CommandText 属性赋值。

(3) Recordset 对象。

①Recordset 对象简述。Recordset 对象表示的是来自基本表或命令执行结果的记录全集。在任何情况下，该对象所指的当前记录均为集合内的单条记录。使用 Recordset 对象可以操作来自提供程序的数据，通过该对象几乎可以对所有数据进行操作。所有 Recordset 对象均使用记录（行）和字段（列）进行构造。Recordset 对象实际上是依附于 Connection 对象和 Command 对象之上的。通过建立、开启一个 Connection 对象，能够与我们关心的数据库建立连接；通过使用 Command 对象，可以告诉数据库我们想要做什么：是插入一条记录，还是查找符合条件的记录；通过使用 Recordset 对象，可以方便自如地操作 Command 对象返回的结果。

②创建 Recordset 对象。要使用 Recordset 对象处理结果，首先必须创建 Recordset 对象实例。语法格式如下：

```
Set RS = Server.CreateObject("adodb.recordset")
```

③打开记录集，语法格式如下：

```
RS.Open Source,ActiveConnection,CursorType,LockType,Options
```

其中，所有的参数都是可选项。

- Source 为 Command 对象变量名、SQL 语句、表名、存储过程调用或持久 Rcordset 文件名。
- ActiveConnection 为有效的 Connection 对象变量名或包含 ConnectionString 字符串。
- LockType 指定打开 Recordset 时应使用的锁定类型。
- Options 指定如何计算 Source 参数或从已保存 Recordset 的文件中恢复 Recordset。

④Recordset 对象的常用属性如下所示：

- AbsolutePage 属性：AbsolutePag 属性可以返回当前记录所在页的绝对页号，也可以指定当前记录应该放置在哪页。
- AbsolutePosition 属性：当前记录指针的绝对位置。在正常情况下，其值在 1～RecordCount（RecordSet 对象中记录的个数）之间。在 Recordset 内，第一个记录对应的 AbsolutePosition 值为 1；最后一条记录的 AbsolutePosition 值为 RecordCount。AbsolutePosition 属性所使用的常数如表 3—4 所示。

表 3—4　　AbsolutePosition 的常数

常数定义	常数值	说　明
AdPosUnKnown	−1	当前 Recordset 为空集，当前位置未知，或数据提供都不支持 AbsolutePosition 属性
AdPosBOF	−2	当前记录指针位于第一条记录之前，此时 BOF 为真
AdPosEOF	−3	当前记录指针位于最后一条记录之后，此时 EOF 为真

使用 AbsolutePosition 属性，可以将当前记录指针移动到指定的设置。例如，将记录指

针移动到第 10 条记录。

```
<% RS.AbsolutePosition = 10 %>
```

● ActiveConnection 属性：ActiveConnection 属性是包含连接信息的连接字符串，包括数据源、用户名、口令等。如果已经建立了连接，通过 ActiveConnection 属性，Recordset 对象和 Command 对象能够与 Connection 对象建立关联。通过 ActiveConnection 属性可以使 Connection 对象和 Recordset 对象建立关联，还可以通过 ActiveConnection 属性读取与当前数据库的连接有关的参数。

● BOF 属性：BOF 属性检查、判明当前记录指针是否在第一条记录之前，并返回检查的结果。如果当前记录指针已经移到第一条记录之前，BOF 为真，否则为假。一般情况下，在向前移动记录指针时，通过检测 BOF 的值，可以判断是否已经到达第一条记录之前。

Recordset 对象的所有属性与方法详解请见本书配套教学素材中的附录。

任务 3　用户注册模块的设计

学习目标与任务：

- 掌握用户注册模块的设计与实现；
- 掌握 Request 对象的集合、属性和方法；
- 掌握 Response 对象的集合、属性和方法。

3.3.1　问题情景及实现

1. 问题情景

将用户在网页页面上填写的注册表单资料写入到数据库中。

2. 系统实现

(1) 页面功能设计。用户注册模块在写入之前调用验证模块，对用户填写的资料进行验证。例如，对两次输入的密码是否一致进行验证，如果验证失败，提示出错，则要求用户重新输入，同时需要查询当前注册的账号是否存在；如果已经存在，则自动转向到注册失败页面。

(2) 数据表设计。用户注册系统所涉及的各个数据表的设计结构与用户登录系统的表结构完全相同，具体结构如表 3—1 与表 3—2 所示。

(3) 代码设计。

①客户端注册页面 add.asp。客户端用户注册（添加用户）页面 add.asp 设计很简单，只有一个表单。此表单用于让用户输入一些基本的个人信息，如用户名、密码、确认密码等。设计完成后的效果如图 3—29 所示，为用户提供了添加用户功能。填写完毕后，资料提交到服务器端。图 3—29 所示表单的完整代码如下：

```
<head>
<meta http-equiv = "Content-Type" content = "text/html;charset = gb2312" />
<title>用户注册页面</title>
<link href = "CSS/admin.css" rel = "stylesheet" type = "text/css" />
</head>
<body><form id = "form1" name = "form1" method = "post" action = "judge.asp">
  <p align = "center" class = "STYLE2">用户注册 <br />
  <hr align = "center" color = "#FF0000" width = "45%" /> <p>
```

```
    <table width = "400" border = "1" align = "center" cellpadding = "0" cellspacing = "0" bordercolor =
"#999999" bgcolor = "#0066CC">
      <tr><td><span class = "STYLE1">用 户 名:</span></td>
        <td><input name = "UserName" type = "text" size = "20" /> </td></tr>
      <tr><td><span class = "STYLE1"> 密  码:</span></td>
        <td><input name = "UserPass" type = "password" size = "21" /> </td></tr>
      <tr><td><span class = "STYLE1">确认密码:</span></td>
        <td><input name = "UserConfirm" type = "password" size = "21" /></td></tr>
      <tr><td height = "26" colspan = "2"><span class = "STYLE1">用户角色:</span></td></tr>
      <tr><td colspan = "2"><table width = "100 %" border = "0">
          <tr><td align = "center"><span class = "STYLE1">
              <label>
              <input type = "radio" name = "role" value = "admin" checked = "checked" />
              管理员</label>
            </span></td>
            <td align = "center"><span class = "STYLE1">
              <input type = "radio" name = "role" value = "common" /> 普通用户
            </span></td> </tr>
        </table></td></tr>
      <tr><td colspan = "2"><table width = "100 %" border = "0">
          <tr><td align = "center">
              <input type = "button" name = "Submit1" value = "提交" onClick = "checkinfo( )"/></td>
            <td align = "center">
              <input type = "reset" name = "Reset" value = "重置" /> </td>
          </tr>
        </table></td>
      </tr></table>
    <p> </p>
  </form>
  <script language = "vbscript">
  function checkinfo( )
    if document. form1. UserName. value = "" then      //如果表单 form1 中的 UserName 文本框的值为空
      msgbox "用户名不能为空,请输入用户名"              //信息框给出提示信息
      document. form1. UserName. focus( )              //让表单 form1 中的 UserName 文本框获得焦点
      window. event. returnvalue = false               //返回值设置为 false
      exit function                                    //退出过程
    end if
    if document. form1. UserPass. value = "" then
      msgbox "密码不能为空,请输入密码"
      document. form1. UserPass. focus( )
      window. event. returnvalue = false
      exit function
    end if
    if document. form1. UserConfirm. value = "" then
      msgbox "确认密码不能为空,请输入确认密码"
      document. form1. UserConfirm. focus( )
      window. event. returnvalue = false
      exit function
    end if
    if document. form1. UserPass. value<>document. form1. UserConfirm. value then
      msgbox "密码和确认密码的值不同,请重新输入"
      document. form1. UserPass. focus( )
```

```
      window.event.returnvalue = false
      exit function
    end if
    document.form1.submit( )              //提交表单
  end function
  </script>
  </body>
```

此用户注册系统有两种权限，一是管理员权限，二是普通用户权限，在数据库中有基本信息，如图 3—30 所示。

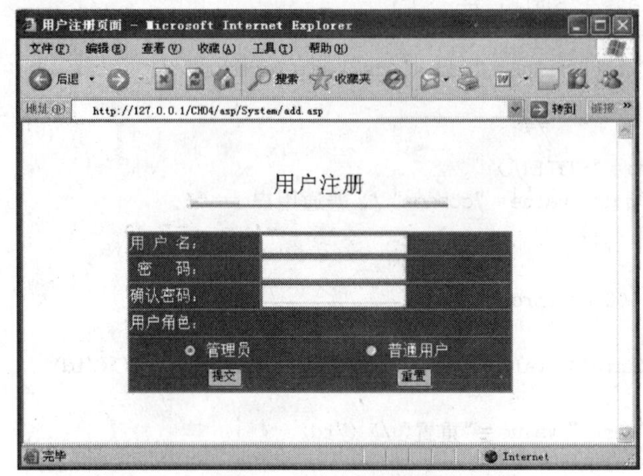

图 3—29　用户注册页面

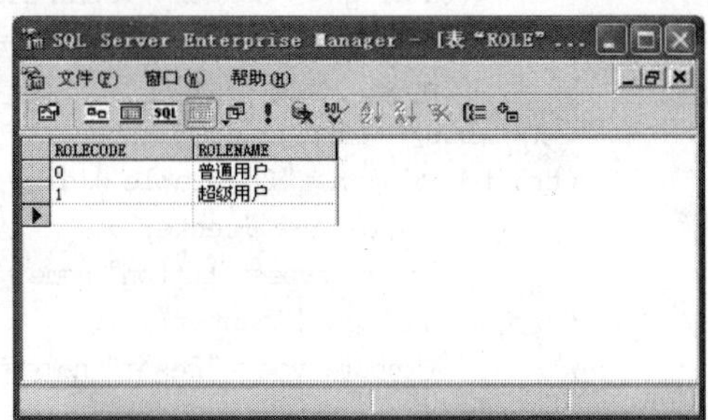

图 3—30　数据库用户权限表

②注册判断页面。如果用户想注册一个管理员用户 admin，用户就可以在注册页面填写完整的信息，进行提交，在注册过程中如果资料填写不全或填写不正确，系统将给出错误信息，如果填写正确，将成功进行注册。它的完整代码如下：

```
<html>
<head>
<meta http-equiv = "Content-Type" content = "text/html;charset = gb2312" />
<title>跳转页</title>
</head>
<body>
<!-#include file = "../../public/asp/db.asp"-->
<!-#include file = "../../public/asp/MD5.asp"-->
<%
    dim username,userpass,userrole,sql,role
    username = request("UserName")       //从上页表单中提取文本框 UserName 中的值
    userpass = request("UserPass")       //从上页表单中提取文本框 UserPass 中的值
    userrole = request("role")           //从上页表单中提取单选按钮 role 中选取的值
    userpass = MD5(userpass,32)          //进行 MD5 加密
    if userrole = "admin" then
      role = "1"
    else
      role = "0"
    end if
```

```
    sql = "select * from QW_USER where USERNAME = '" + username + "'"
    set rs = conn.Execute(sql)
    if not rs.eof then
  %>
    <script language = "vbscript">
      msgbox "此用户已经存在,请重新注册!"
      window.location = "add.asp"
    </script>
  <%
    else
  %>
    <script language = "vbscript">
      msgbox "恭喜你注册成功,现在可以登录!"
      window.location = "../../login.asp"
    </script>
  <%
    sql = "insert QW_USER(USERNAME,USERPASS,USERROLE) values('" + username + "','" + userpass + "','" +
role + "')"
    conn.Execute(sql)
    end if
    rs.close
    conn.close
  %>
</body>
</html>
```

注册成功后，用户的数据信息将被保存到后台数据库中，如图 3—31 所示。

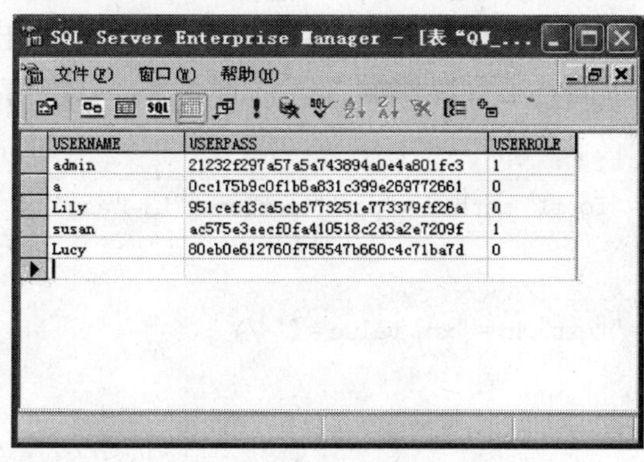

图 3—31　数据库用户表

3.3.2　相关知识：Request 对象、Response 对象

ASP 内置对象主要有 Application、Response、Request、Session、Server、ASPError、ObjectContext 等 7 个对象；使用 Request 和 Response 对象可以完成客户端与服务器端的交互 。本小节将介绍 Request 对象、Response 对象的使用方法。

1. Request 对象（集合、属性和方法）

可以使用 Request 对象访问任何基于 HTTP 请求传递的所有信息，包括从 HTML 表格用 POST 方法或 GET 方法传递的参数、Cookie 和用户认证。Request 对象能够访问客户端发送给服务器的二进制数据。Request 的语法格式如下：

```
Request[. 集合 | 属性 | 方法 ]( 变量 )
```

（1）Request 对象的集合。Request 对象提供了 5 个集合，用来访问客户端对 Web 服务器请求的各类信息，这些集合如表 3—5 所示。

表 3—5　　Request 对象的集合及说明

集合名称	说　明
ClientCertificate	当客户端访问一个页面或其他资源时，用来向服务器表明身份的客户证书的所有字段或条目的数值集合，每个成员均是只读
Cookies	根据用户的请求，用户系统发出的所有 Cookie 值的集合，这些 Cookie 仅对相应的域有效，每个成员均为只读
Form	METHOD 的属性值为 POST 时，所有作为请求提交的〈FORM〉段中的 HTML 控件单元的值的集合，每个成员均为只读
QueryString	依附于用户请求的 URL 后面的名称/数值对，或者作为请求提交的、且 METHOD 属性为 GET（或者省略其属性）的值，或〈FORM〉中所有 HTML 控件单元的值，每个成员均为只读
ServerVariables	随同客户端请求发出的 HTTP 报头值，以及 Web 服务器的几种环境变量的值的集合，每个成员均为只读

下面针对上面的一些常用的 Request 对象的集合进行详细的说明：

● Request. form("name")是接受上一页的信息时，常用到的一种方式。Request 是 ASP 中的对象，form 则是 Request 对象所包含的对象集合（这与 HTML 页面中的 form 表单是不一样的），name 是上一页表单中的某个文本框、密码框，或者隐藏域的名称。需要注意的是：上一页 form 表单的递交方法一定要为 post 方法。

【例 3. 1】通过页面表单输入相关信息并经后台处理后将相应数据输出显示（L3-1. html）。本页是 HTML 页面，主要提供输入信息的平台，以将信息提交到下面的 ASP 页进行处理。

```
〈form id = "form1" name = "form1" method = "post" action = "L3-1.asp"〉
姓名:
〈label〉
〈input name = "xm" type = "text" id = "xb" value = "" /〉
〈/label〉
〈p〉性别:
〈label〉
男:
〈input type = "radio" name = "xb" value = "男" /〉
女:
〈/label〉
〈label〉
〈input type = "radio" name = "xb" value = "女" /〉
〈/label〉
〈/p〉
〈p〉
〈label〉
〈input type = "submit" name = "Submit" value = "提交" /〉
```

```
</label>
</p>
</form>
```

注意： method 就是 post，且提交的页面 action 为 L3-1.asp。L3-1.asp 和 ASP 页面，进行从 1. html 接受 name="xm"和 name="xb"的两个值。

```
<%
name = request("xm")
sex = request("xb")
if sex = "男" then
response.Write("你好:" &name&"男士")
else
response.Write("你好:" &name&"女士")
end if
%>
```

通过 IIS 进行 HTTP 协议的页面调试，会发现两个页面进行了关联：L3-1. html 中动态输入的 xm 和 xb，在 L3-1.asp 中进行相应的动态显示。这就是接收、提取并显示信息的全过程。

● Request. querystring("name")。现在把 Request. form 变为 Request. querystring，最主要的还是上页表单递交时，采用什么方法。当采用 post 方法时，就要用 Request. form，否则当采用 get 方法时就采用 Request. querystring。

Request. querystring 最大特色在哪里呢？Request. querystring 能检索并接受 HTTP 查询字符串中变量的值，而 HTTP 查询字符串则是由问号(?)后的值指定的。下面让读者看一个程序。

【例 3.2】 利用 get 方法实现数据的传递(L3-2. html)。本页是 HTML 页面，主要提供输入信息的平台，将信息提交到下面的 ASP 页面进行处理，注意提交方法是 get。

```
<form action = "L3-2.asp" method = "get">
    用户名:<input tpye = "text" name = "UserName">
    <br>
    密  码:<input type = "password" name = "UserPassword">
    <br>
    <input type = "submit" value = "提交">
        
    <input type = "reset" value = "重置">
</form>
```

和 L3-1. html 最大区别也就是 method="get"。

L3-2.aspASP 页面，是从 L4-2. html 接受 name=" UserName "和 name=" UserPassword "的两个值。

```
你的用户名是:<% = request.querystring("UserName") %><br>
你的密码是:<% = request.querystring("UserPassword ") %>
```

注意： 浏览器的地址栏，文件后面多出了问号?，其后面附有变量名及所被赋的值，当然多个变量名之间是用 & 号进行连接的。

● Request. ServerVariables ("服务器环境变量")。ServerVariables 是服务器的环境变

量，该变量包含的内容比较多，我们可采用 for 循环进行遍历。

【例 3. 3】遍历服务器环境变量并输出显示（L3-3.asp）。

```
〈%for each i in request.servervariables%〉
〈%=i%〉:
〈%=request.servervariables(i)%〉
〈hr〉
〈%Next%〉
```

● Request. Cookies("name")。Cookies 非常重要，等我们学完了后面的对象 Response 后就能更好的掌握这个集合了。

以上四则运用，属于 Request 对象所包含的四个对象集合：form、querystring、servervarivables、cookies。当然还有一个 ClientCertificate，在这里我们就不进行讲解了。

一个 ASP 内置对象除了对象集合外还要有对象的属性、对象的方法，Request 对象的属性只有一个 TotalBytes(接受的字节数)，可将〈%=request. totalbytes%〉语句加入到任何一个接受数据的 ASP 页面中以显示。Request 对象的对象方法也只有一个：BinaryRead。

(2) Request 对象的属性。Request 对象唯一的属性及说明如下表 3—6 所示，它提供用户请求的字节数量的信息，但很少用于 ASP 页，我们通常关注指定值而不是整个请求字符串。

表 3—6　　Request 对象的属性

属　性	说　明
TotlBytes	只读，返回由客户端发出的请求的整个字节数量

(3) Request 对象的方法。Request 对象唯一的方法及说明如表 3—7 所示。

表 3—7　　Request 对象的方法及说明

方　法	说　明
BinaryRead (count)	当数据作为 POST 请求的一部分发往服务器时，从客户请求中获得 count 字节的数据，返回一个 Variant 数组(或者 SafeArray)。如果 ASP 代码已经引用了 Request. Form 集合，这个方法就不能用。同时，如果用了 BinaryRead 方法，就不能访问 Request. Form 集合

它允许访问从一个〈FORM〉段中传递给服务器的用户请求部分的完整内容。

2. Response 对象(集合、属性和方法)

(1) Response 对象的集合。Response 对象只有一个集合，如表 3—8 所示，该集合设置希望放置在客户系统上的 cookie 的值，它直接等同于 Request. Cookies 集合。

表 3—8　　Response 对象的集合及说明

集合名称	说　明
Cookies	在当前响应中，发回客户端的所有 cookie 的值，这个集合为只写

【例 3. 4】使用 Cookies 实现客户端访问次数（L3-4.asp）

```
〈html〉
〈head〉
〈title〉Cookie 测试〈/title〉
```

```
</head>
<body>
<%
if Request.Cookies("UserVisit")("num") = "" then        '若该 Cookie 不存在
    Response.Cookies("UserVisit")("num") = 1             '则创建该 Cookie 并赋初值
  else  Response.Cookies("UserVisit")("num") = Request.Cookies("UserVisit")("num") + 1
end if
Response.Cookies("UserVisit")("LastVisit") = now
Response.Cookies("UserVisit").Expires = DateAdd("ww",1,Date)
response.write(Request.Cookies("UserVisit")("num"))
 %>
</body>
</html>
```

(2) Response 对象的属性。Response 对象也提供一系列的属性，可以读取（多数情况下）和修改，使响应能够适应请求。这些由服务器设置，我们不需要设置它们。需要注意的是，当设置某些属性时，使用的语法可能与通常所使用的有一定的差异。Response 对象的属性及说明请见书后附录。

(3) Response 对象的方法。Response 对象提供一系列的方法，如表 3—9 所示，允许直接处理为返回给客户端而创建的页面内容。

表 3—9　　Response 对象的方法及说明

方　法	说　明
AddHeader("name", "content")	通过使用 name 和 Content 值，创建一个定制的 HTTP 报头，并增加到响应之中。不能替换现有的相同名称的报头。一旦增加了一个报头就不能被删除。这个方法必须在任何页面内容（即 text 和 HTML）被发往客户端前使用
AppendToLog("string")	当使用"W3C Extended Log File Format"文件格式时，对于用户请求的 Web 服务器的日志文件增加一个条目。至少要求在包含页面的站点的"Extended Properties"页中选择"URL Stem"
BinaryWrite(safeArray)	在当前的 HTTP 输出流中写入 Variant 类型的 SafeArray，而不经过任何字符转换。对于写入非字符串的信息，定制的应用程序请求的二进制数据或组成图像文件的二进制字节是非常有用的
Clear( )	当 Response. Buffer 为 True 时，从 IIS 响应缓冲中删除现存的缓冲页面内容。但不删除 HTTP 响应的报头，可用来放弃部分完成的页面
End( )	让 ASP 结束处理页面的脚本，并返回当前已创建的内容，然后放弃页面的任何进一步处理
Flush( )	发送 IIS 缓冲中所有当前缓冲页给客户端。当 Response. Buffer 为 True 时，可以用来发送较大页面的部分内容给个别的用户
Redirect("url")	通过在响应中发送一个"302 Object Moved" HTTP 报头，指示浏览器根据字符串 URL 下载相应地址的页面
Write ("string")	在当前的 HTTP 响应信息流和 IIS 缓冲区写入指定的字符，使之成为返回页面的一部分

针对上面 Response 的属性和方法我们给出一个应用举例题，让同学们更好的理解。

【例 3.5】本例使用 Response. Write 方法向客户端浏览器输出了一个完整的 HTML 文件。(L3-5. html)

```
<% @ Language = "vbscript" %>
<%
Response.Write "<HTML>"
Response.Write "<HEAD>"
Response.Write "<TITLE>Response 对象 Write 方法的应用实例</TITLE>"
Response.Write "</HEAD>"
Response.Write "<BODY>"
Response.Write "<font color = '#0000ff' size = '5'>"
Dim monthV,dateV
Response.Write"<b>同学,你好!</b>你能不能告诉我今天是几月几号?<p>"
monthV = Month(date)
dateV = Day(date)
Response.Write"哦!老师,今天是"&monthV&"月"&dateV&"日。"
Response.Write "</font>"
Response.Write "</BODY>"
Response.Write "</HTML>"
%>
```

项目实训 3　学生基本信息录入系统的设计

1. 实训目的

（1）掌握学生基本信息录入系统的设计方法；

（2）通过项目实训掌握如何提取表单中的信息；

（3）通过项目实训掌握如何把提取到的信息写入到数据库中；

（4）通过项目实训掌握连接数据库技术。

2. 实训情景引入

学生基本信息录入系统虽然功能比较小，但是完成它要使用到的技术比较多，学生通过本次的实训可以把网络数据库的很多知识点加以巩固。

3. 实训步骤

（1）设计表单。利用网页设计工具新建一个文件，命名为 index. html，根据实际的要求来设计表单，把学生的基本信息列出来，如姓名、性别、出生日期、系部、专业等，如图 3—32、图 3—33 所示。

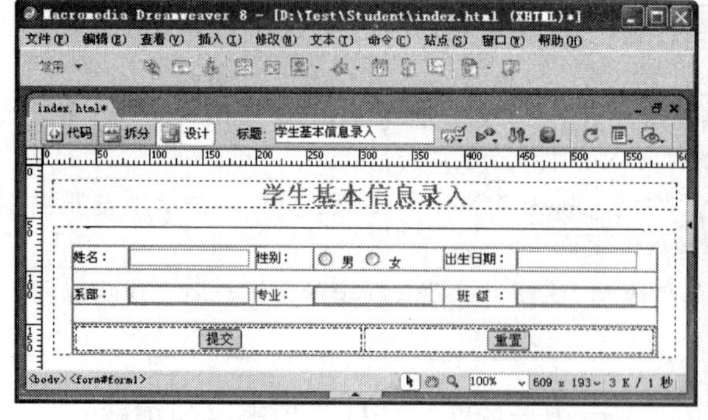

图 3—32　Dreamweaver 表单设计

图 3—33　IE 浏览器执行界面

（2）设计数据库(student)。根据学生基本信息，建立数据表。数据表名为 Information，见表 3—10。

表 3—10

字段名称	数据类型	长度	主键	允许空	说明
Name	文本	10	否	否	学生姓名
Sex	文本	2	否	否	学生性别
Birthday	文本	14	否	否	出生日期
Department	文本	20	否	否	系部名称
ZY	文本	20	否	否	专业
Class	文本	20	否	否	班级

（3）提取出表单中的信息，并写入数据库中。利用网页设计工具新建一个文件，命名为 write.asp，功能如下：

①提取表单中的信息，使用 request. Form(“name”)提取上页表单中的信息。

②把提取出来的信息写进数据库中，将如下参考代码录入 write.asp 文件中。

```
<html>
<head>
<meta http-equiv = "Content-Type" content = "text/html;charset = gb2312" />
<title>写入信息</title>
</head>
<body>
<! --# include file = "db.asp"-->
<%
dim username, sex, birth, depart, zy, classment, sql
username = request. Form("name")
sex = request. Form("sex")
birth = request. Form("birthday")
depart = request. Form("department")
zy = request. Form("zy")
classment = request. Form("class")
sql = "insert Information(Name, Sex, Birthday, Department, ZY, Class) values('" + username + "','" + sex +
"','" + birth + "','" + depart + "','" + zy + "','" + classment + "')"
conn. Execute(sql)
conn. close
%>
<script language = "javascript">
alert("恭喜你! 录入信息成功! ");
window. location = "index. html";
</script>
</body>
</html>
```

连接数据库文件 db.asp 的具体内容如下：

```
<%
'创建 Connection 对象
set conn = Server. CreateObject("ADODB. Connection")
'连接后台数据库,uid 与 Pwd 分别指访问 SQL 的用户及密码
conn. ConnectionString = "driver = {SQL Server}; server = 127. 0. 0. 1; uid = student; pwd = 123; data-
```

```
base = student;"
    conn.open
    %>
```

习 题 3

一、选择填空题

1. ASP 内置对象主要有______、______、______、______、______、______、______、______、______。

2. 下列哪一项不是 Request 对象提供的集合（　　）

A. Cookies　　B. Form　　C. QueryString　　D. Contents

3. Request 对象的唯一属性是______________。

4. Request 对象的唯一方法是______________。

二、思考与练习题

练习 MS SQL Server 2005 的安装与配置。

子项目 4　树型菜单系统的设计

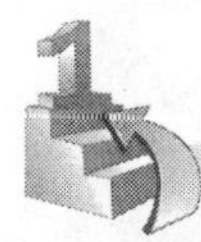

学习目标

掌握JavaScript语言的用法，能够使用JavaScript语言进行简单程序的设计，掌握树型菜单系统的设计与实现。

了解并掌握JavaScript语言的简介、数据类型、运算符、语句、事件等。

掌握ASP的内置对象Session、Server的用法。

了解SQL的概念及掌握SQL的基本语句。

项目任务

本项目在介绍ASP程序设计之前，先要了解并掌握JavaScript语言的简介、数据类型、运算符、语句、事件，并且要掌握利用JavaScript实现学生平均成绩计算的方法，重点任务是介绍树型菜单系统的设计与实现。

JavaScript语言是一种新型的Script(脚本)语言，使用浏览器可以识别嵌在HTML中的JavaScript语句，能够响应用户单击鼠标、输入表格、页面导航等事件。JavaScript使网页增加互动性，使有规律的重复的HTML文段以简化、减少下载时间，能及时响应用户的操作，对提交表单做即时的检查，无须浪费时间交由CGI验证。总之，JavaScript的特点是无穷无尽的。菜单的制作对于一个企业网站来说是非常重要的，本项目以常用的树型菜单为例展开详细的介绍。在项目实训时强化学生掌握另一种菜单——下拉菜单的制作方法。

任务1　利用JavaScript实现学生平均成绩的计算

学习目标与任务：

- 掌握使用JavaScript计算学生平均成绩；
- 了解JavaScript语言的简介；
- 掌握JavaScript的数据类型、运算符、语句及事件。

4.1.1　问题情景及实现

1. 问题情景

从给定的文本文件中读取出学生每门课程的成绩，通过计算得出学生的平均成绩，最后在网页上显示学生的姓名，每门课程的成绩及学生的平均成绩。

2. 代码实现

利用网页设计工具新建一文件，命名为score.html，同时将如下参考代码录入至文件中。

```
<html>
<head>
<title>求学生平均成绩</title>
<script>
function GetHeader(src) {
  //权限只读(只读 = 1,只写 = 2,追加 = 8 等权限)
  var ForReading = 1;
  var fso = new ActiveXObject("Scripting.FileSystemObject");
  //创建一个可以将文件翻译成文件流的对象
  var f = fso.OpenTextFile(src,ForReading);
  return(f.ReadAll( ));
}
var arr = GetHeader("D:\Test\成绩.txt").split("\r\n");  //把指定文件里的内容按行进行读取
document.write(arr[0]);                                  //把文件中的第一行内容显示在网页中
document.write("<br>");
for(var i = 1;i<arr.length;i ++ ){
    var arr2 = arr[i].split(",");
    //把每行的内容按逗号进行分隔,并存储到数组 arr2 中
    //把每行分隔好的数据分别存储到变量中,并且调整好位置输出到页面中
    var xm = arr2[0];
    var b = arr2[1];
    var c = arr2[2];
    var d = arr2[3];
    var e = arr2[4];
    var f = arr2[5];
    var g = arr2[6];
document.write(xm + "     " + b + "      
    " + c + "          " + d +
"         " + e + "      
   " + f + "       " + g);
    document.write("<br>");
}
document.write("<p>");
for(i = 1;i<arr.length;i ++ )
{     var arr3 = arr[i].split(",");
      var name = arr3[0];
      var score1 = arr3[1];
      var score2 = arr3[2];
      var score3 = arr3[3];
      var score4 = arr3[4];
      var score5 = arr3[5];
      var score6 = arr3[6];
       var b1 = parseFloat(score1);          //把字符串的变量转换成浮点型数值
       var c1 = parseFloat(score2);
       var d1 = parseFloat(score3);
```

```
        var e1 = parseFloat(score4);
        var f1 = parseFloat(score5);
        var g1 = parseFloat(score6);
        var avg = (b1 + c1 + d1 + e1 + f1 + g1)/6;                    //计算学生六门成绩的平均值
        document.write(name + "的 6 门平均成绩为:" + avg);
        document.write("〈br〉");
    }
〈/script〉
〈/head〉
〈body〉
〈/body〉
〈/html〉
```

给定的学生成绩单文件内容如图 4—1 所示，代码运行后的结果如图 4—2 所示。

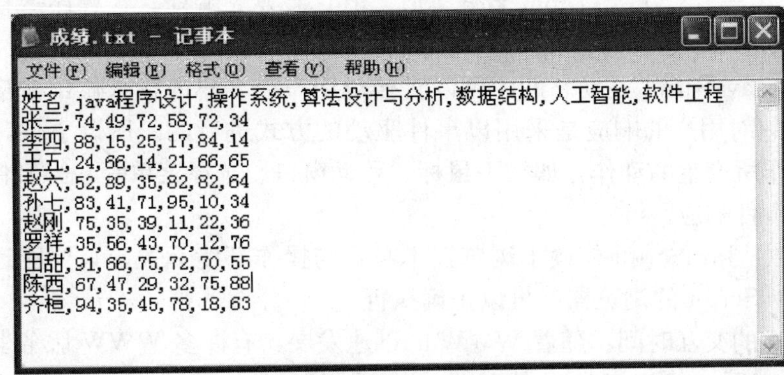

图 4—1　学生成绩单文件

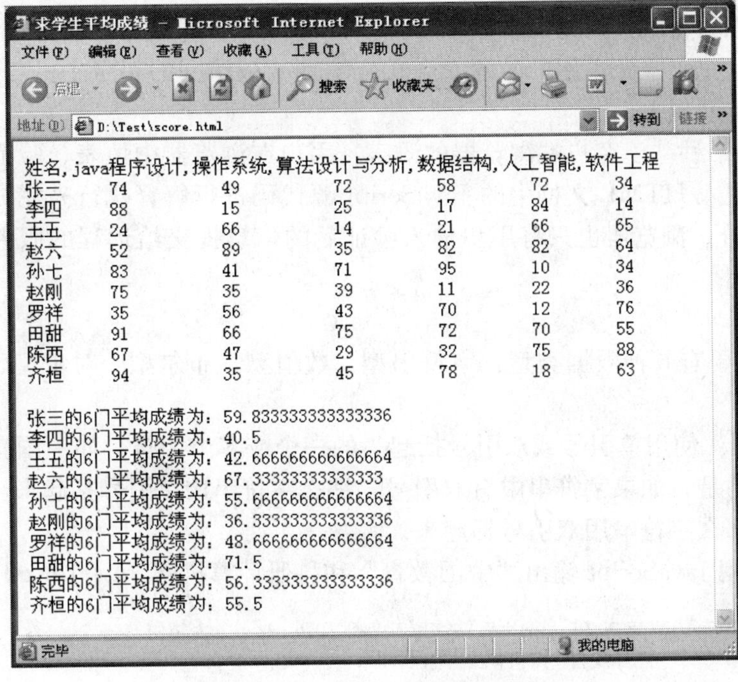

图 4—2　求得学生平均成绩

4.1.2 相关知识：JavaScript 语言简介、数据类型、运算符、语句、事件

1. JavaScript 语言简介

JavaScript 语言的前身称作 LiveScript。自从 Sun 公司推出著名的 Java 语言之后，Netscape 公司引进了 Sun 公司有关 Java 的程序概念，将自己原有的 LiveScript 重新进行设计，并改名为 JavaScript。

JavaScript 是一种基于对象和事件驱动并具有安全性能的脚本语言，有了 JavaScript，可使网页变得生动。使用它的目的是与 HTML 超文本标识语言、Java 脚本语言一起实现在一个网页中链接多个对象，与网络客户交互作用，从而开发客户端的应用程序。它是通过嵌入或调入在标准的 HTML 语言中实现的。JavaScript 具有的优点如下：

(1) 简单性：JavaScript 是一种脚本语言，它采用小程序段的方式实现编程，与其他脚本语言一样，JavaScript 同样也是一种解释性语言，它提供了一个简易的开发过程。它的基本结构形式与 C、C++、VB、Delphi 十分类似，但它需要先编译，在程序运行过程中被逐行地解释。它与 HTML 标识结合在一起，从而方便用户的使用操作。

(2) 动态性：JavaScript 是动态的，可以直接对用户或客户的输入做出响应，无须经过 Web 服务程序。它对用户的响应是采用以事件驱动的方式进行的。所谓事件，是指在主页中执行了某种操作所产生的动作，如按下鼠标、移动窗口、选择菜单等。当事件发生后，可能会引起相应的事件响应。

(3) 跨平台性：JavaScript 依赖于浏览器本身，与操作环境无关，只要能运行浏览器的计算机、支持 JavaScript 的浏览器就可以正确执行。

(4) 节省 CGI 的交互时间：随着 WWW 的迅速发展，有许多 WWW 服务器提供的服务要与浏览者进行交互，确定浏览者的身份、需要服务的内容等，这项工作通常由 CGI/PERL 编写相应的接口程序与用户进行交互来完成。很显然，通过网络与用户的交互，一方面增大了网络的通信量，另一方面影响了服务器的性能。服务器为一个用户运行一个 CGI 时，需要一个进程为它服务，它要占用服务器的资源(如 CPU 服务、内存耗费等)，如果用户填表出现错误，交互服务占用的时间就会相应增加。被访问的热点主机与用户交互越多，服务器的性能影响就越大。

JavaScript 是一种基于客户端浏览器的语言，用户在浏览器中填表、验证的交互过程只是通过浏览器对调入 HTML 文档中的 JavaScript 源代码进行解释执行来完成的，即使是必须调用 CGI 的部分，浏览器也只将用户输入验证后的信息提交给远程的服务器，这大大减少了服务器的开销。

2. 数据类型

JavaScript 主要有 6 种数据类型：字符串型、数值型、布尔型、对象型、Null 值、Undefined。

(1) 字符串型。使用单引号或双引号括起来的一个或多个字符，如中国教育和科研计算机网，需要注意的是，如果字符串中有双引号，那么字符串用单引号括起来，同样如果字符串中有单引号，那么字符串用双引号括起来。

【例 4.1】使用 JavaScript 输出“中国教育”和科研计算机网（L4-1.html）。

```
<script language = "javascript" type = "text/javascript">
    document.write('"中国教育"和科研计算机网');
</script>
```

(2) 数值型。数值型包括整数或浮点数(包含小数点的数或科学记数法的数)，如－120、20、2.5684、2.9e8 等。另外，JavaScript 包含特殊非数值字符，分别是 NaN(它与所有值都不相等，包括它本身)，当对不适当的数据进行数学运算时使用，如字符串或未定义值 2＋"a"。在 JavaScript 中 Infinity 表示无穷大，在 JavaScript 中，如果一个负数或正数太大的话，则使用它来表示，如 3e20000，－3e20000；如果一个数超过了 infinity，将返回 NaN。

【例 4.2】 JavaScript 输出数值型的数据，观察一下输出结果（L4-2.html)。

```
<script language="javascript" type="text/javascript">
    document.write(-120+"<br/>");
    document.write(20+"<br />");
    document.write(2.5684+"<br />");
    document.write(2.9e8+"<br />");
    document.write(2*"a");
    document.write("<br />");
    document.write(3e20000+"<br />");
    document.write(-3e20000+"<br />");
    document.write(Number("JavaScript Code"));
</script>
```

(3) 布尔型。布尔型常量只有两种状态，即 true 或 false，true 表示“真”，false 表示“假”。需要注意的是，JavaScript 中 0、NaN、null、undefined 都表示 false(假)，其他数值表示 true(真)。

【例 4.3】 判断 1＞5 和 10＞2 的值（L4-3.html)。

```
<script language="javascript" type="text/javascript">
    document.write(1>5);
    document.write("<br/>");
    document.write(10>2);
</script>
```

输出：false

true

(4) 对象型，用于指定 JavaScript 程序中用到的对象。

【例 4.4】 输出当前的日期时间（L4-4.html)。

```
<script language="javascript" type="text/javascript">
var obj=new Date();
alert(obj);
</script>
```

输出：Mon Aug 7 12：17：21 UTC＋0800 2010

(5) Null 值。可以通过给一个变量赋 null 值来清除变量的内容。

【例 4.5】 先输出当前的时间，再输出 null（L4-5.html)。

```
<script language="javascript" type="text/javascript">
  var obj=new Date();
  alert(obj);
  obj=null;
  alert(obj);
```

```
</script>
```

(6) Undefined。表示该变量尚未被赋值。

【例 4.6】 判断一个变量是否被赋值（L4-6.html）。

```
<script language = "javascript" type = "text/javascript">
  var a;
  alert(a);
</script>
```

输出：undefined

3. 运算符

(1) JavaScript 算术运算符。JavaScript 算术运算符负责算术运算，用算术运算符和运算对象(操作数)连接起来，符合 JavaScript 语法规则的表达式，称 JavaScript 算术表达式。

下面给定 y=5，表 4—1 解释了这些算术运算符。

表 4—1　　算术运算符（y=5）

运算符	描　述	例　子	结　果
＋	加	x=y+2	x=7
－	减	x=y-2	x=3
*	乘	x=y*2	x=10
/	除	x=y/2	x=2.5
%	求余数(保留整数)	x=y%2	x=1
++	累加	x=++y	x=6
--	递减	x=--y	x=4

(2) JavaScript 赋值运算符。赋值运算符用于给 JavaScript 变量赋值，见表 4—2。

表 4—2　　赋值运算符（x=10，y=5）

运算符	例　子	等价于	结　果
=	x=y		x=5
+=	x+=y	x=x+y	x=15
-=	x-=y	x=x-y	x=5
*=	x*=y	x=x*y	x=50
/=	x/=y	x=x/y	x=2
%=	x%=y	x=x%y	x=0

(3) 用于字符串的+运算符。+运算符用于把文本值或字符串变量连接起来。如需把两个或多个字符串变量连接起来，则可使用+运算符。例如：

```
txt1 = "What a very";
txt2 = "nice day";
txt3 = txt1 + txt2;
```

在以上语句执行后，变量 txt3 包含的值是"What a verynice day"。

要想在两个字符串之间增加空格，需要把空格插入其中一个字符串之中，例如：

```
txt1 = "What a very ";
txt2 = "nice day";
```

```
txt3 = txt1 + txt2;
```

或者把空格插入表达式中，例如：

```
txt1 = "What a very";
txt2 = "nice day";
txt3 = txt1 + " " + txt2;
```

在以上语句执行后，变量 txt3 包含的值是：

```
"What a very nice day"
```

若要对字符串和数字进行加法运算，可以这样进行：

```
x = "5" + "5";
document.write(x);
x = 5 + "5";
document.write(x);
x = "5" + 5;
document.write(x);
```

最后所有的输出内容都为：55

（4）比较运算符。比较运算符在逻辑语句中使用，以测定变量或值是否相等，见表4—3。

表 4—3　　比较运算符（x=5）

运算符	描　述	例　子	结　果
==	等于	x==8	为 false
===	全等（值和类型）	x===5 x==="5"	为 true; 为 false
!=	不等于	x!=8	为 true
>	大于	x>8	为 false
<	小于	x<8	为 true
>=	大于或等于	x>=8	为 false
<=	小于或等于	x<=8	为 true

可以在条件语句中使用比较运算符对值进行比较，然后根据结果来判断执行哪条语句，例如：

```
if (age<18)
  document.write("Too young");
```

（5）逻辑运算符。逻辑运算符用于测定变量或值之间的逻辑，见表 4—4 所示。

表 4—4　　逻辑运算符（x=6、y=3）

运算符	描　述	例　子	结　果
&&	and	(x<10 && y>1)	为 true
||	or	(x==5 || y==5)	为 false
!	not	!(x==y)	为 true

（6）条件运算符。JavaScript 包含了基于某些条件对变量进行赋值的条件运算符。语法格式如下：

```
variablename = (condition)?value1:value2
```

例如：

```
greeting = (visitor = = "PRES")?"Dear President":"Dear";
```

如果变量 visitor 中的值是 “PRES”，则变量 greeting 赋值 “Dear President”，否则赋值 “Dear”。

4. 语句

JavaScript 主要有 7 种语句格式：赋值语句、return 语句、条件分支语句、循环语句、对象操作语句、注释语句、函数定义语句。

（1）变量声明赋值语句 var。var 语句声明了一个变量的名称，同时也可以让这个变量具有一个初始值。如果 var 语句在一个函数中声明变量，则这个变量的有效区域只限于这个函数，称为局部变量；如果 var 语句在函数体外，则有效区域为整个应用程序，称作全局变量。

在函数体外声明一个变量可以不用 var，给出变量的值就可以了，但推荐使用 var。语法格式如下：

```
var 变量名称[ = 变量值];
```

例如：

```
var Computer = 100              //Computer 是一个整数变量,初值为 100
    Computer = 100              //Computer 是一个整数变量,初值为 100
```

（2）return 语句。return 语句指明将由函数返回的值。语法格式如下：

```
return 表达式;
```

如果这里省略了表达式，或者函数结束时根本没有 return 语句，这个函数就返回一个 undefined 类型的值。

（3）条件分支语句 if…else、switch。

①if…else 语句。基本格式如下：

```
if(表述式)
语句段 1;
[else
语句段 2;]
```

功能：若表达式为 true，则执行语句段 1；否则执行语句段 2。

说明：

- if-else 语句是 JavaScript 中最基本的控制语句，通过它可以改变语句的执行顺序。
- 表达式中必须使用关系语句，来实现判断，它是作为一个布尔值来估算的。
- 它将零和非零的数分别转化成 false 和 true。
- 若 if 后的语句有多行，则必须使用花括号将其括起来。

if 语句的嵌套，语法格式如下：

```
if(布尔值)语句 1;
  else if(布尔值)语句 2;
    else if(布尔值)语句 3;
      else 语句 4;
```

在这种情况下，每一级的布尔表达式都会被计算，若为真，则执行其相应的语句；否则执行 else 后的语句。

【例 4.7】给定一个对话框，判断用户所按的是哪个按钮（L4-7.html）。

```
<script>
function abcd( )
{
  var d = confirm("请选择确定或者取消");
  if(d == 1)
  {alert("你选择的是确定");}
  else
  { alert("你选择的是取消");}
}
</script>
```

②switch 语句。分支语句 switch 可以根据一个变量的不同取值而采取不同的处理方法。switch 的语法格式如下：

```
switch(表达式){
case label 1:
  执行语句;
case label 2:
  执行语句;
  ……
[default:
  执行语句;]
}
```

【例 4.8】使用 switch 来判断今天星期几（L4-8.html）。

```
<script>
  var d = new Date( );
  switch(d.getDate( )){
    case 0:document.write("星期一");break;
    case 1:document.write("星期二");break;
    case 2:document.write("星期三");break;
    case 3:document.write("星期四");break;
    case 4:document.write("星期五");break;
    case 5:document.write("星期六");break;
    case 6:document.write("星期日");break;
}
</script>
```

（4）循环语句 for、for…in、while、break、continue。

①for 语句。语法格式如下：

```
for(初始化;条件;增量)
  语句集;
```

功能：实现条件循环，当条件成立时，执行语句集，否则跳出循环体。

说明：

- 初始化参数告诉循环的开始位置，必须赋予变量的初值。

● 条件是用于判别循环停止时的条件。若条件满足，则执行循环体；否则跳出循环。

● 增量主要定义循环控制变量在每次循环时按什么方式变化。

● 三个主要语句之间，必须使用分号分隔。

②for...in 语句。这个语句与 for 语句有一点不同。它循环的范围是一个对象所有的属性或者是一个数组的所有元素。语法如下：

```
for(变量 in 对象或数组)
{
  执行语句
}
```

③while 语句。语法格式如下：

```
while(条件)
  语句集;
```

该语句与 For 语句一样，当条件为真时，重复循环，否则退出循环。

for 与 while 语句都是循环语句，使用 For 语句在处理有关数字时更易看懂，也较紧凑；而 while 循环对复杂的语句效果更特别。

【例 4.9】使用循环输出三级标题（L4-9.html）。

```
<script>
    i=1;
    while(i<=3)
    {
        document.write("<h"+i+">这是"+i+"级标题"+"</h"+i+">");
        i++;
    }
</script>
```

④break 和 continue 语句。与 C++语言相同，使用 break 语句使得循环从 for 或 while 中跳出，continue 使得跳过循环内剩余的语句而进入下一次循环。

（5）对象操作语句 with、delete、new、this。

①with 语句。在该语句体内，任何对变量的引用被认为是这个对象的属性，以节省一些代码。格式如下：

```
with object
{
...
}
```

所有在 with 语句后的花括号中的语句，都是在后面 object 对象的作用域中。

②this 关键字。this 是对当前的引用，在 JavaScript 由于对象的引用是多层次、多方位的，往往一个对象的引用又需要对另一个对象的引用，而另一个对象有可能要引用另一个对象，这样会造成混乱，最后自己都不知道现在引用的哪一个对象，为此 JavaScript 提供了一个用于将对象指定当前对象的语句 this。

③new 运算符。虽然在 JavaScript 中对象的功能已经是非常强大了，但更强大的是设计人员可以按照需求来创建自己的对象，以满足某一特定的要求。使用 New 运算符可以创建

一个新的对象。创建对象使用如下格式：

```
Newobject = new Object(Parameters table);
```

其中，Newobject 创建的新对象，object 是已经存在的对象，parameters table 参数表，new 是 JavaScript 中的命令语句。

例如，创建一个日期新对象：

```
newDate = New Date( )
birthday = New Date (December 12.1998)          //使 NewData、birthday 作为一个新的日期对象
```

④delete 同 new 相反，可以删除一个对象的实例。

（6）注释语句（只是给编程人员看的，浏览器不执行的语句）。

```
// 这是一个单行的注释
/* 这样的注释可以是多行的
……
*/
```

（7）函数定义语句：function，return。

function 用来定义一个函数，当自定义函数被调用时才会执行。定义方法如下：

```
function 函数名(参数表)
{
  函数执行部分
}
```

【例 4.10】 定义一个函数输出“欢迎光临”，在网页上建立一个按钮，当单击这个按钮时调用函数（L4-10.html）。

```
<html>
 <head>
 <title>欢迎光临</title>
<script language = "javascript">
function go( )                                    //定义一个函名为 go 的函数
   {
     alert("欢迎光临")
   }
</script>
 </head>
 <body>
   <input type = "button"?onclick = "go( )"value = "请点击">
   <!--单击按钮调用上面定义的函数-->
</body>
</html>
```

说明：

- 当调用函数时，所用变量或字面量均可作为变量传递。函数由关键字 Function 定义。
- 函数名：定义自己函数的名字。
- 参数表是传递给函数使用或操作的值，其值可以是常量、变量或其他表达式。
- 通过指定函数名（实参）来调用一个函数。

● 必须使用 return 将值返回。

● 函数名是区分大小写的。

5. 事件

JavaScript 是基于对象(Object-based)的语言，采用事件驱动(Event-driven)。通常鼠标或热键的动作被称为事件(Event)，由鼠标或热键引发的一连串程序的动作，被称为事件驱动(Event Driver)。而对事件进行处理程序或函数，被称为事件处理程序(Event Handler)。

在 JavaScript 中对象事件的处理通常由函数(Function) 担任，其基本格式与函数一样，可以将前面所介绍的所有函数作为事件处理程序。语法格式如下：

```
Function 事件处理名(参数表)
{
事件处理语句集;
……
}
```

6. 文件操作

(1) 写文件。

①创建一个可以将文件翻译成文件流的对象。语法格式如下：

```
Var fso = new ActiveXObject(Scripting.FileSystemObject);
```

②创建一个 textStream 对象。语法格式如下：

```
FileSystemObject.CreateTextFile(filename[,filerole[,boolean]])
```

括号里的参数及说明如表 4—5 所示。

表 4—5 **CreateTextFile 方法的参数及说明**

参数	说　明
filename	文件的绝对路径，需创建文件的名称
filerole	文件的常数，只读=1，只写=2，追加=8 等权限 ForReading、ForWriting 或 ForAppending
boolean	一个布尔值，允许新建则为 true，相反为 false

③调用 textStream 的方法。

● Write（不在写入数据末尾添加新换行符）;

● WriteLine（要在最后添加一个新换行符）;

● WriteBlankLines（增加一个或者多个空行）。

④关闭 textStream 对象，如 f.close( )。

【例 4.11】 用 JavaScript 语言向指定的文本文件中写信息（L4-11.html）。

```
<html>
<head>
<meta http-equiv = "Content-Type" content = "text/html;charset = gb2312" />
<title>Javascript 写文件</title>
</head>
<body>
```

```
<script language = "javascript">
    var fso = new ActiveXObject("Scripting.FileSystemObject");
    var f = fso.CreateTextFile("C:\\ a.txt",2,true);
    f.Write("Hello World! ");
    alert("写入文件成功!");
    f.close( );
</script>
</body>
</html>
```

（2）读文件。

①创建一个可以将文件翻译成文件流的对象。例如：

```
Var fso = new ActiveXObject(Scripting.FileSystemObject);
```

②创建一个 textStream 对象。语法如下：

```
FileSystemObject.CreateTextFile(filename[,filerole[,boolean]])
```

括号里边有三个属性，具体的说明如表 4—6 所示。例如：

```
Var f = fso.opentextfile(“C:\\ a.txt”,1,true);
```

表 4—6　　textStream 对象的参数及描述

参数	说　明
filename	文件的绝对路径，需创建文件的名称
filerole	文件的常数，只读＝1，只写＝2，追加＝8 等权限 ForReading、ForWriting 或 ForAppending
boolean	一个布尔值，允许新建则为 true，相反为 false

③调用读取方法。

- Read（读取文件中指定数量的字符；
- ReadLine（读取一整行，但不包括换行符）；
- ReadAll（读取文本文件的所有内容）。

例如，判断是否读取到最后一行，语法如下：

```
while (!f.AtEndOfStream)
{
f.ReadLine( );
}
```

④关闭 textStream 对象，如 f.close( )。

【例 4.12】 用 JavaScript 语言把指定的文本文件中的信息读出来（L4-12.html）。

```
<html>
<head>
<meta http-equiv = "Content-Type" content = "text/html;charset = gb2312" />
<title>读文件</title>
<script>
```

```
//权限只读(只读=1,只写=2,追加=8 等权限)
var ForReading=1;
var fso=new ActiveXObject("Scripting.FileSystemObject");
//创建一个可以将文件翻译成文件流的对象
var f=fso.OpenTextFile("d:\\test\\成绩.txt",ForReading,true);
var arr=f.ReadAll().split("\r\n");
for(var i=0;i<arr.length;i++)
{
document.write(arr[i]);                                    //把文件中的内容显示在网页中
document.write("<br>");
}
</script>
```

任务 2　树型菜单系统的设计

学习目标与任务：

- 掌握树型菜单系统的设计与实现；
- 掌握 ASP 的内置对象 Session。

4.2.1　问题情景及实现

1. 问题情景

传统网页上的菜单都是固定不能变化的，而在很多时候需要动态改变菜单，从而进一步丰富网页功能。动态菜单的实现可以将菜单项添加至数据库中，在页面显示时动态地从数据库提取显示。

2. 系统实现

(1) 页面功能设计。在网站建设中，菜单有成千上万种，为了让用户有一个更好的体验，减轻服务器的负担。使用“按需取数据”的思想，最大限度地减少冗余请求和响应对服务器造成的负担。本菜单系统主要实现的是把一个企业网站里所有功能模块以树型折叠菜单的形式展现出来。

(2) 数据表设计。本系统由两个数据表组成，第一个表 ROLEFUN 表进行存储对应角色所载入的菜单项。第二个表在数据库 EnterpriseData 中添加表 ROLEFUN 和表 QW_Function，其表结构见表 4—7、表 4—8。

表 4—7　　数据表 ROLEFUN 的结构

字段名称	数据类型	长　度	主　键	允许空	说　明
ROLECODE	文本	1	否	否	用户角色代码
FUNCODE	文本	4	否	是	角色对应的菜单项

表 QW_FUNCTION 存储的是全部菜单的基本内容，其结构设计如表 4—8 所示。

表 4—8　　数据表 QW_FUNCTION 的结构

字段名称	数据类型	长　度	主　键	允许空	说　明
ID	整型	4	是	否	自动编号
CODE	文本	5	否	否	菜单的代码

续前表

字段名称	数据类型	长　度	主　键	允许空	说　明
CONTENT	文本	50	否	否	菜单项的内容
FUNURL	文本	50	否	是	菜单项所对应模块的路径
SUBID	文本	1	否	否	是否是子菜单(1 是 0 否)
PARENTID	文本	2	否	是	此菜单的父菜单的代码

(3) 代码设计。通过对菜单系统的分析，该系统的主要文件如下所示：

- topFrame. html：显示企业的 logo，或企业的横幅广告。
- rightFrame. html：显示企业的标语以及功能菜单项的对应模块。
- leftFrame.asp：动态载入登录角色的菜单项。
- mainFrame.asp：把上面三个文件整合成一个框架网页中。

对于 topFrame. html 和 rightFrame. html 文件，读者可以根据自己的喜好来建立相应的页面，下面主要把 leftFrame.asp 的代码展现给读者，其效果如图 4—3 所示。

```
〈link href = "../../css/menu. css" rel = "stylesheet" type = text/css〉
〈html 〉
〈head〉
〈meta http-equiv = "Content-Type" content = "text/html;charset = gb2312" /〉
〈title〉网站首页〈/title〉
〈style〉
  〈!--
  #foldheader{cursor:hand ;font-weight:bold ;
  list-style-image:url(images/folder. gif)}
  #foldinglist{list-style-image:url(images/111. gif)}
  //--〉
〈/style〉
〈!—设置树型菜单在不同情况下使用不同的图片—〉
〈script language = "JavaScript"〉
〈!--
  var head = "display:""
  img1 = new Image( )
  img1. src = "images/folder. gif"
  img2 = new Image( )
  img2. src = "images/open. gif"
  function change( ){
    if(!document. all)
      return
    if (event. srcElement. id = = "foldheader") {
      var srcIndex = event. srcElement. sourceIndex
      var nested = document. all[srcIndex + 1]
      if (nested. style. display  = = "none")
      {
        nested. style. display = "
        event. srcElement. style. listStyleImage = "url(images/open. gif)"
      }
      else
```

```
            {
            nested. style. display = "none"
            event. srcElement. style. listStyleImage = "url( images/folder. gif)"
            }
        }
    }
      document. onclick = change
    //-->
    </script>
    <base target = "main">
    </head>
    <body>
    <!-- # include file = "../../public/asp/db.asp"-->
    <!--调用数据库连接文件 db.asp 进行数据库连接-->
    <%
        response. Write("<br>")
        dim sql, sql2, role, username, userrole
          username = session("UserName")          '把 UserName 里的值存储到全局变量 usernme 中
          userrole = session("USERROLE")          '把 USERROLE 里的值存储到全局变量 userrole 中
        '使用 select 语句进行查询
          sql = " select QW_Function. CODE, QW_Function. CONTENT, QW_Function. FUNURL, SUBID, PARENTID
from QW_Function, ROLEFUN where QW_Function. CODE = ROLEFUN. FUNCODE and QW_Function. PARE-NTID = '0' and
ROLEFUN. ROLECODE = '" + userrole + "'"
        '执行上面 select 语句,把返回的记录集存储到 rs 中
        set rs = conn. Execute(sql)
    %>
    <ul>
    <%
      while not rs. eof and not rs. bof                '如果查询记录不为空进行循环
        '把数据表中的 CONTENT 字段显示在网页中
        response. Write("<li id = foldheader>" + rs("CONTENT") + "</li>")
          sql2 = " select QW_Function. CONTENT, QW_Function. FUNURL from QW_Function, ROLEFUN where
QW_Function. CODE = ROLEFUN. FUNCODE and QW_Function. PARENTID = '" + rs("CODE") + "' and ROLEFUN. ROLECODE =
'" + userrole + "'"
        set rs2 = conn. Execute(sql2)
        response. Write("<ul id = foldinglist style = display:none style = &{head};>")
        while not rs2. eof and not rs. bof
        response. Write("<li><a target = 'mainFrame' href = " + rs2("FUNURL") + ">" + rs2("CONTENT") + "
</a></li>")
        rs2. movenext
       wend
       response. Write("</ul>")
       rs. movenext
      wend
      response. Write("</ul>")
    %>
    </ul>
    </body>
    </html>
```

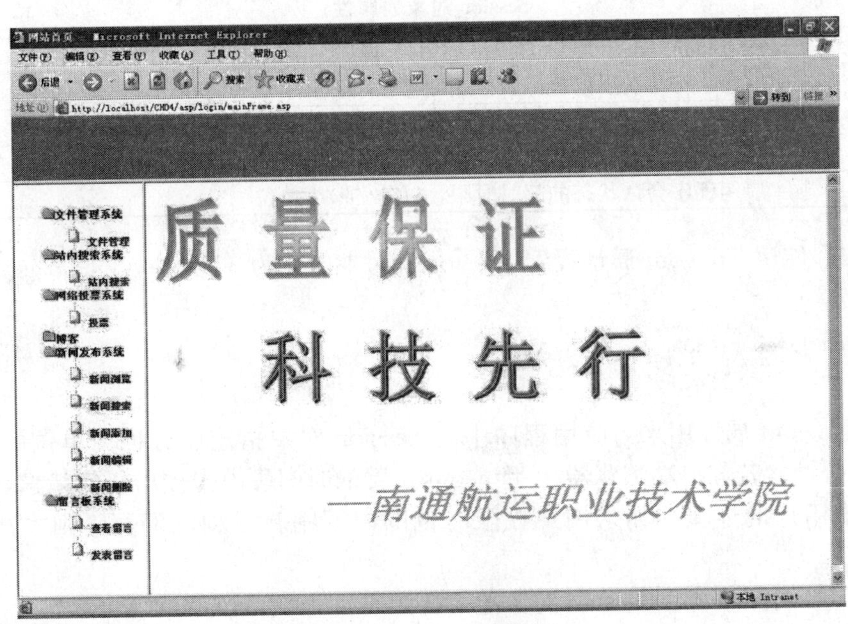

图 4—3 树型菜单

4.2.2 相关知识：Session 对象、SQL 语句

1. Session 对象

(1) Session 对象概述。Session 对象是用来存储浏览器端的数据，或者存储特定用户的信息。与 Application 对象不同的是，Application 对象存储的是所有浏览器共享的数据，而 Session 对象存储的是个别浏览器端专用的数据。当用户浏览 Web 站点时，使用 Session 对象可以为每一个用户保存指定的数据。任何存储在用户 Session 对象中的数据可以在用户调用下一个页面时取得。这一点类似于 C 语言的局部变量和函数之间的关系，一个 Session 对象的值对于同一个用户是相同的，对于不同的用户是不同的。使用 Session 对象也是 ASP 对 CGI 的一大优势。

Web 服务器也可用 Session 对象保存网页信息。Session 对象与 Application 有所不同，对于同一个网页，不同的访问者将创建不同的 Session。例如，同样都是 Session(“data”)，若甲访问某页，将这个值设置为 A；乙来访问，将这个值设置为 B，若下次甲再来访问这个网页取出 Session(“data”)这个值时，它仍是 A(若 Session 未过期)，而不是 B 或其他值。一个 Session 的值对于一个用户是相同的，对于不同的用户是不同的。Session 的这种特性类似 C 语言中的局部变量。

作为基于请求/响应对话模式的 HTTP 协议是一次对话结束，所有的数据都将不复存在，而 Session 对象则可以让我们继续使用以前的页面数据，并且可以在 ASP 文件之间传递数值、字符串、数组和对象。当用户在应用程序的页面间转移操作时，Session 对象中的存储变量不会释放。Session 对象的语法格式如下：

```
Session.集合|属性|方法|事件
```

(2) Session 对象属性。Session 对象的属性如表 4—9 所示。

表 4—9　　Session 对象的属性

属　性	说　　明
CodePage	将用于符号映射的代码页，决定将被用于显示动态内容的代码页
LCID	返回现场标识，决定用于显示动态内容的位置标识
SessionID	返回用户的会话标识。在创建会话时，服务器会为每一个会话生成一个单独的标识
Timeout	应用程序会话状态的超时时限，以分(钟)为单位

【例 4.13】 使用 Timeout 属性设置 Session 的过期时间为 30 分钟（L4-13.asp）。

```
<%
    Session.Timeout = 30
%>
```

说明： Timeout 属性用来为应用程序中的 Session 对象指定以分钟为单位的超时时限，缺省值为 20 分钟。若客户端浏览器在 Timeout 设置的时间段内未提出任何请求，Web 服务器将中断与该用户的连接。如果用户在限时范围内不刷新或浏览网页，则本次会话将被终止。

（3）Session 对象集合。Session 对象的集合如表 4—10 所示。

表 4—10　　Session 对象集合

集　合	说　　明
Contents	包含已用脚本命令添加到会话中的项目，Contents 是 Session 对象的默认集合
StaticObjects	包含通过 OBJECT 标记创建并给定了会话作用域的对象，这些对象在 global.asa 文件中创建

【例 4.14】 使用 Contents 集合获取 Session 的内容（L4-14.asp）。

```
<%
    Dim siondata
    For Each siondata in Session.Contents
    Response.Write(siondata &":"& Session.Contents(siondata))
    Response.Write("<br>")
    Next
%>
```

（4）Session 对象方法。Session 对象的方法如表 4—11 所示。

表 4—11　　Session 对象方法

方　法	说　　明
Abandon	破坏 Session 对象并释放其资源
Contents. Remove	从 Contents 集合中删除一个项目
Contents. RemoveAll	从 Contents 集合中删除所有项目

【例 4.15】 执行 Session. Abandon 后，访问 Session 对象（L4-15.asp）。

```
<%
  Session("MyDa") = "Web 数据库"
  Response.Write Session("MyDa")
  Session.Abandon
  Session("MyData") = "电子商务的根基."
```

```
  Response.Write Session("MyData")
%>
```

说明：调用 Abandon 方法使服务器处理完当前页面时，结束当前用户会话并取消当前 Session 对象。即使调用该方法以后，仍可访问该页面中的当前会话的变量。这意味着在当前页面中所有的脚本命令执行结束前，Session 变量并不会被删除。可以在调用 Abandon 方法后，在同一页面中存取 Session 对象，若在其他页调用该变量，则值均为空。因为这不是原来的 Session 对象，而是服务器另创建的一个新 Session 对象。Abandon 方法可以删除所有存储在 Session 对象中的对象并释放其占用的 Web 服务器资源。

（5）Session 对象事件。Session 对象的事件在会话开始时创建 Session _ OnStart，在会话结束时创建 Session _ OnEnd，如表 4—12 所示。

表 4—12　　Session 对象事件

事　件	含　　意
Session _ OnStart	创建 Session 对象时产生这个事件
Session _ OnEnd	结束 Session 对象时产生这个事件

2. SQL 语句

SQL 是结构化查询语言(Structured Query Language)的缩写，这种语言允许我们对数据库进行复杂的操作，实现对数据库的灵活存取。许多数据库产品都支持 SQL 语言，这意味着如果我们学会了 SQL 语言，就可以把这种知识运用到 MS Access 、SQL Server、Oracle、DB2 以及其他数据库中。

SQL 语言运用在关系型数据库中。一个关系型数据库把数据存储在表（也称关系表）中。每个数据库的主要组成就是一组表。每个表又由一组记录组成——每条记录在表中有相同的结构，包含固定数量的具有一定类型的字段。

SQL 四条最基本的数据操作语句：Insert、Select、Update 和 Delete。

（1）查询语句：SELECT 语句。SELECT 语句的完整语法如下：

```
SELECT[ALL|DISTINCT|DISTINCTROW|TOP]
{*|talbe.*|[table.]field1[AS alias1][,[table.]field2[AS alias2][,…]]}
FROM?tableexpression[,…][IN externaldatabase]
[WHERE…]
[GROUP BY…]
[HAVING…]
[ORDER BY…]
[WITH OWNERACCESS OPTION]
```

其中，“[ ]”括起来的部分表示是可选的，用“{ }”括起来的部分是表示必须从中选取一个。

①FROM 子句。FROM 子句指定了 SELECT 语句中字段的来源。FROM 子句后面是包含一个或多个的表达式（由逗号分开），其中的表达式可为单一表名称、已保存的查询或由 INNER JOIN、LEFT JOIN 或 RIGHT JOIN 得到的复合结果。如果表或查询存储在外部数据库，在 IN 子句之后指明完整路径。

②ALL、DISTINCT、DISTINCTROW、TOP 谓词。

- ALL 返回满足 SQL 语句条件的所有记录。如果没有指明这个谓词，则默认为 ALL。

● 如果 DISTINCT 有多个记录的选择字段的数据相同，则只返回一个。

● 如果 DISTINCTROW 有重复的记录，则只返回一个。

● TOP 显示查询头尾若干记录，也可返回记录的百分比，这是要用 TOP n PERCENT 子句（其中 n 表示百分比）。

③用 AS 子句为字段取别名。如果想为返回的列取一个新的标题，或者经过对字段的计算或总结之后，产生了一个新的值，希望把它放到一个新的列里显示，则用 AS 保留。

（2）添加记录语句 INSERT INTO，在指定的数据表中添加单条或多条记录。

①添加单条记录，格式如下：

```
INSERT INTO target [(field1[,field2[,…]])] VALUES (value1[,value2[,…]])
```

②添加多条记录，格式如下：

```
INSERT INTO target [IN externaldatabase] [(field1[,field2[,…]])]
SELECT [source.]field1[,field2[,…]]
FROM tableexpression
```

说明：

● 第一种是直接用 Value1，Value2 等参数指定的值在表中添加一个新记录。

● 第二种是从其他表向指定表添加记录。

● Target 参数指定要添加记录的表或查询名。如果是一个查询名，则 Microsoft Jet 数据库引擎会在该查询涉及所有表中的添加记录。

● 在 Target 参数后的 field1、field2 等参数指定要添加数据的字段，在 Select 参数后的 field1、field2 等参数指定要提供数据的字段。

● tableexpression 指定提供记录的表或查询。

● 如果要添加记录的表是一个外部数据库，则可以使用 IN 关键字来指定外部数据库。

● 对于在添加记录的表中含有自动增值字段的情况，如果希望新添加的记录的相应字段重新编号，则 SQL 语句中不要指定该字段；如果希望新添加的记录保持相应字段原来的值，则在 SQL 语句中指定该字段。

（3）Update 语句。对指定表中满足条件的记录进行修改，格式如下：

```
UPDATE table_name SET column_name = expression WHERE conditions
```

说明：

● table _ name 指定要修改的表。

● column _ name＝expression 指定修改值。

● conditions 指定条件。

例如：

```
UPDATE AntiqueOwners
SET Address = '77,Lincoln st.',City = 'Kirkland',State = 'Washington'
WHERE OwnerFirstName = 'Jane' And OwnerLastName = 'Akins'
```

（4）Delete 语句。

①指定条件删除。删除指定表中满足条件的所有记录，格式如下：

```
DELETE FROM Table_name WHERE Conditions
```

说明：

- Table _ name 指定要删除记录的表名。
- Conditions 指定条件。

②删除所有行，可以在不删除表的情况下删除所有的行。这意味着表的结构、属性和索引都是完整的。格式如下：

```
DELETE FROM table_name    或    DELETE * FROM table_name
```

项目实训 4　下拉菜单系统的设计

1. 实训目的

（1）掌握下拉菜单系统的设计方法；

（2）通过项目实训进一步掌握 IIS 的配置与建站方法；

（3）熟悉 ASP 的运行环境与程序运行方法。

2. 实训情景引入

任务 2 中所述的树型菜单是一种比较常见的菜单，而在许多场合需要使用弹出式下拉菜单。本实训的任务是介绍菜单的另一种形式——下拉菜单。

3. 实训步骤

（1）利用网页设计工具新建一文件，命名为 menu.asp，同时将如下参考代码录入至文件中。

```
<html>
<head>
<title>下拉菜单</title>
<meta http-equiv = "Content-Type" content = "text/html;charset = gb2312">
<style>
body,td { font-size:12px;font-family:宋体}
a:link { color:#ffffff;text-decoration:none}
a:visited { color:#ffffff;text-decoration:none}
a:hover { color:#ff9933;text-decoration:none}
table { border:#000000;border-style:solid;border-top-width:1px;border-right-width:1px;border-bottom-width:1px;border-left-width:1px}
</style>
<script language = "JavaScript">
<!--
function MM_showHideLayers( )
{
var i,p,v,obj,args = MM_showHideLayers.arguments;
for (i = 0;i<(args.length - 2);i += 3)
if ((obj = document.getElementById(args[i]))! = null)
     { v = args[i + 2];
       if (obj.style)
       { obj = obj.style;v = (v = = 'show')?'visible':(v = 'hide')?'hidden':v;}
       obj.visibility = v;
     }
}
//-->
```

```
〈/script〉
〈/head〉
〈body bgcolor = "#CCCCCC" text = "#000000" leftmargin = "0" topmargin = "0" marginwidth = "0"
marginheight = "0" scroll = auto〉
〈div id = "title" style = "position: absolute; left: 8px; top: 15px; width: 120px; height: 15px; z - in-
dex:1;background - color: #006699;layer - background - color: #006699;border:1px none #000000"〉
〈table width = "120" cellspacing = "0" cellpadding = "2"〉
〈tr〉
    〈td width = "120" onMouseOver = "MM_showHideLayers('menu1','','show')" onMouseOut = "MM_
showHideLayers('menu1',",'hide')"〉
    〈b〉〈font color = "#FFFFFF"〉〈a href = "#"〉网络数据库〈/a〉〈/font〉〈/b〉
   〈/td〉
〈/tr〉
〈/table〉
〈/div〉
〈div id = "menu1" style = "position: absolute; left: 8px; top: 34px; width: 120px; height: 80px; z - in-
dex: 2;background - color: #999966;layer - background - color: #999966;border:1px none #000000;visi-
bility: hidden"
onMouseOver = "MM_showHideLayers('menu1',",'show')"
onMouseOut = "MM_showHideLayers ('menu1',",'hide')"〉
〈table width = "100 %" cellspacing = "0" cellpadding = "2" height = "80"〉
〈tr〉
  〈td〉
    〈a href = "#"〉第一章 本书学习情境〈/a〉
  〈/td〉
〈/tr〉
〈tr〉
  〈td〉
    〈a href = "#"〉第二章 网站页面设计〈/a〉
  〈/td〉
〈/tr〉
〈tr〉
  〈td〉
    〈a href = "#"〉第三章 计数器的设计〈/a〉
  〈/td〉
〈/tr〉
〈tr〉
  〈td〉
    〈a href = "#"〉第四章 登录注册系统〈/a〉
  〈/td〉
〈/tr〉
〈/table〉
〈/div〉

〈/BODY〉
〈/HTML〉
```

（2）配置 IIS。按任务 1 的方法配置 IIS，将主目录设置为 menu.asp 文件所在的文件夹。

（3）运行。在地址栏输入“http://127.0.0.1/GraphCount.asp，就会出现图 4—4 所示

的运行结果。

图 4—4

当鼠标停留在“网络数据库”上时，会出现图 4—5 所示的情形。

图 4—5

习 题 4

一、填空题

1. JavaScript 语言具有的优点________、________、________、________。

2. JavaScript 语言的数据类型有________、________、________、________、________与________。

3. JavaScript 语言的语句有________、________、________、________、________、________、与________。

二、选择题

1. 下面哪一项不是 Session 对象的属性？（　　）

A. CodePage　　B. SessionID　　C. Timeout　　D. ScriptTimeout

2. 下面哪个是 Server 对象的方法？（　　）

A. CodePage　　B. MapPath　　C. Timeout　　D. ScriptTimeout

3. SQL 语句的哪个用来查询数据库中的数据？（　　）

A. Insert　　B. Update　　C. Select　　D. Delete

三、思考与练习题

1. 使用 HTML+JavaScript 实现下面的要求。

（1）编程计算 s=1+2+3+…+100。

（2）创建一个表单如图 4—6 所示，要求用户输入姓名和年龄。单击“确定”按钮时验证用户输入的年龄，如果年龄小于 18，则显示消息框“对不起，您没资格”。

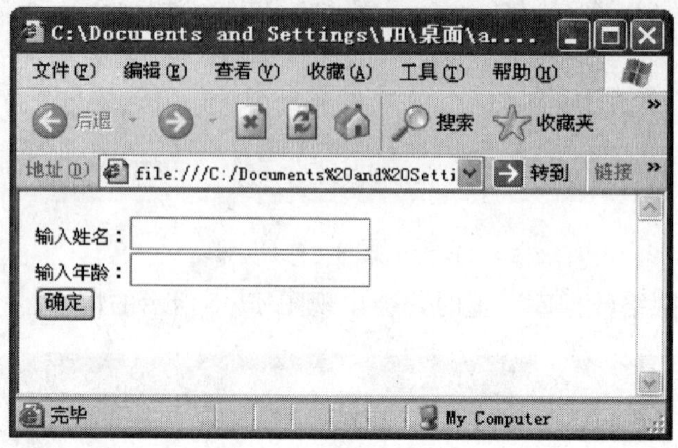

图 4—6

2. JavaScript 的条件分支语句有哪些？分别写出它们的基本格式。

3. JavaScript 的循环语句有哪些？分别写出它们的基本格式。

子项目5 文件管理系统的设计

学习目标

能根据需要设计一个简单文件管理系统，对站点文件进行管理。

了解文件管理系统的结构。

了解 File Access 组件的功能及应用，掌握该组件的使用方法。

掌握文件管理系统的设计方法及 Server 对象的应用。

项目任务

在 Windows 中使用资源管理器可以非常方便地管理本地文件，但对于保存在服务器端的站点文件，就必须要使用特别的工具来进行管理，如 FTP；另一个办法就是开发网络文件管理系统，特别是对于一些能上网却被网管封了 FTP 权限的用户维护自己的网站颇有用处，只要能上网就可以管理网站。

网络文件管理系统，首先要能实现站点文件的上传和下载，其次能对站点文件进行简单管理，如新建、复制、移动、删除文件或文件夹等。这一点可以使用 ASP 中提供的 FSO 对象来实现。由于文件管理系统是一个比较复杂的项目，所以任务 1 先介绍文件（夹）的基本操作，为任务 2——文件管理系统的设计打下基础。最后安排项目实训——文件的上载，让读者在学习了文件管理系统的基础上，通过参考相关代码重新设计文件上载子功能，以达到进一步锻炼的目的。

任务1 文件（夹）的基本操作

学习目标与任务：

- 了解如何对服务器端的文件（夹）进行操作；
- 熟悉 ASP 内置组件 File Access 的用法；
- 使用 File Access 组件实现对文件（夹）的基本操作。

5.1.1 问题情景及实现

1. 问题情景

在开发大型网站应用系统时，免不了要对站点文件或文件夹进行操作。ASP 使用

VBScript或者 JavaScript 等脚本完成编程，而这些脚本本身能力非常有限，利用 ASP 的几个内部对象也无法完成较大规模的应用，譬如对文件(夹)的处理及数据库的访问等。但是令人兴奋的是 ASP 支持组件技术，当使用 ASP 编写服务器端应用程序时，必须依靠 ActiveX 组件来丰富 Web 应用程序的功能。要实现对文件(夹)的操作，需用到 ASP 的内置组件 FileAccess，它提供了可用来访问计算机文件系统的方法和属性，其最基本的功能是对文件或文件夹的操作。

2. 文件（夹）的基本操作

本任务实现的不是一个完整的系统，而是针对文件(夹)所涉及的各部分操作(如新建、复制、删除等)，一一进行分析描述，为“任务 2：文件管理系统的设计”打下坚实的基础。

(1) 驱动器和文件夹的操作。对驱动器的操作主要是获取驱动器的各种信息；对文件夹的操作主要是如何创建、复制、移动和删除等，以及检查文件夹是否存在。

①操作驱动器。File Access 组件的 Filesystemobject 对象有 Drives 属性，它包含了服务器上所有驱动器 Drive 的集合。表 5—1 是有关于驱动器的 Filesystemobject 对象的方法或属性。

表 5—1　Filesystemobject 对象的方法或属性

方法或属性	说　明
DriveExists(path)	指定的驱动器是否存在，若返回值为 True，则表示指定的驱动器存在，否则返回 False
Drives(属性)	返回可被本地机使用的 Drive 对象的集合，包括该机映射的网络驱动器
GetDrive(path)	返回指定驱动器的 Drive 对象(Drive 对象可视为 FileSystemobject 对象的子对象)
GetDriveName(path)	返回指定路径的驱动器名称，返回值为一个字符串

通常使用 Drive 对象的一些属性对驱动器进行操作，Drive 对象的一些属性如表 5—2 所示（只列出了部分属性）。

表 5—2　Drive 对象属性

属　性	说　明
AvailableSpace	返回驱动器上的可用空间（字节数）
DriveLetter	返回驱动器盘符，若没有的话，则返回空字符串（“”）
DriveType	返回驱动器类型（如本机磁盘、网络磁盘、CD-ROM 等）
IsReady	布尔值，若返回值为 True，表示磁盘已准备好
RootFolder	返回驱动器上根目录的 Folder 对象实例
SerialNumber	返回驱动器卷标的序列号
TotalSize	返回驱动器的容量

【例 5.1】输出每个驱动器的一些信息（L5-1.asp），运行结果如图 5—1 所示。

```
〈html〉〈head〉
〈title〉驱动器列表〈/title〉〈/head〉
〈body〉
〈%
    set FSO = Server.createobject(“Scripting.FileSystemObject”)        ‘使用 Server 对象创建 FSO
实例
    for each I in FSO.drives
        response.write”〈br〉驱动器字母:”& i.driveletter
```

```
        response.write"<br>驱动器总字节数:"& i.TotalSize
        response.write"<br>驱动器可用空间:"& i.AvailableSpace
        response.write"<hr>"
    next
%>
</body></html>
```

图 5—1 使用 Drive 对象输出驱动器信息

说明：若软驱或光驱中没有软盘或光盘，程序运行将出错，可以使用 Drive 对象的 IsReady属性查看驱动器中是否有媒体存在（请读者尝试修改 L5-1.asp 代码）。

②复制文件夹。Filesystemobject 对象的 CopyFolder 方法可以将一个或多个文件夹（包括文件夹下的内容）从一个位置复制到另一个位置。语法如下：

```
Filesystemobject.CopyFolder source,destination[,overwrite]
```

表 5—3 列出了与 CopyFolder 方法一起使用的参数。

表 5—3　　CopyFolder 方法参数

参　数	说　明
Source	必选，要复制的一个或多个文件夹（可使用通配符）
Destination	必选，将一个或多个文件夹复制到该目标位置
Overwrite	可选，一个布尔值，表示可否覆盖现有的文件夹。True 允许覆盖现有的文件夹，False 不允许覆盖现有的文件夹。默认值为 True

【例 5.2】下列程序将文件夹 Files 从主目录复制到上一级父目录下（L5-2.asp）。

```
<%
    Set Fso = Server.CreateObject("Scripting.FileSystemObject")
    Fso.CopyFolder Server.MapPath("\Files"),Server.MapPath ("..\Files")
%>
```

说明：将文件夹复制到的指定文件夹应存在，否则将返回“未找到路径”错误，并且对文件夹或文件操作必须使用物理路径。

③移动文件夹。Filesystemobject 对象的 MoveFolder 方法会将一个或多个文件夹从一个位置移动到另一个位置。语法如下：

```
Filesystemobject.MoveFolder source,destination
```

表 5—4 列出了与 MoveFolder 方法一起使用的参数。

表 5—4　　MoveFolder 方法参数

参　数	说　　明
Source	必选，要移动的一个或多个文件夹名称（可使用通配符）
Destination	必选，将一个或多个文件夹移动到该目标位置

【例 5.3】下列程序将文件夹 NewFiles 从主目录移动到上一级父目录下，并更名为 MyFiles(L5-3.asp)。

```
<%
    Set Fso = Server.CreateObject("Scripting.FileSystemObject")
    Fso.MoveFolder Server.MapPath ("\ NewFiles"),Server.MapPath("..\MyFiles")
%>
```

说明：将文件夹移动到的指定文件夹应存在，否则将返回“未找到路径”错误。

④创建文件夹。

Filesystemobject 对象的 CreateFolder 方法用于新建文件夹。语法如下：

```
Filesystemobject.CreateFolder(Foldername)
```

FolderName 为要创建的文件夹名称。

【例 5.4】下列程序将在主目录下创建 NewFolder 文件夹（L5-4.asp）。

```
<%
    Set objFSO = Server.CreateObject("Scripting.FileSystemObject")
    objFSO.CreateFolder(Server.MapPath("\NewFolder"))
%>
```

说明：在创建文件夹前，必须先检查该路径下该文件夹是否存在，如存在则返回“文件夹已存在”错误。

⑤检查文件夹是否存在。Filesystemobject 对象的 FolderExists 方法用于检查文件夹是否存在，如果文件夹存在则返回 True，如果不存在则返回 False。语法如下：

```
Filesystemobject.FolderExists (Foldername)
```

其中，FolderName 为要检查的文件夹名称。

【例 5.5】下列程序将检查主目录下 NewFolder 文件夹是否存在（L5-5.asp）。

```
<%
    Set objFSO = Server.CreateObject("Scripting.FileSystemObject")
    If objFSO.FolderExists (Server.MapPath("\NewFolder")) = true then
            Response.write" 存在该文件夹"
      Else
            Response.write" 不存在该文件夹"
      End if
%>
```

⑥删除文件夹。Filesystemobject 对象的 DeleteFolder 方法可以删除一个或多个指定的文件夹。语法如下：

```
Filesystemobject.DeleteFolder(Foldername,force)
```

表 5—5 列出了与 DeleteFolder 方法一起使用的参数。

表 5—5　　DeleteFolder 方法参数

参　数	说　　明
Foldername	必选，要删除的一个或多个文件夹名称（可使用通配符）
force	可选，如果为 True，则删除只读文件夹；默认值为 False，不删除只读文件夹

【例 5.6】下列程序将删除主目录下的 NewFolder 文件夹（L5-6.asp）。

```
<%
    Set objFSO = Server.CreateObject("Scripting.FileSystemObject")
    objFSO.DeleteFolder(Server.MapPath("\NewFolder"))
%>
```

说明：如果尝试删除不存在的文件夹，则会产生错误。也可以使用 Folder 对象的方法和属性对文件夹进行操作。表 5—6 列出了 Folder 对象的部分方法和属性。

表 5—6　　Folder 对象的部分方法和属性

属性或方法	说　　明
Copy(destination, overwrite)	将文件夹及所有内容复制到 destination，若 destination 已有同名文件夹，且 overwrite的值为 False，将产生错误，默认值为 True 删除文件夹及内部
Delete(force)	删除文件夹，若 force 的值为 True，表示可删除只读文件夹，默认值为 False
Move(destination)	将文件夹及内部所有文件移动到 destination，若 destination 已有同名文件夹，则出错
Files(属性)	返回包含 File 对象的 Files 集合，表示该文件夹内的所有的文件
IsRootFolder(属性)	若文件夹为磁盘的根目录，返回 True，否则返回 False
Name(属性)	设置或返回文件夹的名称
ParentFolder(属性)	返回当前文件夹的父文件夹(返回值为 Folder 对象实例)
Size(属性)	返回文件夹的大小（以字节为单位，包含所有文件及子文件夹）
SubFolders(属性)	返回一个 Folders 集合，由包含在文件夹内每个 Folder 对象实例所组成，包含隐含和系统文件夹

（2）文件操作。对文件的操作主要是创建、复制、移动、删除文件以及对文件的读/写。

①文本文件的创建。在创建文本文件之前，应先设置要创建的文本文件所在的文件夹具有写操作的权限。要创建文本文件，可以使用 Filesystemobject 对象的 CreateTextFile 方法返回一个 TextStream 对象实例，然后用 TextStream 对象的一些方法将数据写入文件中。使用 CreateTextFile 方法的语法如下：

```
Filesystemobject.CreateTextFile(filename,overwrite,unicode)
```

表 5—7 列出了与 CreateTextFile 方法一起使用的参数。

表 5—7　　CreateTextFile 方法的参数

参　数	说　　明
filename	必选，指定要创建的文件的完整物理路径
overwrite	可选，一个布尔值，表示可否覆盖现有的文件。True 允许覆盖现有的文件，False 不允许覆盖现有的文件。如果为 False，对已经存在的文件调用 CreateTextFile 时会出错。默认值为 False

续前表

参　数	说　　明
unicode	可选，一个布尔值，若值为 True，表示为 Unicode 文本文件，否则为 ASCII 文本文件；默认值均为 False

【例 5.7】下列程序将在主目录下创建一个名为 test. txt 的文件（L5-7.asp）。

```
<%
    Set objFSO = Server.CreateObject("Scripting.FileSystemObject")
    Set objTS = objFSO.CreateTextFile(Server.MapPath("\test.txt"))
%>
```

②文本文件的读写。对于已经存在的文本文件，可以在打开文件后，读取文件中的内容或者对文件中的数据进行追加。Filesystemobject 对象的 OpenTextFile 方法可以打开一个指定的文件，并返回可以用来访问该文件的 TextStream 对象。使用 OpenTextFile 方法的语法如下：

```
Filesystemobject.OpenTextFile (filename,iomode,create,format)
```

表 5—8 列出了与 OpenTextFile 方法一起使用的参数。

表 5—8　　OpenTextFile 方法的参数

参　数	说　　明
filename	必选，指定要打开的文件的完整物理路径
iomode	可选，表示要对文件所做的操作：1 表示只读，2 表示可写，8 表示附加到后面
create	可选，表示当文本文件不存在时，是否要加以建立。True 表示新建文件，False 表示不新建文件。默认值为 False
format	可选，设置文本文件的格式，－1 表示 Unicode 文本文件，0 表示 ASCII 文本文件，－2 表示采用系统默认值

在读写文本文件时，要用到 TextStream 对象的常用方法和属性如表 5—9 所示。

表 5—9　　TextStream 常用方法

方法或属性	说　　明
AtEndOfLine(属性)	若文件位置指针位于文件中某一行的末尾则返回 True
AtEndOfStream(属性)	若文件位置指针位于文件的末尾则返回 True
Column(属性)	返回文件位置指针位于文件的第几列
Line(属性)	返回文件位置指针位于文件的第几行
Close	关闭一个打开的文件
Read(numchars)	用于从文本文件中读取规定的字符数
ReadLine	从文件指针的位置读取一行
ReadAll	读取文件中的所有内容
Skip(numchars)	读取文件时跳过 numchars 个字符
SkipLine	读取文件时跳过一行
Write(string)	向文件写入字符串 string
WriteLine(string)	向文件写入字符串 string(可选)和换行符(vbCrLf)
WriteBlankLines(n)	向文件写入 n 个换行字符(vbCrLf)

【例 5.8】下列程序将读取主目录中 test. txt 文件中的文本（L5-8.asp）。

```
<%
    Set objFSO = Server.CreateObject("Scripting.FileSystemObject")
    Set objTS = objFSO.OpenTextFile(Server.MapPath("\test.txt"),1,true)
      Do while not objTS.AtEndOfStream
            Response.write objTS.ReadLine & "<br>"
      Loop
      objTS.close
%>
```

【例 5.9】下列程序将向 test. txt 文件中追加文本（L5-9.asp）。

```
<%
    Set objFSO = Server.CreateObject("Scripting.FileSystemObject")
    Set objTS = objFSO.OpenTextFile(Server.MapPath("\test.txt"),8,true)
       For i = 100 to 102
      objTS.WriteLine(Cstr(i)) & "追加的新行。"
      next
      objTS.close
%>
```

③复制文件。Filesystemobject 对象的 CopyFile 方法可以将一个或多个文件从一个位置复制到另一个位置。其语法如下：

```
Filesystemobject.CopyFile source,destination[,overwrite]
```

表 5—10 列出了与 CopyFile 方法一起使用的参数。

表 5—10 **CopyFile 方法参数**

参　数	说　　明
source	必选，要复制的一个或多个文件（可使用通配符）
destination	必选，将一个或多个文件复制到该目标位置
overwrite	可选，一个布尔值，表示是否覆盖现有的文件。True 允许覆盖现有的文件，False 不允许覆盖现有的文件。默认值为 True

【例 5.10】下列程序将文件 test. txt 从主目录复制到上一级父目录下，并更名为myfile. txt（L5-10.asp）。

```
<%
    Set Fso = Server.CreateObject("Scripting.FileSystemObject")
    Fso.CopyFile Server.MapPath("\test.txt"),Server.MapPath ("..\myfile.txt")
%>
```

说明：将文件复制到的指定文件夹应存在，否则将产生错误。

④移动文件。Filesystemobject 对象的 MoveFile 方法会将一个或多个文件从一个位置移动到另一个位置。表 5—11 列出了与 MoveFile 方法一起使用的参数，其语法如下：

```
Filesystemobject.MoveFile source,destination
```

表 5—11 **MoveFile 方法参数**

参　数	说　　明
source	必选，要移动的一个或多个文件的源路径（可使用通配符）
destination	必选，将一个或多个文件移动到该目标位置

【例 5.11】下列程序将文件 test.txt 从主目录移动到上一级父目录下，并更名为MyFile.txt（L5-11.asp）。

```
<%
    Set Fso = Server.CreateObject("Scripting.FileSystemObject")
    Fso.MoveFile Server.MapPath ("\test.txt"),Server.MapPath("..\MyFile.txt")
%>
```

说明：将文件移动到的指定文件夹应存在，否则将产生错误。

⑤删除文件。Filesystemobject 对象的 DeleteFile 方法可以删除一个或多个指定的文件。表 5—12 列出了与 DeleteFile 方法一起使用的参数，其语法如下：

```
Filesystemobject.DeleteFile (Filename,force)
```

表 5—12　　DeleteFile 方法参数

参　数	说　　明
Filename	必选，要删除的一个或多个文件名称（可使用通配符）
force	可选，如果为 True，则删除只读文件；默认值为 False，不删除只读文件

【例 5.12】下列程序将删除主目录下的 test.txt 文件（L5-12.asp）。

```
<%
    Set objFSO = Server.CreateObject("Scripting.FileSystemObject")
    objFSO.DeleteFile(Server.MapPath("\test.txt"))
%>
```

说明：如果尝试删除不存在的文件，则会产生错误。

⑥检查文件是否存在。Filesystemobject 对象的 FileExists 方法用于检查文件是否存在，如果文件存在则返回 True，如果不存在则返回 False。其语法如下：

```
Filesystemobject.FileExists (Filename)
```

其中，FileName 为要检查的文件名称。

【例 5.13】下列程序将检查主目录下 test.txt 文件是否存在（L5-13.asp）。

```
<%
    Set objFSO = Server.CreateObject("Scripting.FileSystemObject")
    If objFSO.FileExists (Server.MapPath("\test.txt"))  = true then
          Response.write"存在该文件"
    Else
          Response.write"不存在该文件"
    End if
%>
```

可以使用 File 对象的方法和属性对文件进行操作，表 5—13 列出了 File 对象的部分方法和属性。

表 5—13　　File 对象的部分方法和属性

属性或方法	说　　明
Copy(destination, overwrite)	将文件复制到 destination，若 destination 已有同名文件，且 overwrite 的值为 True，表示将同名文件覆盖，否则不覆盖

续前表

属性或方法	说　明
Delete(force)	删除文件，若 force 的值为 True，表示可删除只读文件，否则不删除
Move(destination)	将文件移动到 destination
DateCreated(属性)	返回文件的建立日期，只读
Drive(属性)	返回文件所在的磁盘驱动器的盘符，只读
Name(属性)	设置或返回文件的名称
ParentFolder(属性)	返回文件的父文件夹（返回值为 Folder 对象实例）
Path(属性)	返回文件的路径（包含文件名）
Size(属性)	返回文件的大小（以字节为单位）
Type(属性)	返回文件的类型，如 .asp 文件的类型为 Active Server Document

5.1.2　相关知识：ActiveX 组件及 File Access

1. ActiveX 组件

ActiveX 组件是一个存在于 Web 服务器上的文件，该文件包含执行某项或一组任务的代码，组件可以执行公用任务，这样就不必自己去创建执行这些任务的代码。在 Web 服务器上安装完 ASP 环境后，就可以直接使用它自带的几个常用组件，即内置组件，如 File Access、ADO 组件等。当然也可以从第三方开发者获得可选的组件，也可以编写自己的外置组件，如文件上传组件。

内外组件本质上没什么区别，它们都是包含在动态链接库(. dll)或可执行文件(. exe) 中的可执行代码，提供一个或多个对象以及对象的方法和属性。它们的主要区别是内置组件可直接使用，而外置组件在使用之前必须先注册。注册的方法是先将动态链接库文件(如 AspMail. dll)复制至服务器系统目录下(如 Windows XP 的\WINDOWS\system32\inetsrv)，再运行命令 regser32 AspMail. dll。

组件扩展了 ASP 的功能，但在使用上与 ASP 内部对象的区别是必须先创建一个组件实例，然后用该实例引用组件对象的方法和属性去完成相应的功能。可以使用两种方法创建组件实例。

方法一：使用 ASP 的 Server. CreateObject 方法来创建对象实例。例如，创建一个 Ad Rotator 对象的实例：

```
〈 % Set Myad = Server. CreateObject("MSWC. AdRotator") % 〉
```

方法二：使用 HTML〈OBJECT〉元素创建对象实例。下面的例子使用注册名(PROGID) 创建 Ad Rotator 对象的实例：

```
〈OBJECT RUNAT = Server ID = MyAd PROGID = "MSWC. AdRotator"〉〈/OBJECT〉
```

Server 对象的 CreateObject 方法与〈OBJECT〉元素是有区别的，使用 CreateObject 方法可以立即创建一个实例；而使用〈OBJECT〉元素只有首次引用一个对象时才创建指定的对象实例。使用 CreateObject 方法创建的对象实例可以用程序释放(如 Set MyAd=Nothing)，以节省服务器资源；而使用〈OBJECT〉元素则因不能释放对象而无法节省服务器资源。

2. File Access 组件

File Access 组件是 IIS/PWS 自带的一个内置组件，它是一个脚本组件(Scripting Components)，提供用来访问计算机文件系统的所有基本方法，其最基本的功能是对文件或文件夹进行一些操作，如创建新文件、向一个文件中写入文本或读取文本等。File Access 组件主要有如表 5—14 所示的几个对象组成。使用这些对象实现对文件或文件夹的操作，前面已对它们的用法进行了详细介绍，相信大家对 File Access 组件也有了很深的认识。

表 5—14　　File Access 组件对象

对　象	说　明
Filesystemobject	包含了处理文件系统所有基本方法。例如，可用此对象中的方法来复制或删除文件和文件夹
TextStream	用来读/写文本文件
File	此对象的方法的属性可以处理单个文件。例如，用该对象搜索文件最后一次被修改的日期或文件路径
Folder	该对象的方法和属性可用以处理文件夹
Drive	可以用该对象取得系统中可用驱动器的信息，如磁盘可用空间或磁盘上正在使用的文件系统类型

任务 2　文件管理系统的设计

学习目标与任务：

- 了解网络文件管理系统应具有的功能；
- 掌握文件管理系统的设计方法；
- 掌握 ASP 中 Server 对象的用法。

5.2.1　问题情景及实现

1. 问题情景

网络文件管理系统是针对 Internet 时代的数据管理及共享需求而开发的网络数据管理系统。它主要提供一个管理存放在服务器端多种类型文件（包括文档、图片等）的平台，可用于对文件的剪切、粘贴、复制、编辑、重命名、删除及文件的上传、下载等操作。同时应提供用户管理及登录验证功能。

2. 系统实现

(1) 页面功能设计。本任务完成一个功能较全面的文件管理系统，主要有两方面的功能：一是“我的站点”文件管理功能，包括文件的剪切、粘贴、复制、编辑、重命名、删除、上传、下载等功能；另一个功能是用户管理，包括新建、删除用户，给用户分配权限等。整个系统有两个用户角色，即超级管理员和普通管理员。普通管理员只拥有对某个目录操作权限，可新建目录、文件或删除某一个存在的目录、文件，上传、下载文件，对文件进行剪切、粘贴、复制、编辑、重命名、删除等；超级管理员除拥有普通管理员一样的权限外，还拥有用户管理的权限。文件管理系统功能结构如图 5—2 所示。

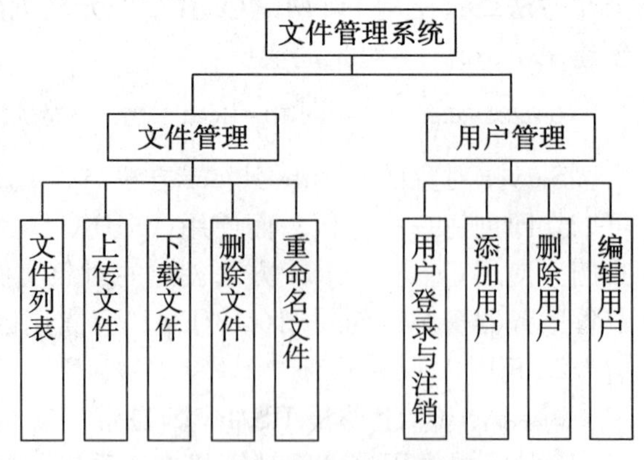

图 5—2　文件管理系统功能模块图

(2) 数据表设计。文件管理系统中数据库设计部分相对来说比较简单，只有用户管理部分会用到数据库，保存用户资料信息，所以在数据库 EnterpriseData 中只需添加用户信息表

Userinfo，其结构设计如表 5—15 所示。

表 5—15　Userinfo 表

字段名称	数据类型	长　度	主　键	默认值	说　明
Username	文本	20	是	NULL	用户名
Password	文本	20	否	NULL	密码
Pathaccess	文本	50	否	“/”	存取路径
Grade	整型	4	否	1	权限

说明：在 Userinfo 表中，字段 Pathaccess 的默认值为“/”，表示该用户具有主目录下所有目录的访问权限，该字段值可以是一个具体的目录，如“/users”表示用户只具有主目录下 users 目录的访问权限；grade 是用户权限级别，默认值 1 表示普通用户。

(3) 代码设计。该系统的文件及功能说明如表 5—16 所示。我们选择部分主要文件进行介绍。

表 5—16　文件管理系统的主要文件及说明

文件（夹）名	说　明	文件（夹）名	说　明
fsoimg(文件夹)	包含系统所用的所有图片文件	fsorename.asp	重命名文件或文件夹
index.asp	系统登录页面，进行用户密码认证	fsoedit.asp	在线编辑功能页面
fsoconn.asp	连接数据库页面	fsoupload.asp	文件上传界面页面
fsoconfig.asp	系统配置文件，包括获取执行文件名和每页列出文件个数等的配置	upprocess.asp	文件上传处理页面
fsoexplorer.asp	用户正确登录后执行该文件，显示整个文件管理系统主界面，并对文件或文件夹操作。	downfile.asp	文件下载处理页面
fsofunctions.asp	定义、判断文件扩展名的函数	admin.asp	用户管理主页面，可增添、删除、编辑用户信息
checklogin.asp	检查用户是否有权限访问该目录	adminadd.asp	增添用户页面
fsocopy.asp	文件复制或剪切预处理	loginout.asp	用户注销页面
fsodel.asp	删除文件、文件夹、创建文件夹（列表中删除功能）	adminedit.asp	编辑用户信息
fsodelbatch.asp	批量删除文件、文件夹		

①登录页面 index.asp。index.asp 文件是整个系统的入口，是用户登录页面，对用户身份进行验证。该页面的代码如下：

```
<!-- #include file = "fsoconfig.asp" -->
<%'如果用户已登录并且存取路径以 / 开头,则显示文件管理系统主界面
  if session("loginstatus") = "islogined" and left(session("pathaccess"),1) = "/" then
    response. redirect "fsoexplorer.asp"
    response. end
  end if
  comeurl = trim(request. querystring("url"))
  if request("submit") = "提交" then
%>
```

```
<!-- #include file="fsoconn.asp" -->
<%
  dim loginname,loginpassword
  loginname=request.form("loginname")
  loginpassword=trim(request.form("loginpassword"))
  if trim(loginname)="" or instr(loginname,chr(39))>0 or instr(loginname,chr(34))>0 or instr
(loginpassword,chr(39))>0 or instr(loginpassword,chr(34)) >0 then
'用户名或密码中不可以包含单引号、双引号,保证登录安全。如果非法则重新执行 Index.asp
    response.redirect selfname
    response.end
  end if
  comeurl=trim(request.form("comeurl"))
  sql="select * from userinfo where username="&chr(39)&loginname&chr(39)
  set rs=objconn.execute(sql)
  if rs.bof and rs.eof then                          '判断用户名和密码是否正确
    set rs=nothing
    objconn.close
    set objconn=nothing
    logininfo="该用户不存在"
  else if trim(rs("password"))<>loginpassword then
      set rs=nothing
     objconn.close
     set objconn=nothing
     logininfo="密码不正确"
    else
'用 session 对象保存该用户的登录名、用户类型、目录权限及是否已登录信息。
     session("loginname")=loginname
     session("grade")=rs("grade")
     session("pathaccess")=trim(rs("pathaccess"))
     session("loginstatus")="islogined"
     set rs=nothing
     objconn.close
     set objconn=nothing
     if comeurl="" then
        response.redirect "fsoexplorer.asp?path="&session("pathaccess")
     else
        response.redirect comeurl
     end if
     response.end
    end if
  end if
%>
<title><%=sysname%>--登录入口</title>
<META http-equiv=Content-Type content=text/html;charset=gb2312>
<style type="text/css"></style>
<body topmargin=150 background=images/bg.gif>
<table border=1 align="center" cellpadding=0 cellspacing=0 style="border-collapse:col-
lapse" bordercolor=#111111 width=280 height=150>
    <tr><td align=center class="awhite" style="background:#00aead url(fsoimg/leadtop.gif);
height:19px;">在线文件管理器--用户登录</td></tr>
    <tr><td align=center>
       <form method=POST action="<%=selfname%>">
```

```
            <table border = 0 cellpadding = 0 cellspacing = 0 style = border-collapse:collapse bor-
dercolor = #111111 width = 100% height = 128 bgcolor = #E0E0E0>
            <tr><td colspan = 2 height = "18" style = "text-align:center;color:#ff3333;fong-
weight:600"><% = logininfo %></td></tr>
            <tr><td width = 32% height = 31 align = center>用户名</td>
                <td width = 68% height = 31><input type = "text" name = "loginname" size = 24
style = "font-size:12px;border:solid 1px;padding:1px"></td></tr>
            <tr><td width = 32% height = 31 align = center>密 码</td>
                <td width = 68% height = 31><input type = password name = loginpassword size = 24
style = "border:solid 1px;padding:1px"><input type = "hidden" name = "comeurl" value = "<% = comeurl %>">
</td></tr>
            <tr><td width = 100% height = 26 colspan = 2 align = center>
    <input type = submit value = 提交 name = "submit" style = "font-size:12px;height:21px;width:60px;
color: # E0E0E0; background-color: # 006898; border: 2 solid # 3399FF" onMouseOver = "this.
style.backgroundColor = #ff0000" onMouseOut = "this.style.backgroundColor = '#006898'">  
    <input type = reset value = 重置 name = reset style = "font-size:12px;height:21px;width:60px;col-
or:#E0E0E0;background-color:#006898;border:2 solid #3399FF" onMouseOver = "this. style. back-
groundColor = '#ff0000'" onMouseOut = "this.style.backgroundColor = '#006898'"></td></tr>
            <tr><td colspan = 2 height = "12"></td></tr>
            </table>
        </form>
        </td>
    </tr></table>
```

以上代码中，表单提交给自己处理，如果用户输入用户名和密码正确，则导向 fsoexplorer.asp 页面，同时传递一参数 Path，其值为该用户的权限目录（即有权访问的目录），是一个字符串（如/users）。该页面执行界面如图 5—3 所示。

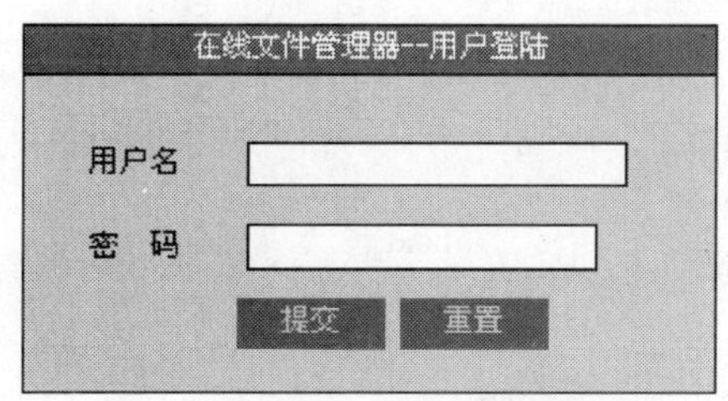

图 5—3　Index.asp 执行界面

②配置常用参数 fsoconfig.asp。该文件主要用于被包含到其他程序中，配置一些常用参数，有窗口标题栏显示内容（见图 5—3），获取的自身文件名及设置的每页显示文件个数和初始页数，其代码如下：

```
<%  sysname = "在线文件管理器"
    selfname = request.servervariables("script_name")
    pagesize = 15                                  '每页所列文件个数
    totalpage = 1                                  '初始页数为 1
%>
```

③文件管理系统主页面 fsoexplorer.asp。用户正确登录后执行该文件，显示整个文件管理系统主界面，在此界面下对文件或文件夹操作。执行界面如图 5—4 所示，代码如下：

```
<!--#include file = "fsoconfig.asp"-->
<!--#include file = "checklogin.asp"-->
<!--#include file = "fsofunctions.asp"-->
<%
  page = trim(request.querystring("page"))      '获取当前处于哪一页信息
  act = trim(request.querystring("act"))        '获取操作类型(剪切或复制等)
  if page<>"" and isnumeric(page) then          'isnumeric 函数判断表达式是否为数字
```

```
    page = fix(page)                                    'fix 函数四舍五入取整
  else
    page = 1
  end if
    if path = "/" then                       '如果当前位置不是根目录就需输出超链,否则只需输出文字
    goparent = "↑回上级目录..."
  else
    goparent = "<a href = '"&selfname&"?path = "&server.urlencode(left(path, instrrev(path,"/",
len(path) - 1)))&"'>↑回上级目录...</a>"
  end if
  pathurl = server.urlencode(path)                      '记录当前位置并 Url 编码
  s_folderpath = server.mappath(path)                   '获取物理路径,用于对文件(夹)的操作
  set obj_fso = server.createobject("scripting.filesystemobject")
  if act = "paste" and session("act") = "copy" and session("basepath")<>s_folderpath
                                   and obj_fso.folderexists(s_folderpath) = true then
    n_errfile = 0
    n_errfolder = 0
    if session("folders")<>"" then                                          '复制粘贴文件夹
        a_folders = split(session("folders"),chr(9))
        m = ubound(a_folders)
        for i = 0 to m
            s_sourcefolder = session("basepath")&""&a_folders(i)          '源文件夹物理路径
            s_targetfolder = s_folderpath&""&a_folders(i)                 '目的文件夹物理路径
            if obj_fso.folderexists(s_sourcefolder) then
                obj_fso.copyfolder s_sourcefolder,s_targetfolder,true
            else
                n_errfolder = n_errfolder + 1
            end if
        next
    else
        m = 0 - 1
    end if
    if session("files")<>"" then                                            '复制粘贴文件
        a_files = split(session("files"),chr(9))
        n = ubound(a_files)
        for i = 0 to n
            s_sourcefile = session("basepath")&""&a_files(i)              '源文件物理路径
            s_targetfile = s_folderpath&""&a_files(i)                     '目的文件物理路径
            if obj_fso.fileexists(s_sourcefile) then
                obj_fso.copyfile s_sourcefile,s_targetfile,true
            else
                n_errfile = n_errfile + 1
            end if
        next
    else
        n = 0 - 1
    end if
  else if act = "paste" and session("act") = "cut" and session("basepath")<>s_folderpath
                 and obj_fso.folderexists(s_folderpath) = true then
    ......
    '剪切粘贴文件夹、文件,与上面复制粘贴文件夹、文件代码基本相同
    ......
```

```
    end if
    session("act") = ""                            '粘贴完,初始化各状态变量
    session("basepath") = ""
    session("folders") = ""
    session("files") = ""
  end if
%>
<head>
<title><% = sysname %>—文件管理</title>
<style type = "text/css">
</style>
<script language = "javascript">
<!--
......
```

定义了各种功能函数,有对文件(夹)中的特殊字符进行处理的 url_encode( );打开文件 viewfile( );编辑文件 editfile( );重命名 renameit( );下载文件 downfile( );批量删除文件 delbatch( );删除单个文件 delfile( );全部选中 selectall( )等。具体代码见随书光盘。

```
......
//-->
</script>
<script language = "vbscript">
......
```

定义新建文件夹函数 create_folder( )

```
......
</script>
</head><body>
<table align = "center" cellspacing = 0 style = "border:solid 1px;border-color: #f6f6f6 #999999 #999999 #f6f6f6;background: #d6d3cc">
<tr>
<td width = "40 % " style = "border-right:none;padding-left:12px;vertical-align:middle"> <% = sysname % > </td>
<td align = "center" width = "40 % " style = "border-right:none;border-left:none;">
<img src = "fsoimg/del.gif" class = "imgbutton" onMouseOver = "this.className = 'imgbt'" onMouseOut = "this.className = 'imgbutton'" onClick = "delbatch( )" alt = "删除选中文件">  
<img src = "fsoimg/copy.gif" class = "imgbutton" onMouseOver = "this.className = 'imgbt'" onMouseOut = " this.className = 'imgbutton'" onClick = " document.delthis.action = 'fsocopy.asp? path = <% = pathurl %>&_page = <% = page %>';document.delthis.act.value = 'copy';document.delthis.submit( );" alt = "复制选中文件">  
<img src = "fsoimg/cut.gif" class = "imgbutton" onMouseOver = "this.className = 'imgbt'" onMouseOut = " this.className = 'imgbutton'" onClick = " document.delthis.action = 'fsocopy.asp? path = <% = pathurl %>&_page = <% = page %>';document.delthis.act.value = 'cut';document.delthis.submit( );" alt = "剪切选中文件">  
<% if session("act") = "copy" or session("act") = "cut" then %>
<img src = "fsoimg/paste.gif" class = " imgbutton" onMouseOver = " this.className = 'imgbt'" onMouseOu t = "this.className = 'imgbutton'" onClick = "window.location.href = '<% = selfname %>?act = paste&_path = <% = pathurl %>&page = <% = page %>';" alt = "粘贴文件到当前目录">  
<% end if %>
<img src = "fsoimg/refresh.gif" class = "imgbutton" onMouseOver = "this.className = 'imgbt'" onMouseOut = "this.className = 'imgbutton'" onClick = "window.location.reload( )" alt = "刷新">  </td>
<td style = "text-align:right;vertical-align:middle;padding-right:12px;border-left:none;">
<% if session("loginstatus") = "islogined" and session("grade") = 3 then %><a href = "###" on-
```

```
Click= "window.open('admin.asp','','menubar=no,scrollbars=no,location=no,status=no,width=310,height=210')">用户管理</a><%end if%><a href="loginout.asp">注销登录</a></td></tr></table>
    <table align="center" cellspacing=0 style="border:solid 1px;border-color:#f6f6f6 #999999 #999999 #f6f6f6;background:#d6d3cc">
    <tr>
    <td colspan=3 vertical-align="middle">
    <form method="get" action="<%=selfname%>" style="padding:0;margin:0">
     <span style="position:relative;top:-3px;">位置:</span><input type="text" name="path" style="margin:6px 6px 3px;width:614px;border:solid 1px #000099;" value="<%=path%>">
    <input type="submit" class="button" value="跳转">
    </form></td></tr>
    </table>
    <table align="center" border=1 cellspacing=1>
    <tr><td width="30%">
    <%if obj_fso.folderexists(s_folderpath) then%>
    <div> <input type="button" value="全选目录" class="button" onClick= "selectall(document.delthis.folders,true)">
    <input type="button" value="清除选择" class="button" onClick="selectall(document.delthis.folders,false)">
    <input type="button" value="新建目录" class="button" onClick="create_folder()"><br>
    </div>
    <% '计算文件需显示的页数
        set obj_folder=obj_fso.getfolder(s_folderpath)
        if obj_folder.files.count mod pagesize=0 then
            totalpage=obj_folder.files.count\pagesize
        else
            totalpage=obj_folder.files.count\pagesize+1
        end if
        if page<1 then
            page=1
        end if
        if page>totalpage then
            page=totalpage
        end if
        response.write "<table cellspacing=1 border=0>"&vbcrlf&"<form name='delthis' method='post' action='fsodelbatch.asp?page="&page&"&path="&pathurl&"'><input type='hidden' name='act' value='delbatch'><input type='hidden' name='basepath' value='"&path&"'>"&vbcrlf&"<tr>"&vbcrlf&"<td colspan=2>"&vbcrlf
        response.write goparent&"<br><br>"&vbcrlf
        for each s_folder in obj_folder.subfolders
            response.write "<tr>"&vbcrlf&"<td width='70%'>"&vbcrlf
            response.write "<input type='checkbox' name='folders' value='"& s_folder.name&"'><img src='fsoimg/folder.jpg'> <a href='"&selfname&"?path=" &pathurl&s_folder.name&"'>"&s_folder.name&"</a>"&vbcrlf
            response.write "<td><a href=""javascript:delfile('delfolder','"&s_folder.name &"')"">删除</a> <a href=""javascript:renameit('"&s_folder.name&"','renfolder')"">更名</a></td>"&vbcrlf&"</tr>"&vbcrlf
        next
    %>
        </table>
        </td>
        <td align="right"><div><input type="button" value="全选文件" class="button" onClick=
```

```
"selectall(document.delthis.files,true)">
    <input type="button" value="清除选择" class="button" onClick="selectall(document.delthis.files,false)">
    <input type="button" value="上传文件" class="button" onClick= "window.open('fsoupload.asp?path=<%=pathurl%>',",")"> <br>
        </div><table cellspacing=1 border=0>
    <% '分页显示文件夹中的对象
        i=1
        startnum=(page-1)*pagesize
        for each s_file in obj_folder.files
            if i>startnum then
                response.write "<tr>"&vbcrlf&"<td width='41%'><input type='checkbox' name='files' value='"&s_file.name&"'>"&vbcrlf
                select case getname(s_file,".")
                    case "htm","html"
                        response.write "<img src='fsoimg/html.gif'> "
                    case "asp"
                        response.write "<img src='fsoimg/asp.gif'> "
                    case else
                        response.write"<img src='fsoimg/unknown.gif'>"
                end select
                response.write "<a href=""javascript:viewfile('"&pathurl&s_file.name& "',",");"">" &_ s_file.name&"</a></td>"&vbcrlf
                response.write "<td width='24%'><a href=""javascript:editfile('"& s_file.name& "')"">编辑</a><a href=""javascript:delfile('delfile','"&s_file.name&"')"">删除</a><a href=""javascript:renameit('"&s_file.name&"','renfile')"">更名</a><a href= ""javascript:downfile('"&s_file.name&"')"">下载</a></td>"&vbcrlf
                response.write "<td width='11%'>"&s_file.size&"</td>"&vbcrlf
                response.write "<td>"&s_file.datelastmodified&"</td>"&vbcrlf&"</tr>"&vbcrlf
            end if
            if i>startnum+pagesize then
                exit for
            end if
            i=i+1
        next
        %>
            </td></tr>
        <tr>
            <td colspan=4 align=center><%
        if page>1 then
            response.write "<a href='"&selfname&"?path="&pathurl&"&page="&(page-1)&"'>上一页</a>"
        end if
        response.write "共"&obj_folder.files.count&"个文件 当前第 "
        response.write "<select name='jtp' style='line-height:12px;border:none;height:12px;padding:0' onchange="&chr(34)&"window.location.href='"&selfname&"?page='+(this.options.selectedIndex+1)+'&path="&pathurl&"'"&chr(34)&">"&vbcrlf
        for i=1 to totalpage
            if i=page then
                response.write "<option selected>"&i&vbcrlf
            else
                response.write "<option>"&i&vbcrlf
```

```
            end if
        next
        response.write "〈/select〉"&vbcrlf
        response.write " 页"&vbcrlf
        response.write " 共 "&totalpage&" 页"
        if page〈totalpage then
            response.write "〈a href="'&selfname&"?path="&pathurl&"&page="&(page+1)&"'〉下一页〈/a〉"
        end if
        response.write "〈/td〉"&vbcrlf&"〈/tr〉"&vbcrlf
        response.write "〈/form〉"&vbcrlf&"〈/table〉"&vbcrlf
        set obj_folder=nothing
    else
        response.write "〈div style='width:100%;padding:25px 0 15px;text-align:center;background:transparent;color:#ff3333;font-weight:600'〉文件夹不存在或者你没有访问权限〈/div〉"
    end if
    set obj_fso=nothing
    %〉
    〈/td〉〈/tr〉〈/table〉
    〈/body〉
```

以上代码，使用表格和表单技术对界面实现合理布局；通过 File Access 组件技术获取文件夹的对象，然后分页列出这些对象；同时也借助于 File Access 组件技术实现对文件或文件夹的各种操作。

④ fsocopy.asp 文件是用户在单击了主界面（见图 5—4）中的复制或剪切按钮后执行的页面。对文件复制或剪切作预处理，主要是获取被选中文件或文件夹的名称，真正的复制或剪切（即粘贴操作）在 fsoexplorer.asp 中完成。fsocopy.asp 文件代码如下：

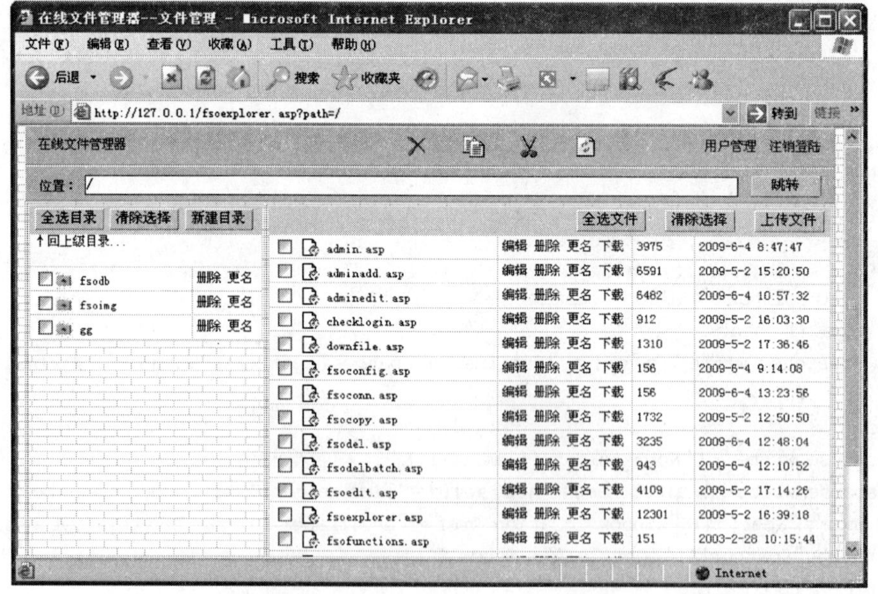

图 5—4　fsoexplorer.asp 执行结果

```
〈!--#include file="fsoconfig.asp"--〉
〈!--#include file="checklogin.asp"--〉
```

```
<%
  act = request.form("act")                                          '获取用户的动作
  basepath = trim(request.form("basepath"))
  '获取基准路径(隐藏域 basepath 在 fsoexplorer.asp 中)
  path = trim(request.querystring("path"))                           '获取 URL 传送过来的路径
  if path<>"" then
    path = server.urlencode(path)                                    '对 path 进行 URL 编码
  end if
  page = request.querystring("page")                                 '获取 URL 传送过来的当前页
  if (act = "copy" or act = "cut") and left(basepath,1) = "/" then
    session("folders") = ""
    session("files") = ""
    n_folder = 0
    n_file = 0
    '获取文件夹字符串,每个文件夹名以空格分开
    for each folder_name in request.form("folders")           '获取选中的文件夹名
        session("folders") = session("folders")&chr(9)&folder_name
        n_folder = n_folder + 1
    next
    if left(session("folders"),1) = chr(9) then
        session("folders") = right(session("folders"),len(session("folders"))-1)
    end if
    '获取文件字符串,每个文件名以空格分开
    for each file_name in request.form("files")
        session("files") = session("files")&chr(9)&file_name
        n_file = n_file + 1
    next
    if left(session("files"),1) = chr(9) then
        session("files") = right(session("files"),len(session("files"))-1)
    end if
    if session("folders") = "" and session("files") = "" then
        session("act") = ""
        session("basepath") = ""
        response.write "<script language = 'javascript'>"&vbcrlf
        response.write "<!--"&vbcrlf
        response.write "alert('你没有选中任何文件和文件夹哦!');"&vbcrlf
        response.write "window.history.go(-1);"&vbcrlf
        response.write "//-->"&vbcrlf
        response.write "</script>"&vbcrlf
    else
        session("act") = act
        session("basepath") = server.mappath(basepath)
        response.redirect "fsoexplorer.asp?path = "&path&"&page = "&page
    end if
  else
    response.write "<script language = 'javascript'>"&vbcrlf
    response.write "<!--"&vbcrlf
    response.write "alert('操作失败,请返回重试!');"&vbcrlf
    response.write "window.history.go(-1);"&vbcrlf
    response.write "//-->"&vbcrlf
    response.write "</script>"&vbcrlf
  end if
%>
```

⑤fsodel.asp 文件用于在列表中删除文件、文件夹（不是用×按钮删除）和创建文件夹，其代码如下：

```
〈!-- #include file = "fsoconfig.asp"--〉
〈!-- #include file = "checklogin.asp"--〉
〈!-- #include file = "fsofunctions.asp"--〉
〈 %
  act = request. querystring("act")                                    '获取用户的动作
  path = request. querystring("path")                                  '获取 URL 传送过来的路径
  if path = "" or instr(path,":")>0 or instr(path,"″")>0 or instr(path,"?")>0 or instr(path,
" * ")>0 then
    response. write "〈script language = 'javascript'〉"&vbcrlf
    response. write "〈!--"&vbcrlf
    response. write "alert('指定的文件名或路径中含有非法字符');"&vbcrlf
    response. write "window. history. go( - 1);"&vbcrlf
    response. write "//-->"&vbcrlf
    response. write "〈/script〉"&vbcrlf
    response. end
  end if
  if right(path,1) = "/" then
    path = left(path,len(path) - 1)                                    '去除路径字符串最后的/
  end if
  full_path = server. mappath(path)                                     '映射成物理路径
  set obj_fso = server. createobject("scripting. filesystemobject")    '创建 FSO 对象
  if act = "delfile" or act = "delfolder" or act = "createfolder" then
    if act = "delfile" and obj_fso. fileexists(full_path) then          '删除文件
        obj_fso. deletefile (full_path)
        response. write "〈script language = 'javascript'〉"&vbcrlf
        response. write "〈!--"&vbcrlf
        response. write "opener. window. location. reload( );"&vbcrlf
        response. write "alert('删除文件 "&getname(path,"/")&" 成功!');"&vbcrlf
        response. write "window. close( );"&vbcrlf
        response. write "//-->"&vbcrlf
        response. write "〈/script〉"&vbcrlf
    else if act = "delfile" and false = obj_fso. folderexists(full_path) then
    '没找到要删除的文件,则报错
        response. write "〈script language = 'javascript'〉"&vbcrlf
        response. write "〈!--"&vbcrlf
        response. write "alert('你要删除的文件 "&getname(path,"/")&" 没有找到!');"&vbcrlf
        response. write "window. close( );"&vbcrlf
        response. write "//-->"&vbcrlf
        response. write "〈/script〉"&vbcrlf
    else if act = "delfolder" and obj_fso. folderexists(full_path) then     '删除文件夹
        obj_fso. deletefolder(full_path)
        response. write "〈script language = 'javascript'〉"&vbcrlf
        response. write "〈!--"&vbcrlf
        response. write "opener. window. location. reload( );"&vbcrlf
        response. write "alert('删除子目录 "&getname(path,"/")&" 成功!');"&vbcrlf
        response. write "window. close( );"&vbcrlf
        response. write "//-->"&vbcrlf
        response. write "〈/script〉"&vbcrlf
```

```
  else if act = "delfolder" and false = obj_fso.folderexists(full_path) then
  '没找到要删除的文件夹,则报错
      response.write "<script language = 'javascript'>"&vbcrlf
      response.write "<!--"&vbcrlf
      response.write "alert('你要删除的子目录 "&getname(path,"/")&" 没有找到!');"&vbcrlf
      response.write "window.close( );"&vbcrlf
      response.write "//-->"&vbcrlf
      response.write "</script>"&vbcrlf
  else if act = "createfolder" and false = obj_fso.folderexists(full_path) then  '创建文件夹
      obj_fso.createfolder(full_path)
      response.write "<script language = 'javascript'>"&vbcrlf
      response.write "<!--"&vbcrlf
      response.write "opener.window.location.reload( );"&vbcrlf
      response.write "alert('创建子目录 "&getname(path,"/")&" 成功!');"&vbcrlf
      response.write "window.close( );"&vbcrlf
      response.write "//-->"&vbcrlf
      response.write "</script>"&vbcrlf
  else                                         '如果要创建的文件夹已存在,则报错
      response.write "<script language = 'javascript'>"&vbcrlf
      response.write "<!--"&vbcrlf
      response.write "alert('你要创建的子目录 "&getname(path,"/")&" 已经存在!');"&vbcrlf
      response.write "window.close( );"&vbcrlf
      response.write "//-->"&vbcrlf
      response.write "</script>"&vbcrlf
  end if
  set obj_fso = nothing
 else
  response.redirect "fsoexplorer.asp"                  '导向主页面
 end if
%>
```

以上代码，借助于 File Access 组件完成文件夹的创建及文件和文件夹的删除操作。

⑥fsodelbatch.asp 文件用于批量删除文件、文件夹，当用户在主界面（见图 5—4）中选中需删除的多个文件或文件夹后，单击×删除按钮，执行该页面，其代码如下：

```
<!--#include file = "fsoconfig.asp"-->
<%
 basepath = trim(request.form("basepath"))                          '获取基准路径
 if request.form("act") = "delbatch" and left(basepath,1) = "/" then
  path = request.querystring("path")                                '获取当前路径
  page = request.querystring("page")                                '获取当前页
  basepath = server.mappath(basepath)                               '映射为物理路径
  set obj_fso = server.createobject("scripting.filesystemobject")   '创建 FSO 对象
  set obj_folders = request.form("folders")                         '获取要删除的文件夹名
  set obj_files = request.form("files")                             '获取要删除的文件名
  '批量删除文件夹
  if obj_folders.count>0 then
      for each foldername in obj_folders
          if obj_fso.folderexists(basepath&""&foldername) then      '如果文件夹存在,则删除
              obj_fso.deletefolder basepath&""&foldername,true
          end if
      next
```

```
    end if
    '批量删除文件
    if obj_files.count>0 then
        for each filename in obj_files
            if obj_fso.fileexists(basepath&""&filename) then          '如果文件存在,则删除
                obj_fso.deletefile basepath&""&filename,true
            end if
        next
    end if
    set obj_fso=nothing                                               '释放FSO对象
    response.redirect "fsoexplorer.asp?path="&path&"&page="&page      '删除完毕,重新导向主页面
  else
    response.redirect "fsoexplorer.asp"                               '如果没有选中删除对象,重新导向主页面
  end if
%>
```

以上代码，借助于 File Access 组件完成文件及文件夹的批量删除操作。

⑦fsoupload.asp。文件给用户提供一个文件上传界面，执行界面如图 5—5 所示。代码如下：

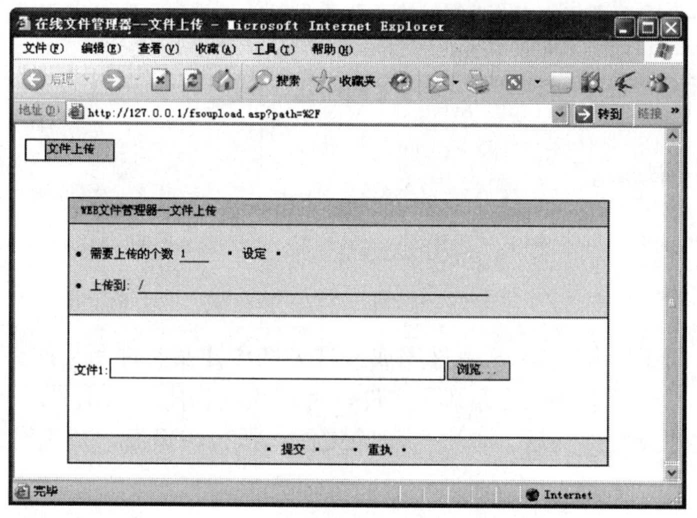

图 5—5　文件上传操作界面

```
<!--#include file="fsoconfig.asp"-->
<!--#include file="checklogin.asp"-->
<html>
<head>
<title><%=sysname%>—文件上传</title>
<meta http-equiv="Content-Type" content="text/html;charset=gb2312">
<style type="text/css">
<!--
…定义样式表…
-->
</style>
</head>
<body bgcolor="#FFFFFF" text="#000000">
<form name="form1" method="post" action="upprocess.asp?path=<%=Request.QueryString("
```

```
Path") %>"enctype = "multipart/form-data" >
    <table border = "1" cellspacing = "0" cellpadding = "0" bordercolorlight = "#000000" bordercol-
ordark = "#CCCCCC" width = "91" height = "23">
      <tr>
        <td align = "left" valign = "middle" height = "18" width = "18"> </td>
        <td bgcolor = "#CCCCCC" align = "left" valign = "middle" height = "18" width = "67"> 文件上
传</td>
      </tr>
    </table> <br>
    <input type = "hidden" name = "act" value = "uploadfile"> <br>
    <table width = "542" border = "1" cellspacing = "0" cellpadding = "5" align = "center" bordercol-
ordark = "#CCCCCC" bordercolorlight = "#000000">
      <tr bgcolor = "#CCCCCC">
        <td height = "22" align = "left" valign = "middle" bgcolor = "#CCCCCC" width = "540"> 
WEB 文件管理器——文件上传</td></tr>
      <tr align = "left" valign = "middle" bgcolor = "#eeeeee"><td bgcolor = "#eeeeee" height =
"92"width = "540">
        <script language = "javascript">
          function setid( )
          {  //设置需要上传文件个数和界面
          str = '<br>';     //换行
          if(!window.form1.upcount.value)
          window.form1.upcount.value = 1;
          for(i = 1;i< = window.form1.upcount.value;i++)
            str+ = '文件' + i + ':<input type = "file" name = "file' + i + '" style = "width:400" class =
"tx1"><br><br>';
          window.upid.innerHTML = str + '<br>';
          }
          </script>
          <li> 需要上传的个数
            <input type = "text" name = "upcount" class = "tx" value = "1" onKeyDown = "if(window.
event.keyCode = = 13) {setid( );return false}">
            <input type = "button" name = "Button" class = "button" onClick = "setid( );" value = "·
设定·">
          </li> <br> <br>
          <li>上传到:
            <input type = "text" name = "filepath" class = "tx" style = "width:350" value = "<% =
Request.QueryString("Path") %>">
          </li> </td> </tr>
      <tr align = "center" valign = "middle">
        <td align = "left" id = "upid" height = "122" width = "540"> 文件1:
          <input type = "file" name = "file1" style = "width:400" class = "tx1" value = "">
        </td> </tr>
      <tr align = "center" valign = "middle" bgcolor = "#eeeeee">
        <td bgcolor = "#eeeeee" height = "24" width = "540">
          <input type = "submit" name = "Submit" value = "·提交·" class = "button">
          <input type = "reset" name = "Submit2" value = "·重执·" class = "button">
        </td></tr>
    </table>
  </form>
      <script language = "javascript">
      setid( );
```

```
    </script>
</body>
</html>
```

以上代码主要使用表单技术实现文件上传，可以多个文件同时上传，根据用户的意愿自己设定上传文件数。注意表单属性 enctype 的值为"multipart/form-data"。

⑧upprocess.asp 文件为上传处理页面。upprocess.asp 中使用 upload _ 5xsoft 类（详细代码见教材所附光盘）实现文件上传功能，主要代码如下：

```
<%
……
'创建上传类实例
set upload = new upload_5xsoft
set file = upload.objFile(formName)
if file.FileSize>0 then
    file.SaveAs basepath&""&file.FileName
    response.write file.FileName&" ("&formatnumber(file.FileSize/1024,2, -1)&" K )      上传至"
    response.write filepath&file.FileName&"      成功!<br>"
end if
set file = nothing
……
%>
```

⑨downfile.asp 文件完成文件下载功能，代码如下：

```
<!--#include file = "fsoconfig.asp"-->
<!--#include file = "checklogin.asp"-->
<%
  call downloadFile(Request("path"))
  function downloadFile(strFile)
    strFilename = server.MapPath(strFile)
    '清除缓冲区
    Response.Buffer = True
    Response.Clear
    '创建一个流对象
    Set ados = Server.CreateObject("ADODB.Stream")
    ados.Open
    ados.Type = 1
    '装入文件
    on error resume next
    '检查文件是否存在
    Set fso = Server.CreateObject("Scripting.FileSystemObject")
    if not fso.FileExists(strFilename) then
        Response.Write("<h1>Error:</h1>" & strFilename & " does not exist<p>")
        Response.End
    end if
    '获取文件长度
    Set f = fso.GetFile(strFilename)
    intFilelength = f.size
    ados.LoadFromFile(strFilename)
    if err then
        Response.Write("<h1>Error:</h1>"& err.Description & "<p>")
```

```
        Response.End
    end if
    Response.AddHeader "Content-Disposition","attachment;filename=" & f.name
    Response.AddHeader "Content-Length",intFilelength
    Response.CharSet="UTF-8"
    Response.ContentType="application/octet-stream"
    Response.BinaryWrite ados.Read
    Response.Flush
    ados.Close
    Set ados=Nothing
    End Function
%>
```

该系统中所涉及的其他功能（用户管理、文件及文件夹命名、在线编辑等）的程序源代码，可以从随教材所附光盘中获取，由于篇幅限制，这里就不做详细介绍了。

5.2.2 相关知识：Server 对象

Server 对象是专为处理服务器上的特定任务而设计的，特别是与服务器的环境和处理活动有关的任务。因此提供信息的属性只有一个，却有七种方法用来格式化数据、管理其他网页的执行、管理外部对象和组件的执行以及处理错误（见表 5—17）。

表 5—17　　Server 对象属性和方法

属性或方法	说　明
ScriptTimeout 属性	指定脚本的超时时间
CreateObject 方法	创建服务器组件实例
MapPath 方法	将指定的虚拟路径转换成物理路径
HTMLEncode 方法	将字符串进行 HTML 编码，使字符串不会被解释成 HTML
URLEncode 方法	标记将指定的字符串进行编码，以 URL 形式返回服务器
Execute 方法	执行指定的 ASP 程序
Transfer 方法	停止当前页面执行，将控制转到指定的页面
GetLastError 方法	获取 ASP 脚本执行过程中最近一次发生的错误实例

1. 指定脚本超时时间

网站大多具有与用户交互的能力，如果用户输入了一些错误数据导致服务器陷入死循环，则会占用大量的服务器资源，甚至导致服务器崩溃。为防止这种情况出现，应该为每个脚本设置一定的执行时间。在服务器特别繁忙，或生成大页面时，脚本执行时间就会特别长。系统应该设置较大的执行时间值，以防止脚本未执行完就被强行终止。Server 对象的 ScriptTimeout 属性就是为实现上述功能而设置的。

ScriptTimeout 属性设置或返回页面的脚本在服务器退出执行和报告一个错误之前可以执行的时间（秒数），缺省值为 90。达到该值后将自动停止页面的执行，并从内存中删除包含可能进入死循环的错误页面或者是那些长时间等待其他资源的网页。

如要设置脚本超时时间为 100 秒，可用如下代码实现：

```
<%Server.scriptTimeout=100 %>
```

如要获取 ScriptTimeout 属性当前值，并将其存储在变量 TimeOut 中，使用如下语句：

```
<% TimeOut=Server.ScriptTimeout %>
```

2. 创建服务器组件

ASP 内置对象虽然可以实现很多功能，但是要设计更复杂的功能将显得非常麻烦（例如，无组件上传）。如果要简单地实现更复杂的功能，就要借助于其他一些组件。如果需要使用其他组件，则需要先创建这些组件。Server 对象的 CreateObject 方法可以创建组件实例，其语法格式如下：

```
Set Obj = Server.CreateObject(Componet)
```

其中，Componet 为要创建的组件名称，Obj 为返回的对象实例名称。例如，下面语句创建一个 ADO 的连接对象实例。

```
<% Set Objconn = Server.CreateObject("ADO.Connection") %>
```

Server.CreateObject 在 ASP 中最实用，也是功能最强的。它用于创建已经注册到服务器上的 ActiveX 组件实例。这是一个非常重要的特性，因为通过使用 ActiveX 组件能够使用户轻松地扩展 ActiveX 能力，正是使用了 ActiveX 组件，可以实现至关重要的功能，譬如数据库连接、文件访问、广告显示和其他 VBScript 不能提供或不能简单地依靠单独使用 ActiveX所能完成的功能。正是因为这些组件才使得 ASP 具有强大的生命力。

3. 获取路径

服务器操作文件或文件夹时，需要使用文件或文件夹的物理路径。但是在编写 ASP 网页脚本时，大多使用文件或文件夹的虚拟路径。因此，需要把虚拟路径转换成物理路径。Server 对象的 MapPath 方法可以将指定的路径转换成物理路径，其语法格式如下：

```
Path = Server.MapPath(FilePath)
```

其中，FilePath 为文件或者文件夹的虚拟路径，Path 为转换后的物理路径。FilePath 可以为文件，或者文件夹名称，也可以是下列字符：

/：获取根目录路径。

./：获取当前文件或者文件夹的路径。

../：获取当前文件或者文件夹的父目录。

【例 5.14】 下列代码获取某些路径信息（L5-14.asp），显示结果如图 5—6 所示。

图 5—6 获取的路径

```
<% Response.write "当前文件为:"&Request.ServerVariables("SCRIPT_NAME") &"<BR>"
   Response.write "该文件的路径为:"&Server.MapPath(Request.ServerVariables ("SCRIPT_NAME"))
```

```
&"〈BR〉"
    Response.write "该文件的当前路径为:"&Server.MapPath("./")&"〈BR〉"
    Response.write "该文件的父目录路径为:"&Server.MapPath("../")&"〈BR〉"
    Response.write "该文件的根目录路径为:"&Server.MapPath("/")&"〈BR〉"
  %〉
```

若 FilePath 以一个正斜杠(/)或反斜杠(\)开始，则 MapPath 方法返回路径时将 FilePath 视为完整的虚拟路径。若 FilePath 不是以斜杠开始，则 MapPath 方法返回与 .asp 文件中已有路径的相对路径。这里需要注意的是 MapPath 方法不检查返回的路径是否正确或在服务器上是否存在。

4. 对网页内容进行 HTML 编码

在 ASP 里面写上 HTML 标记的话，浏览器是不会原样输出的，而是输出标记表示的意思，比如说在 ASP 文件中写上〈hr〉标记，浏览器会输出一条水平线，而不会输出〈hr〉这几个字，那么我们怎么才能让浏览器原样输出呢？这就要用到 Server 对象的 HTMLEncode 方法。

Server 对象的 HTMLEncode 方法用于对指定的字符串进行 HTML 编码，从而使该字符串以所需的形式显示出来，不会被解释执行为 HTML 语法。其语法格式如下：

```
Server.HTMLEncode(string)
```

其中，String 是需要进行 HTML 编码的字符串。

例如，执行语句

```
〈%Response.Write server.HTMLEncode("〈hr width='70%'〉")%〉
```

输出的页面的 HTML 源代码为：

```
&lt;hr width='70%'&gt;
```

HtmlEncode 在 Web 应用程序中可以防止脚本利用，下面举例说明。

论坛都允许用户留言。论坛帖子经常有字体颜色和大小都不相同的留言，这些都是用户输入了带有 HTML 标记的留言。

【例 5.15】 显示用户留言内容（L5-15.asp），其界面如图 5—7 所示。

```
〈html〉
〈head〉
〈meta http-equiv="Content-Language" content="zh-cn"〉
〈meta http-equiv="Content-Type" content="text/html;charset=gb2312"〉
〈title〉留言内容〈/title〉
〈/head〉
〈body〉
〈form method="POST" action="〈%=Request.ServerVariables("SCRIPT_NAME")%〉"〉
  〈p〉留言内容:〈input type="text" name="nameText" size="26"〉〈/p〉
  〈p〉〈input type="submit" value="提交" name="B1"〉〈input type="reset" value="重置" name="B2"〉
〈/p〉
〈/form〉
〈/body〉
〈/html〉
```

显示留言内容的代码如下：

```
〈%
```

```
    On Error Resume Next                    '启用错误处理程序
    str = Request.Form("nameText")          '获取用户输入的留言
    str = trim(str)
    '显示用户的留言
    If len(str)>0 Then
        Response.write "用户留言内容是:"&str
    Else
        Response.write "用户没有留言。"
    End If
%>
```

运行该段代码，文本框中输入如下带有 JavaScript 脚本的 HTML 留言：

<p onmousemove = "alert('你上当了啊')"><font face = "华文行楷" size = "6" color = "#FF0000">谢谢你浏览我的留言！</font></p>

单击“提交”按钮，结果如图 5—8 所示，图中仅只显示红色的“谢谢你浏览我的留言”内容。

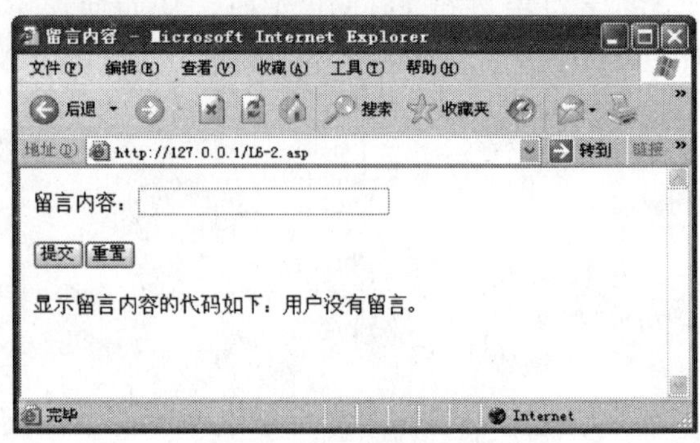

图 5—7 示例界面

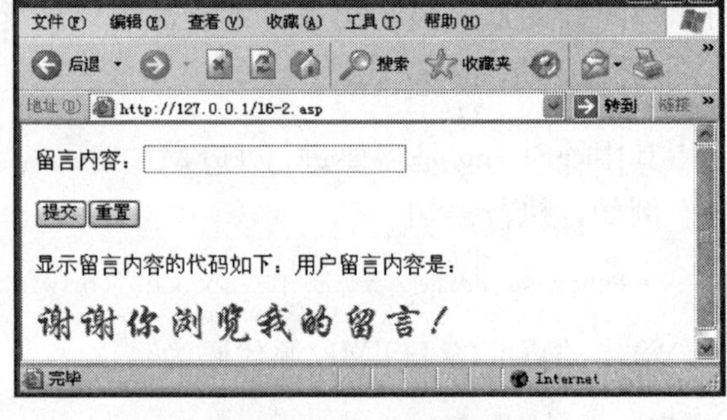

图 5—8 运行结果

当浏览用户在留言内容上滑过鼠标时，弹出如图 5—9 所示的提示对话框。由此可见，网页把用户的留言作为 HTML 页的一部分处理了。如果用户的留言含有其他 JavaScript 或者 VBScript 代码，可能会对系统产生更大的破坏作用，因此需要处理用户的留言。

图 5—9 提示对话框

为了防止上述情况，可以使用 HTMLEncode 方法处理留言内容。只需把上面程序中的语句：

```
Response.write "用户留言内容是:"&str
```

改为如下语句：

```
Response.write "用户留言内容是:"&Server.HTMLEncode(str)
```

5. 对字符串进行 URL 编码

当字符串数据以 URL 的形式传递到服务器时，在字符串中不允许出现空格，也不允许出现特殊字符。为此，ASP 提供了编码字符串的 URLEncode 方法，其语法格式如下：

```
Str = Server.URLEncode(String)
```

其中，String 为待编码的字符串，Str 为编码后的字符串。

【例 5.16】下列代码将用户留言的内容编码后通过 URL 地址传送给程序并显示（L5-16.asp）。

```
<html>
<head>
<meta http-equiv = "Content-Language" content = "zh-cn">
<meta http-equiv = "Content-Type" content = "text/html;charset = gb2312">
<title>留言内容</title>
</head>
<body>
<% Content = "留言内容"
    '设置超链接以便传送加密的字符串
%>
<a href = "<% = Request.ServerVariables("SCRIPT_NAME")&"?Content = "&Server.URLEncode(Content)
%>">显示留言内容</a><br>
<%  '使用 Request 可以获取 Content 的内容
    str = Request.querystring("Content")
    str = trim(str)
    If len(str)>0 Then
        Response.write "用户留言内容是:"&Server.HTMLEncode(str)
End If
%>
</body>
</html>
```

说明：

● 运行后显示的界面中有一个链接，其链接地址为当前文件。传递的参数为 Content，其值为经过 URL 编码的“留言内容”。

● 直接使用 Request 对象即可获取编码后的参数内容。

● 运行该段代码，单击“显示留言内容”超链接。显示留言内容，如图 5—10 所示。在地址栏中，URL 中的“留言内容”已经转换为字符串“%C1%F4%D1%D4% C4%DA%C8%DD”。利用这一特性，可以加密通过 URL 地址传送的内容（除西文外）。

6. 页面的跳转

在 HTML 和 ASP 中，我们经常用“<a href=target.asp>目标</a>”方式实现页面跳转，但这种方式是完全由用户控制跳转时机的。如果在跳转之前添加条件判断，则使用编程实现比较方便。这时就要用到 Server 对象的 Execute 和 Transfer 方法或 Response 对象的 Redirect 方法。

(1) Server.Execute。Server.Execute 方法允许当前页面执行同一 Web 服务器上的另一页面，当另一页面执行完毕后，控制流程重新返回到原页面发出 Server.Execute 调用的位置。它是 ASP 5.0 新增的功能，语法格式如下：

```
Server.Execute (Page)
```

其中，Page 为要调用的页面文件。

【例 5.17】L5-17.asp 程序调用 test.asp，执行结果如图 5—11 所示。

图 5—10　留言内容

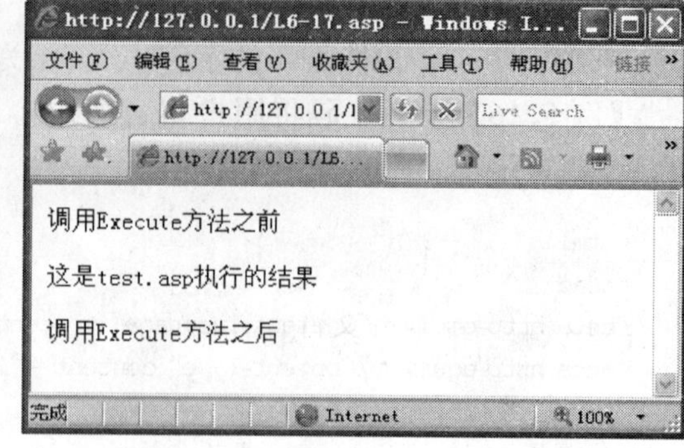

图 5—11　使用 Server.Execute 方法

```
<HTML>
<BODY>
    <P><% Response.Write "调用 Execute 方法之前" %></P>
    <% Server.Execute("test.asp") '执行 test.asp 后会再返回 %>
    <P><% Response.Write "调用 Execute 方法之后" %></P>
</BODY>
</HTML>
```

test.asp 程序如下：

```
<HTML>
<BODY>
    <P><% Response.Write "这是 test.asp 执行的结果" %></P>
</BODY>
</HTML>
```

（2）Server. Transfer。从页面 A 跳转到页面 B，同时页面处理的控制权也进行移交，在跳转过程中 Request、Session 等保存的信息不变，浏览器的 URL 仍保存 A 的 URL 信息。Server. Transfer 的重定向请求在服务器端进行，客户端不知晓服务器执行了页面转换，因此 URL 保持不变。它也是 ASP5.0 新增的功能，其语法格式如下：

```
Server.Transfer (Page)
```

其中，Page 为要跳转的页面文件。

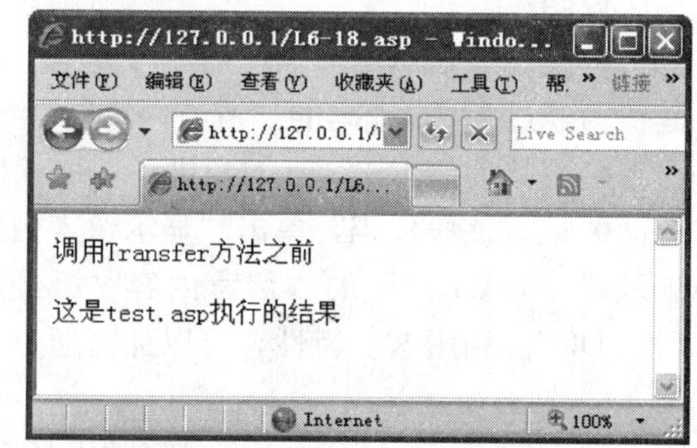

图 5—12　使用 Server.Transfer 方法

【例 5.18】 L5-18.asp 程序调用 test.asp，执行结果如图 5—12 所示。

```
<P><% Response.Write "调用 Transfer 方法之前" %></P>
<% Server.Transfer ("test.asp") '执行 test.asp 后不返回 %>
<P><% Response.Write "调用 Transfer 方法之后" %></P>
```

（3）Response. Redirect。从页面 A 跳转到页面 B，内部控件保存的所有数据信息将丢失，因此页面 B 无法访问页面 A 提交的数据，跳转后浏览器的 URL 信息改变（这也是和 Server. Transfer 的区别），但是可以通过 Session、Cookie、Application 等对象进行页面间的数据传递。Response. Redirect 重定向操作发生在客户端，总共会涉及两次与 Web 服务器的通讯，其语法格式如下：

```
Response.Redirect "Page"
```

其中，Page 为要跳转的页面文件。

项目实训 5　文件上传

1. 实训目的

（1）进一步掌握文件操作的要领；

（2）掌握文件上传功能模块的设计方法；

2. 实训情景引入

在一些小型网站应用中，不是都需要提供强大的文件管理功能，但往往需要能让用户上传一些文件（如照片、头像等）。本实训项目就是让读者在所学基础上单独完成上传功能模块的设计。

3. 实训步骤

（1）页面设计。主要设计两个页面：一是提供给用户浏览要上传文件的页面；另一是上传处理页面。

（2）代码设计。浏览上传文件的页面，只要求一次能上传一个文件，代码相对比较简单，主要代码如下：

```
〈form name = "form1" method = "post" action = "upprocess.asp" enctype = "multipart/form-data" 〉
  〈table border = "0" cellspacing = "1" cellpadding = "1"〉
    〈tr〉
      〈td 〉选择文件〈/td〉
      〈td 〉:〈input type = "file" name = "fileuploaded" style = "width:300;"〉〈/td〉
    〈/tr〉
    〈tr align = "center"〉
      〈td colspan = "2"〉
        〈input type = "submit" name = "Submit" value = "上传"〉
        〈input type = "reset" name = "reset" value = "重置"〉
        〈input type = "button" name = "button" value = "取消" onclick = "windows.close( );"〉
      〈/td〉
    〈/tr〉
  〈/table〉
〈/form〉
```

上传处理文件 upprocess.asp 代码 2.2.1 节中相应代码。

（3）程序调试，使用以上代码上传一个文件。

习　题　5

一、选择题

1. 若在 ASP 程序中使用 Server.Execute(Path)方法调用 Path 指定的 ASP 程序，待被调用的程序执行完毕之后便不会再返回原来的程序，是否正确？（　　）

A. 是　　　　B. 否

2. 若要将网页重新导向，而且要保留所有内置对象的值，那么必须使用哪个方法？（　　）

A. Execute　　　　B. Redirect　　　　C. Transfer　　　　D. MapPath

3. 若要将字符串进行编码，使它不会被浏览器解释为 HTML 语法，可以使用哪个方法？(　　)

A. HTMLEncode　　B. URLEncode

C. MapEncode　　D. ASPEncode

4. 若要找出父目录的实际路径，可以使用下列哪种语法？(　　)

A. Server. MapPath("/")　　B. Server. MapPath(". /")

C. Server. MapPath(".. /")　　D. Server. MapPath(".. /")

5. FileSystemObject 服务器组件的 DriveExists 方法可以用来检查文件是否存在，是否正确？(　　)

A. 是　　B. 否

6. 若要复制文件夹，可以使用下列哪个方法？(复选)(　　)

A. FileSystemObject 服务器组件的 CopyFolder 方法

B. FileSystemObject 服务器组件的 Copy 方法

C. Folder 服务器组件的 CopyFolder 方法

D. Folder 服务器组件的 Copy 方法

7. objFSO. OpenTextFile(""a. txt"", 1, True)的第三个参数意义是什么？(　　)

A. 以只读的方式打开文本文件?

B. 以附加到文件后面的方式打开文本文件

C. 若打开的文件不存在，就建立

D. 若打开的文件不存在，仍不建立

8. objFile. OpenAsTextStream(3, 0)的第一个参数意义是什么？(　　)

A. 以只读的方式打开文本文件

B. 以附加到文件后面的方式打开文本文件

C. 文本文件的格式为 Unicode

D. 文本文件的格式为 ASCII

9. 若要从文本文件读取字符，可以使用哪个方法？(　　)

A. Read　　B. ReadChar　　C. ReadLine　　D. ReadAll

10. 若要在文本文件写入空行，可以使用哪个方法？(　　)

A. Write　　B. WriteChar　　C. WriteLine　　D. WriteBlankLines

二、思考与练习题

1. 编写一个 ASP 程序打开 Sample2. txt 文件，可自行建立文本文件，然后一次读取一行，写入另一个新的文本文件 Sample4. txt。

2. 编写一个 ASP 程序打开 Sample5. txt 文件，可自行建立文本文件，然后一次读取一个字符，转换成大写字母再写入另一个新的文本文件 Sample6. txt。

3. 如何使用组件实现文件上传?

子项目6 站内搜索引擎的设计

学习目标

能根据需要对关键字进行切分，能进行站内搜索引擎的设计。

了解关键字的切分方法。

掌握Split、Trim、Ubound、Replace等函数的用法。

掌握站内搜索引擎的设计方法。

项目任务

假如你拥有一个庞大的网站，内容又多，那么来访者往往很难找到自己所需要的东西，这时候就需要提供一个站内搜索引擎来帮助来访者快速地找到所需的资料。本项目将完成站内搜索引擎的设计。

网站信息一般都保存在网站数据库中，站内信息搜索其实就是根据用户需要对网站数据库进行信息检索。我们可以使用“ASP＋数据库技术”来实现一个简单站内搜索系统，由于系统需要根据用户输入的内容进行检索，所以在检索前必须对用户输入的内容（关键字）进行切分，为此将此项目作了进一步的任务分解，分解为两个任务：一是关键字的切分，为检索做准备；另一个是站内搜索引擎的设计，主要完成对数据库的查询。

最后安排一项目实训——多个关键字模糊搜索，让读者能达到进一步锻炼的目的。

任务1 关键字的切分

学习目标与任务：

- 了解关键字切分的方法；
- 掌握Split、Trim、Ubound、Replace等函数的用法。

6.1.1 问题情景及实现

1. 问题情景

在网络上搜索资料时，为了能查询到更准确的信息资料，通常让用户输入多个关键字，关键字与关键字之间通过空格、加号或逗号等隔开。在对数据库中的信息进行搜索前，必须要能准确地从用户输入内容中提取出每个关键字，用于构造检索语句，然后对数据库执行查询操作，最后返回检索结果。关键字的正确切分也是准确检索结果的主要因素之一。

2. 系统实现

下面以一实例来介绍字符串切分的实现，代码如下：

```
<%@LANGUAGE="VBSCRIPT" CODEPAGE="936"%>
<html>
<head>
<title>切分字符串</title>
</head>
<body>
<%
    public myarray                                    '声明公共变量
    myPoem="梅花 桂花 玫瑰花 春香秋香 "
    response.write("所对下联在此:"&myPoem&"<p>")
    response.write("用空格切分后为:"&"<br>")
    myarray=split(myPoem," ")
    maxno=ubound(myarray)
    for i=0 to maxno-1
        response.write(myarray(i)&"<br>")
    next
%>
</body>
</html>
```

以上代码保存为 split.asp，执行结果如图 6—1 所示，它使用 split 函数把字符串“梅花 桂花 玫瑰花 春香秋香”切分为四个子串。

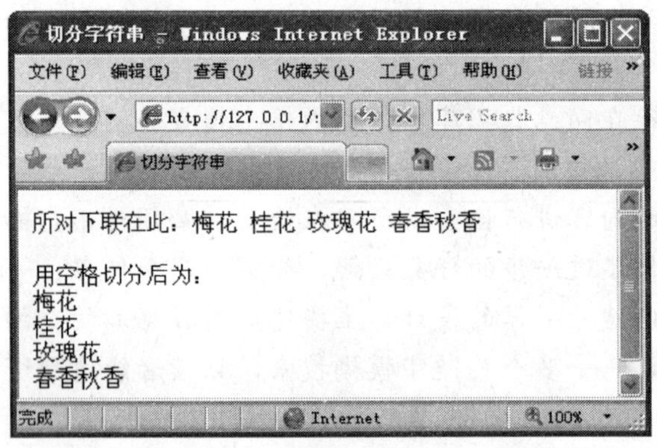

图 6—1　split.asp 执行结果

需要注意的是字符串“梅花 桂花 玫瑰花 春香秋香”的末尾必须以空格结束，否则最后一个子串不能被有效切分。

6.1.2　相关知识：Split、Trim、Ubound、Replace 等函数

为了能对用户输入的多个关键字进行切分处理，在程序中需要用到几个 VBScript 字符函数，下面具体介绍这些常用函数。

1. Split( )函数

该函数的功能是将指定的字符串依据指定的规则切开，它返回基于 0 的一维数组，其中包含指定数目的子字符串。语法格式如下：

```
Split(expression[,delimiter[,count[,start]]])
```

Split 函数参数如表 6—1 所示。

表 6—1　　参数描述

参　数	描　　述
Expression	必选，字符串表达式，包含子字符串和分隔符。如果 Expression 为零长度字符串，该函数返回空数组，即不包含元素和数据的数组
Delimiter	可选，用于标识子字符串界限的字符。如果省略，使用空格作为分隔符
Count	可选，表示被返回的子字符串数目，默认值为－1 表示返回所有子字符串
Compare	可选，指示在计算子字符串时使用的比较类型的数值：0－执行二进制比较；1－执行文本比较，默认为 0

【例 6.1】 Split 函数应用（L6-1.asp），此例中使用西文逗号作为分隔符。

```
〈%
    mystr = "1,2,3,4,5,6"
    mystr = split(mystr,",")
    for i = 0 to ubound(mystr)
        response.write mystr(i)
    next
    '返回值为 123456
%〉
```

2. Trim( )函数

该函数可以用来去掉字符串两边的空格。语法格式如下：

```
Trim(string)
```

Trim 函数参数如表 6—2 所示。

表 6—2　　参数描述

参　数	描　　述
String	为任何有效的字符串表达式，若 string 参数中包含 NULL，则返回 NULL

【例 6.2】 Trim 函数应用（L6-2. htm）

```
〈script language = vbscript〉
    dim txt
    txt = " This is a beautiful day! "
    document.write(Trim(txt))
〈/script〉
```

输出结果为："This is a beautiful day!"

3. Ubound( )函数

该函数返回指定数组维数的最大可用下标。语法格式如下：

```
UBound(arrayname[,dimension])
```

UBound 函数参数如表 6—3 所示。

表 6—3　　参数描述

参　数	描　　述
arrayname	必选，数组变量名
dimension	可选，表示返回的是维数的上限。1 表示第一维，2 表示第二维，依此类推。如果省略 dimension，则默认是 1

【例 6.3】 UBound 函数应用（L6-3.asp）。

```
<%
    Dim a,i
    a = Split("A,B,C,D",",")
    For i = 0 to UBound(a)
        Response.Write(a(i))
    Next
%>
```

运行结果：ABCD

注意： *在 VBScript 中，任何维数的初始值的下限永远是 0。*

4. Replace( )函数

该函数返回一个字符串，其中指定数目的某字符串被替换为另一个子字符串。语法格式如下：

```
Replace(expression,find,replacewith[,start[,count[,compare]]])
```

Replace 函数参数如表 6—4 所示。

表 6—4　　参数描述

参　数	描　　述
expression	必选，字符串表达式，包含要替代的子字符串
find	必选，表示被搜索的子字符串
replacewith	必选，用于替换的子字符串
start	可选，指在 expression 中开始搜索子字符串的位置。如果省略，默认值为 1
count	可选，执行子字符串替换的数目。如果省略，默认值为−1，表示进行所有可能的替换
compare	可选，指示在计算子字符串时使用的比较类型的数值：0 执行二进制比较；1 执行文本比较，默认为 0

Replace 函数是使用最多的一个字符串函数之一，在客户端表单验证时也可以使用该函数进行部分字符串的替换。而在网络上实现搜索引擎时，可以事先规定，当用户输入多个关键字时，只能用逗号、加号或空格等分隔。在分隔多个关键字时可以使用下面的语句进行处理。

```
'key 为用户输入的关键字字符串
key = replace(key,"'","")            '用空格代替字符串的撇号
key = replace(key,",","")            '用空格代替字符串的逗号
key = replace(key,"*","")            '用空格代替字符串的星号
key = split(key)                     '用空格分隔字符串
```

任务 2　站内搜索引擎的设计

学习目标与任务：

● 了解搜索引擎的工作原理；

● 掌握站内搜索引擎的设计方法；

● 掌握模糊搜索技术。

6.2.1 问题情景及实现

1. 问题情景

一般来说一个优秀的站点都要提供站内搜索功能，站内搜索系统是为用户快速检索信息服务的。系统能根据用户输入的关键字进行查询，可以模糊查询，也可以根据多关键字进行查询。本任务主要完成模糊查询的设计，用户输入的关键字可能出现在文档的标题、关键词或内容中，按用户输入条件进行匹配查询，将查询结果返回，并且能链接到查询到的页面。

2. 系统实现

(1) 页面功能设计。本系统页面按以下两大功能模块进行设计：

①用户输入页面：用户根据需要在此页面输入搜索关键字或关键字组合，并能提交给系统处理；

②数据库查询并输出：根据用户输入的查询关键字，构造 SQL 查询语句，然后完成对数据库的查询操作，最后输出查询结果。

(2) 数据表设计。在数据库 EnterpriseData 中添加公告通知表 Notice，其表结构设计如表 6—5 所示。

表 6—5　　Notice 表

字段名称	数据类型	长　度	主　键	默认值	说　明
Id	整型	4	是	自动编号	通知编号
Title	文本	50	否	NULL	通知标题
Word	文本	30	否	NULL	关键词
Content	备注	不限	否	NULL	内容
PubDate	日期/时间	8	否	NULL	发布日期

(3) 代码设计。

①Search. htm。用户输入信息页面 Search. htm 提供界面让用户输入查询关键字，关键字之间可以是以空格、加号或逗号等分隔，如图 6—2 所示。

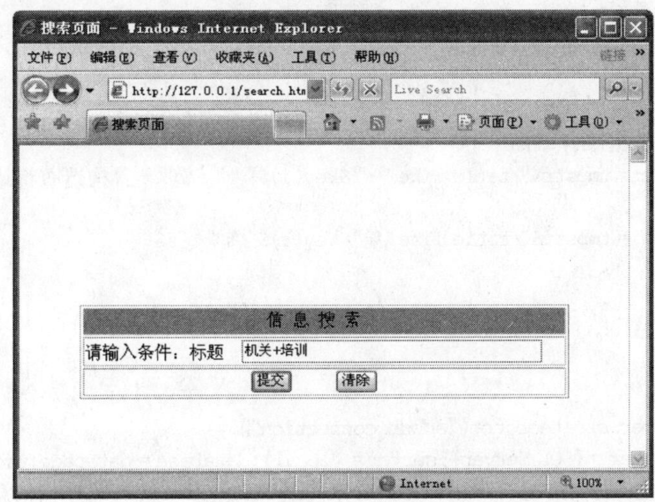

图 6—2　Search.htm 执行界面

该页面通过设计一个表单实现一个用户输入信息界面，表单中的元素使用表格来布局，其代码如下：

```
<html><head><title>搜索页面</title>
</head>
<body topmargin=150 >
<div align="center">
  <table width="452" border="1">
    <form method="POST" action="search.asp">
    <tr><td class="awhite" style="background-color:#00aead;background-repeat:repeat;background-attachment:scroll;height:25px;background-position:0% 50%" width="422"><div align="center">信 息 搜 索 </div></td> </tr>
    <tr><td width="452" height="25">请输入条件:标题   <input type="text" name="word" size="38"> </td></tr>
    <tr><td height="25" width="422"><div align="center">
        <input type="submit" value="提交" name="B1">    
        <input type="reset" value="清除" name="B2">
      </div></td> </tr> </form>
    </table>
</div>
</body>
</html>
```

②模糊查询并输出结果 search.asp。该页面主要有两大功能：一是对用户提交给系统的关键字组合进行切分，提取出每一个关键字，用于构造 SQL 查询语句；二是对数据库进行相关查询操作，并输出查询结果。其代码如下：

```
<!--#INCLUDE file="ADOVBS.inc"-->
<%
key=trim(request.form("word"))                    'trim函数去掉字符串两边的空格
key=replace(key,"+"," ")                          '用空格代替字符串中的加号
key=replace(key,","," ")                          '用空格代替字符串的西文逗号
key=replace(key,"，"," ")                         '用空格代替字符串的中文逗号
key=split(key)                                    '用split函数切分字符串
if Ubound(key)<0 then                             'Ubound函数返回数组key的最大可用下标
    sql="select * from notice"
else
    sql="select * from notice where"
    tmpstr=""
    for i=0 to Ubound(key)
        if i<Ubound(key) then
            tmpstr=tmpstr&" title like '%"&key(i)&"%' and"      '构造查询语句
        else
            tmpstr=tmpstr&" title like '%"&key(i)&"%'"
        end if
    next
    sql=sql&tmpstr
end if
'建立数据库的连接
    set conn=server.createobject("adodb.connection")
    conn.open "driver={SQL Server};server=(local);database=datapage;uid=sa;pwd=;"
'创建Recordset对象的例程,打开Recordset对象传递SQL串以及所有的连接信息
    set rs=server.createobject("ADODB.Recordset")
```

```
        rs.open sql,conn,adOpenStatic
    %>
    <html><head><title>查询结果</title></head>
    <body bgcolor="#ffffff">
      <div align="center"><center>
      <table width="60%" border="1" align="center" bordercolor="000000" berdorcoorlight=
"#000000" bordercolordark="#ffffff">
      <tr><td colspan="4"><div align="center">统计查询共有
        <% Response.Write(RS.RecordCount) %>
        条纪录</div></td></tr>
    <tr align="center">
      <td width="20%" align="center" bgcolor="#ffffff">ID</td>
      <td width="45%" align="center" bgcolor="#ffffff">标题</td>
      <td width="20%" align="center" bgcolor="#ffffff">日期</td>
      <td width="15%" align="center" bgcolor="#ffffff">查看</td></tr>
    <% while not rs.eof %>
        <tr align="center">
          <td width="20%" align="center" bgcolor="#ffffff"><% =rs("id") %></td>
            <% '查询内容描红
                str_title=rs("title")
                for i=0 to Ubound(key)
                    str_title=replace(str_title,key(i),"<font color='#ff0000'>"&key(i)&"</font>")
                next %>
          <td width="45%" align="center" bgcolor="#ffffff"><% =str_title %></td>
            <td width="45%" align="center" bgcolor="#ffffff"><% =rs("title") %></td>
            <td width="20%" align="center" bgcolor="#ffffff"><% =rs("pub_date") %></td>
          <td width="15%" align="center" bgcolor="#ffffff"><a href="http://<% =rs
("url") %>">GO</a></td>
      <% rs.movenext %></tr> <% wend %></table></center></div>
      <% rs.close %>
      <% conn.close %>
    </body></html>
```

执行 Search.asp 页面的结果如图 6—3 所示。

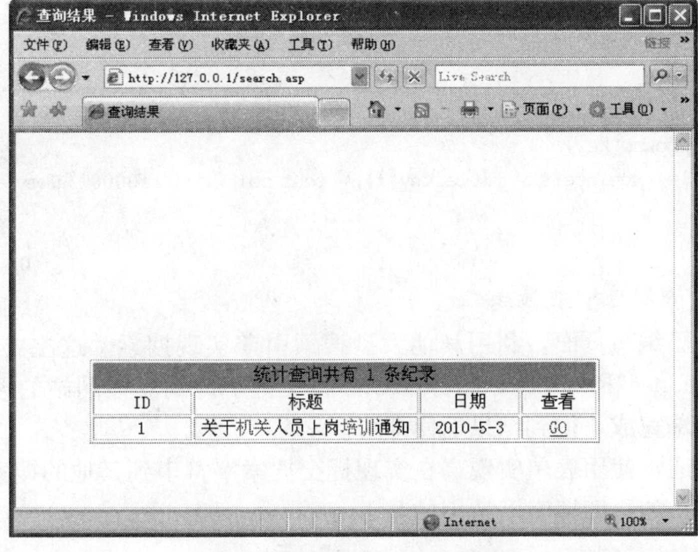

图 6—3 Search.asp 执行界面

6.2.2 相关技术：模糊搜索、查询内容描红、通过其他搜索引擎实现搜索

1. 模糊搜索

模糊搜索一般在上网查资料时用的概率是最多的，如在 Google 搜索引擎内输入“北京”，Google 搜索引擎就会在其数据库中查询内容包含“北京”字段的所有记录，并显示搜索的结果。实现模糊搜索在数据库中查找相关内容的方法其实不难，懂 SQL 语句就可以了。

在 SQL 语句中有如下几个关键字可以实现模糊查询：LIKE、NOT LIKE 和 BETWEEN。LIKE 关键字是搜索与搜索条件相匹配的数据，而 NOT LIKE 关键字正好相反，它查找的是与搜索条件不匹配的系统记录。BETWEEN 关键字通常与 AND 关键字一起使用，它的作用是查找在指定范围内的相关记录。在实现搜索引擎时 LIKE 关键字用得最多，下面是一条用 LIKE 关键字查询与指定搜索条件关键字“北京”相关的记录，其代码如下所示：

```
〈%
    ……
    Dim str = "北京"
    Set rs = Server.createobject(“Adodb.recordset")
    Sql = "select * from [表名] where [字段名] like '%"&str&"%'"
    ……
%〉
```

以上代码中，“%”为通配符，可代表多个字符；而“ _ ”通配符只能代表一个字符，在编写 SQL 时应该注意这点。

2. 查询内容描红

查询内容描红是指将查询关键字以特殊的颜色、字号或字体进行标识。这样可以使浏览者快速找到所需的关键字，方便浏览者从搜索结果中查找所需内容。查询内容描红适用于模糊查询。下面将介绍如何实现查询内容描红。

在任务 2 中对搜索结果输出时就加入了描红功能，如图 6—2 所示。这里应用到了 Replace函数来替换字符串，当显示所查询的相关信息时，Replace 函数将输出的关键字的字体替换为红色，如 Search.asp 中有一段代码实现此功能。

```
〈%  '查询内容描红
    str_title = rs("title")
    for i = 0 to Ubound(key)
        str_title = replace(str_title,key(i),"〈font color = '#ff0000'〉"&key(i)&"〈/font〉")
    next
%〉
```

3. 通过其他搜索引擎实现搜索

用户也可以自己编写页面，利用其他大型搜索引擎实现搜索，这主要是借助于 ASP 的内置对象（如 Response. Redirect SearchURL）将关键字传到其他网站的搜索引擎中，一切查询工作由搜索引擎完成，得到结果返回即可。

在传值调用时通常使用表单实现，在实现提交搜索字符串到其他的搜索引擎时，需要专业的搜索引擎格式，如百度搜索网站用的是 http://www.baidu.com/s?wd=“string”；Soso 搜索引擎用的是 http://www.soso.com/q?w=“string”。

项目实训 6　多个关键字模糊搜索

1. 实训目的

（1）进一步掌握关键字的切分方法；

（2）掌握多关键字模糊搜索引擎的设计方法。

2. 实训情景引入

任务 2 中所介绍的是最简单的搜索引擎，而实际应用中的搜索引擎功能要比这个强大很多，更实用，它至少能满足浏览者输入多个不同类型的条件，让返回的结果更贴近用户的需要。本实训项目要求在完成任务 2 的基础上再增加一项功能，让系统能返回规定时间期限内的查询内容，即实现多个关键字的模糊搜索。

3. 实训步骤

（1）页面设计。页面设计与任务 2 相似，可以设计两个页面：用户输入页面和搜索数据库并输出结果的页面。与任务 2 不同的是：在用户输入页面中增加发布日期时间段，供浏览者输入或选择。

（2）数据表设计。数据表沿用任务 2 中的 Notice 表，结构如表 6—5 所示。

（3）代码设计。用户输入页面代码参照代码 Search.htm，在表单中再增加一发布日期输入域（简单一点就在表单中添加下拉列表，让用户选择年份），然后把文件保存为 find. htm。

搜索数据库并输出结果的页面代码参照代码 Search.asp，重新构造 SQL 语句，主要代码如下：

```
<!--#INCLUDE file="ADOVBS.inc"-->
<%
key=trim(request.form("word"))
pub_year=trim(request.form("year"))
key=replace(key,"+"," ")                    '用空格代替字符串的撇号
key=replace(key,","," ")                    '用空格代替字符串的西文逗号
key=replace(key,"，"," ")                   '用空格代替字符串的中文逗号
key=split(key)                              '用空格分隔字符串
'构造多关键字查询 SQL 语句
if Ubound(key)<0 and pub_year=empty then
    sql="select * from page"
else
    sql="select * from page where"
    tmpstr=""
    if Ubound(key)>=0 then
        for i=0 to Ubound(key)
            if i<Ubound(key) then
                tmpstr=tmpstr&" title like '%"&key(i)&"%' and "
            else
                tmpstr=tmpstr&" title like '%"&key(i)&"%'"
            end if
        next
        if pub_year<>empty then
            tmpstr=tmpstr&" and year(pub_date)="&pub_year     '加入年份条件
```

```
        end if
    else
        tmpstr = tmpstr&" year(pub_date) = "&pub_year 下          '加入年份条件
    end if
    sql = sql&tmpstr
end if
'……数据库查询并输出……
%>
```

（4）程序调试。在数据表 Notice 中添加合适的数据，满足任何组合条件下的程序测试。

习 题 6

一、选择题

1. 要查询表 EMP 中 ENAME 的第二个字母为 A 的所有人，请选择正确的查询语句（ ）。

A. Select EMPNO,EMPNAME,JOB from EMP where ENAME like '_A%';

B. Select EMPNO,EMPNAME,JOB from EMP where ENAME='_A%';

C. Select EMPNO,EMPNAME,JOB from EMP where ENAME like as '_A%';

D. Select EMPNO,EMPNAME,JOB from EMP where ENAME like '? A*';

2. 执行语句 RetStr=Replace("abcacdea","a",""), 则 RetStr 中的内容为（ ）

A. "abcacdea"　　B. "bccde"　　C. "bc cde"　　D. "bc cde"

二、思考与练习题

1. 如何设计一站内搜索引擎能根据用户输入条件对数据表中所有字段实现模糊搜索。

2. 在任务 2 基础上增加一项功能，能通过其他搜索引擎实现搜索。

子项目 7　产品投票系统的设计

学习目标

能掌握产品投票系统的设计与程序调试的方法。

了解产品投票系统的结构。

掌握防止重复投票的技术。

掌握 Request 和 Response 对象的 Cookies 集合。

项目任务

企业网站管理员经常需要了解消费者对公司产品的反馈意见，这就需要一个投票系统。网上产品投票具有简单易行、可操作性强、实时显示、便于统计等特点，所以现在很多企业网站都定期或者不定期地举办网上投票活动。本项目的主要任务是介绍利用 ASP 技术实现一个网络产品投票系统。

本投票系统主要功能分为两部分：投票功能和管理功能。用户可以在网页上针对给定的主题和给定的选项进行单项投票，也可以查看投票结果。管理员除具有普通用户的所有功能外还可以更改投票主题、更改投票选项、更改投票结果、任意增加或减少投票选项、添加针对新主题的投票、删除某主题的投票等功能。因此将本项目分解成两大任务来分析阐述，任务 1：产品投票和投票结果查看；任务 2：投票系统后台管理。

任务 1　产品投票和投票结果查看

学习目标与任务：

- 了解并掌握产品投票和投票结果查看的设计方法；
- 掌握投票结果图形化显示的方法；
- 掌握防止重复投票的技术；
- 掌握 Request 和 Response 对象中 Cookies 集合的使用方法。

7.1.1　问题情景及实现

1. 问题情景

产品投票系统的主要功能模块是投票与查看结果，即用户可以在网页上针对给定的主题和给定的选项进行单项投票，也可以查看投票结果。

2. 系统实现

（1）页面功能设计。

产品投票：用户可以在网页上针对给定的主题和给定的选项进行单项投票。

投票结果查看：用户可查看投票结果。

（2）数据表设计。在数据库 EnterpriseData 中添加表 Vote，其表结构设计如表 7—1 所示。

表 7—1　　Vote 表

字段名称	数据类型	长　度	主　键	默认值	说　明
Id	整型	4	是	自动编号	主题选项编号
Title	文本	40	否	NULL	投票主题
Titlecode	整型	4	否	NULL	投票主题编号
Select	文本	40	否	NULL	投票选项
Num	整型	4	否	NULL	投票选项得票数
Ischecked	整型	4	否	NULL	判断是否属于活动投票主题

（3）代码设计。

①db.asp 用于建立和数据库的连接，在前面章节中已经介绍。

②Index.asp。投票主页面 Index.asp 是网络投票系统中的第一个页面，用于显示投票主题和投票选项，供用户投票，如图 7—1 所示。Index.asp 文件代码如下：

```
<%@LANGUAGE="VBSCRIPT" %>
<!--#include file="db.asp"-->
<html>
<head>
<title>网站调查</title>
</head>
<body>
<table width="180" border="0" align="center" cellpadding="0" cellspacing="0">
<tr>
<td width="180" height="70" align="center"><font size=4 color=red ><b>网络投票系统</b></font>
</td>
</tr>
<tr>
<td >
<table width="100%" border="0" cellspacing="0" cellpadding="0">
<tr>
<% set rs=objconn.execute("SELECT * from vote where IsChecked=1 order by id asc")
'从表 vote 中选中活动投票主题(包括投票选项)
if rs.eof then                                    '记录为空
    response.Write "暂无投票"
else%>
<%rs.movefirst%>
<td><div align="center"><b><% =rs("Title")%></b></div></td>
</tr>
<tr>
<td><table border="0" width="100%" cellspacing="2" cellpadding="2">
```

```
<form action="vote.asp" target="_blank" method=post name=research>
<tr><td valign=top width="100%">
<%
  i=1
  do while not rs.eof
    if rs("Select")<>"" then                              '字段值不为空
%>
<input <%if i=1 then%>checked<%end if%>name=Options type=radio value=<%=rs("id")%>>
<%=i%>.<%=rs("Select")%><br>
<%
      end if
    i=i+1
    rs.movenext
    loop
%>
</td>
</tr>
<tr>
<td width="100%" height=30 align=center><input type="image" border="0" name="submit" src="
images/vote1.gif" width="59" height="19"><a href=# onClick="window.open('vote.asp?stype=view','bas-
ket','menubar=no,toolbar=no,location=no,directories=no,status=no,scrollbars=0,resizable=0,width=
600,top=50,left=100,height=370')"><img src="images/vote.gif" width="59" height="19" border="0" />
</a></td>
</tr>
</form>
</table>
<%end if%>
</td></tr></table>
</td></tr>
</table>
</body>
</html>
```

③Vote.asp有两个功能，一方面把用户选定的选项保存进数据库，另一方面以图形的形式显示投票结果，投票结果如图7—2所示。投票和查看代码Vote.asp如下所示：

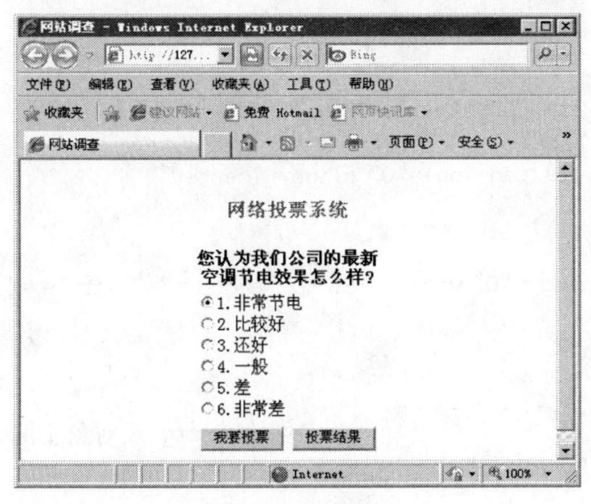

图7—1　投票系统主界面

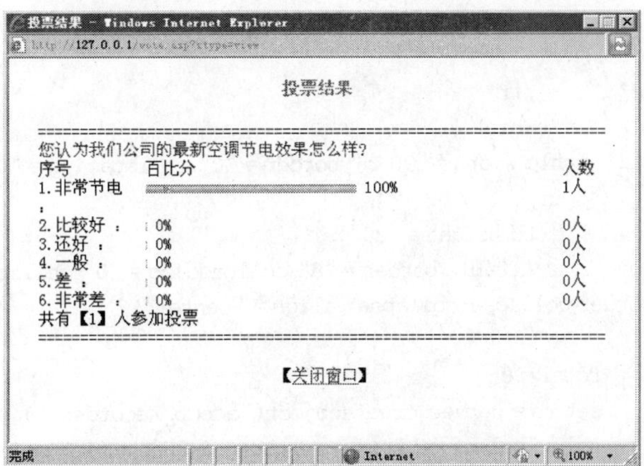

图7—2　投票结果显示

```
<!--#include file="db.asp"-->
<%dim options,total,sql,i,answer,action
if request.QueryString("stype")="" then
    if Request.ServerVariables("REMOTE_ADDR")=request.cookies("IPAddress") then
    '判断客户端计算机 IP 是否和 cookies 中保存的 IP 相同
 %>
      <SCRIPT language=vbscript>
        msgbox "感谢您的支持,您已经投过票了,谢谢!"
        window.close()
      </SCRIPT>
    <%else
        options=request.form("options")
        response.cookies("IPAddress")=Request.ServerVariables("REMOTE_ADDR")
        Response.Cookies("IPAddress").Expires=Date()+7            '设定 Cookies 过期时间
        objconn.execute("UPDATE vote set num=num+1 where id="&options)  '投票数加 1
    end if
end if
 %>
<html >
<head>
<title>投票结果</title>
</head>
<body>
<table width="90%" border="0" cellspacing="0" cellpadding="0" align="center">
    <tr>
      <td height="29">
        <table width=170 height="20" align="center" cellpadding=0 cellspacing=0>
          <tr>
            <td width=5> </td>
            <td width=28>
              <div align="center"></div>
            </td>
            <td class=hg12 valign=bottom width="123"> <font color=red><b>投票结果</
b></font></td>
            <td width=12> </td>
          </tr>
        </table>
      </td>
    </tr>
  </table>
<table width="90%" border="0" cellspacing="0" cellpadding="0" align="center">
  <tr>
    <td height="29">
      <table border="0" cellpadding="0" cellspacing="0" width="95%" height="48" style="
border-collapse:collapse" align="center">
        <%
total=0
set rs=server.createobject("adodb.recordset")                  '创建 recordest 对象实例
sql="select * from vote where IsChecked=1 order by id asc"
rs.open sql,objconn,3,3
 %>
        <tr>
```

```
            <td height = "48" valign = "top" colspan = "3" align = left><font color = "#000000"><br>
    ================================================================================ <br>
    </font><font color = "#000073"><% = rs("Title") %></font></td>
            </tr>
            <tr>
              <td valign = "top">序号</td>
              <td valign = "top">百分比</td>
              <td valign = "top">人数</td>
            </tr>
            <% rs.movefirst
    do while not rs.eof                                              '统计总投票数
        if rs("select")<>"" then
            total = total + rs("num")
        end if
    rs.movenext
    loop
    %>
            <% rs.movefirst
              i = 1
              do while not rs.eof
        if rs("Select")<>"" then
              if total = 0 then
                  answer = 0
              else
                  answer = (rs("num")/total) * 100        '统计每个选项得票数占总投票数的百分比
              end if
    %>
             <tr>
              <td valign = "top"><% = i %>.<% = rs("select") %>:</td>
              <td valign = "top"><img src = images/RSCount.gif width = <% = int(answer * 2) %> height
= 8>
                <% = round(answer,3) %>%</td>
              <td valign = "top"><% = rs("num") %>人</td>
              <%
        end if
    i = i + 1
    rs.movenext
    loop
    %>
             <tr>
                 <td colspan = "3"> 共有【<% = total %>】人参加投票<br>
    ================================================================================ </td>
             </tr>
           </table>
           <p align = "center">【<a href = "vbscript:window.close( )">关闭窗口</a>】
                <% rs.close                                          '关闭 recordset 实例
    set rs = nothing                                                 '释放 recordset 实例
    objconn.close                                                    '关闭打开的数据库
    set objconn = nothing                                            '释放 connection 实例
    %>
         </td>
      </tr>
```

```
</table>
</body>
</html>
```

7.1.2 相关技术：防止重复投票技术、Cookies 集合

1. 防止重复投票技术

网络投票中有一项比较关键的技术就是禁止重复投票，只有这样才能使得投票的数据比较客观与准确。在 ASP 中有以下几种技术在一定程度上防止重复投票。

(1) 使用 session 跟踪是否投过票。可以在 global.asa 的 session_onstart 事件中设置逻辑变量 IsVoted，初始值设为 false，投票之后在 ASP 文件中将 IsVoted 的值改为 True，然后每次投票之前先判断 IsVoted 的值，若该值为 True 就不能再进行投票；若为 False 则可以投票。

当然，这种方法是有漏洞的，如果打开一个新的浏览器窗口，在新的浏览器窗口中仍然可以投票，因为 session 是私有的，所以一个 session 变量中值的改变并不影响另一个session 中的同名变量的值。

(2) 使用 Cookies 跟踪是否投过票。由于 Cookies 可以把变量的值保存在浏览器的客户端，所以可以根据 Cookies 保存的 IP 地址值来判断用户是否已经投过票，从而防止重复投票；还可以根据实际情况合理地设置 Cookies 的生存期限的长短，如 20 分钟，这样从同一台机器上登录的用户在规定的 20 分钟内都将无法重复投票，在一定程度上防止了反复投票的发生。

当然，若要是把 Cookies 目录下的所有 .txt 文件都删除，则又可以重复投票了。

(3) 验证 IP 地址和登录时间。这种方法首先获取用户的 IP 地址，然后将获得的用户 IP 地址和登录时间都保存到服务器端的数据库里面，并设定每隔一个时间段同一个 IP 地址才可以投票。当然也可以设定无论相隔多长时间同一个 IP 地址只能进行一次投票。

本文采用的是第二种方法，代码如下：

```
<% if Request.ServerVariables("REMOTE_ADDR") = request.cookies("IPAddress") then
'判断远端主机 IP 与 Cookies 中的 IP 是否相同
%>
<script language = vbscript>
    msgbox "感谢您的支持,您已经投过票了,谢谢!"
    window.close( )
</script>
<%
    else
      response.cookies("IPAddress") = Request.ServerVariables("REMOTE_ADDR")
      '远端计算机 IP 写入 Cookies 集合中
      Response.Cookies("IPAddress").Expires = Date( ) + 7     '设定 Cookies 集合的过期时间
    end if
%>
```

Cookie 其实就是一个标签。在访问一个需要唯一标识你的地址的 Web 站点时，它会在你的硬盘上留下一个标记（小文件），下一次再次访问这个站点时，站点的页面就会自动查找这个标记。每个 Web 站点都有自己的标记，标记的内容可以随时读取，但只能由该站点的页面完成。每个站点的 Cookie 与其他所有站点的 Cookie 存在同一文件夹中的不同文件内（Windows 2000 系统中，可以在 C:\Documents and Settings\Administrator\Cookies 的目录

下找到它们)。

Cookie 可以包含在一个对话期或几个对话期之间某个 Web 站点的所有页面共享的信息，使用 Cookie 还可以在页面之间交换信息。

2. Cookies 集合

(1) Request 对象中的 Cookies 集合。Request 对象提供的 Cookies 集合用于取得 Cookie 值。语法格式如下：

```
Request.Cookies(cookie)[(key)|.attribute]
```

其中，参数如表 7—2 所示。

表 7—2　　Cookies 集合中的参数

参　数	说　明
cookie	指定要检索其值的 cookie 名称
key	可选参数，用于从 cookie 字典中检索子关键字的值
attribute	指定 cookie 自身的有关信息。例如，HasKeys 只读，指定 cookie 是否包含关键字

Attribute 的可选值如表 7—3 所示。

表 7—3　　Attribute 属性

属　性	说　明
Domain	若指定，则 cookie 将被送至对该区域的请求中。只写
Expires	指定 cookie 的过期日期。若未设置，则关闭当前浏览器时，cookie 将自动消除。只写
HasKeys	指定 cookie 是否包含 Key 值。只读
Path	若指定，则仅发送对该路径的 cookie 请求；若未设置，则使用应用程序的路径。只写
Secure	指定 cookie 是否是安全的。只写

【例 7.1】读取 Cookies 集合中的相关数据（L7-1.asp）。

```
<%@ Language = VBScript %>
<%
    Dim Name, Age, Last
    Name = Request.Cookies("CookieName")("UserName")          '读取第一个 Key 的值
    Age = Request.Cookies("CookieName")("UserAge")            '读取第二个 Key 的值
    Last = Request.Cookies("CookieName")("LastVisited")       '读取第三个 Key 的值
%>
<HTML>
    <BODY>
    <P><I><% = Name %></I>您好!欢迎<I><% = Age %></I>岁的您光临本网站!</P>
    您上次拜访本站的时间为<I><% = Last %></I>,而现在的时间为<I><% = Now( ) %></I>。
    </BODY>
</HTML>
```

(2) Response 对象中的 Cookies 集合。通过 Response 对象的 Cookies 集合可以设置 Cookie 值。语法格式如下：

```
Response.Cookies(cookie)[(key)|.attribute]
```

【例 7.2】向客户端硬盘 Cookies 集合中写入相关数据（L7-2.asp）。

```
<%@ Language = VBScript %>
```

```
<%
   Response.Cookies("CookieName")("UserName") = "Jean Chen"
   Response.Cookies("CookieName")("UserAge") = "25"
   Response.Cookies("CookieName")("LastVisited") = Now( )
   Response.Cookies("CookieName").Expires = Date( ) + 7
%>
```

任务2　投票系统后台管理

学习目标与任务:

- 了解投票系统后台管理的设计方法;
- 掌握投票的添加、删除、修改等技术。

7.2.1　问题情景及实现

1. 问题情景

管理员通过投票系统后台可以更改投票主题、投票选项、投票结果、任意增加或减少投票选项、添加针对新主题的投票、删除某主题的投票等功能。

2. 系统实现

(1) 页面功能设计。管理员通过单击投票系统后台相应超链接和按钮可以实现更改投票主题、投票选项、投票结果、任意增加或减少投票选项、添加针对新主题的投票、删除某主题的投票等功能。

(2) 数据表设计。在数据库 EnterpriseData 中添加表 Vote1，其表结构如表 7—4 所示。

表 7—4　**Vote1 表结构**

字段名称	数据类型	长　度	主　键	默认值	说　明
Id	整型	4	是	自动编号	投票主题编号
Title	文本	40	否	NULL	投票主题
ischecked	整型	4	否	0	判断是否属于活动投票主题

(3) 代码设计。

①Managevote.asp。管理投票页面 Managevote.asp 用于管理投票系统，运行结果如图 7—3 所示。Managevote.asp 文件代码如下:

```
<!-- #include file = "db.asp"-->
<%
  set rs = server.createobject("adodb.recordset")
  rs.open "select * from vote1 order by id asc",objconn,1,1
'创建 rs 对象实例,读取数据库表 vote 中的记录,并存放到 recordset 对象中
%>
<html>
<head>
<title>投票管理</title>
</head>
<body>
<table width = "90 % " border = "0" align = "center" cellpadding = "3" cellspacing = "1" >
<form method = "POST" action = "setvote.asp">
```

```
<tr>
<td colspan="5" align="center" ><b><font color="red">投票管理 </font></b></td>
</tr>
<tr >
<td width="10%" align="center" bgcolor="fbc2c2">选择</td>
<td width="10%" align="center" bgcolor="fbc2c2">ID</td>
<td width="60%" align="center" bgcolor="fbc2c2">主题</td>
<td width="10%" align="center" bgcolor="fbc2c2">修改</td>
<td width="10%" align="center" bgcolor="fbc2c2">删除</td>
</tr>
<%
  do while not rs.eof
%>
    <tr>
    <td width="10%" align="center">
    <input type="radio" value=<%=rs("id")%><%if rs("IsChecked")=1 then%> checked<%end
if%> name="Checked"></td>
    <td width="10%" align="center"><%=rs("id")%> </td>
    <td width="60%"><%=rs("Title")%> </td>
    <td width="10%" align="center">
    <a href="modifyvote.asp?id=<%=rs("id")%>">[修改]</a>
    </td>
    <td width="10%" align="center">
    <a href="delectvote.asp?id=<%=rs("id")%>">[删除]</a>
    </td>
    </tr>
<% rs.movenext
    loop
%>
<tr>
<td colspan=5 align=right bgcolor=#fbf4f4>
<input type="submit" value="选定投票项" name="submit" >
<input onClick="window.open('addvote.asp','_self')" type="button" value="添加新投票" name=
"button" >
</td>
</tr>
</form>
</table>
<%
  rs.close                          '关闭 recordset 实例
  set rs=nothing                    '释放 recordset 实例
  objconn.close                     '关闭与数据库的连接
  set objconn=nothing               '释放 connection 实例
%>
</body>
</html>
```

②Modifyvote.asp。修改投票页面 Modifyvote.asp 用于修改投票的主题、投票选项和投票票数、增删投票选项，运行结果如图 7—4 所示。

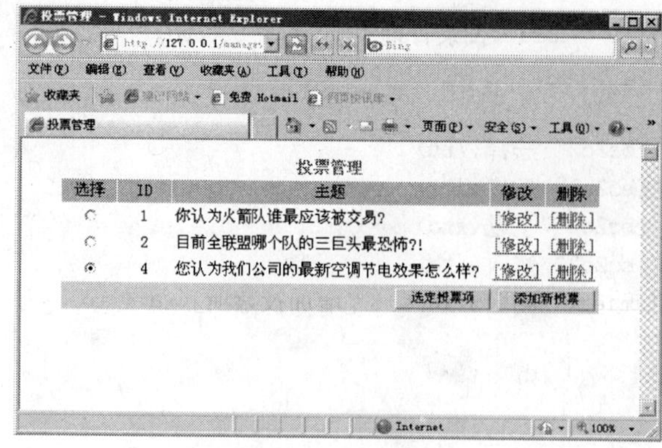

图 7—3 投票管理

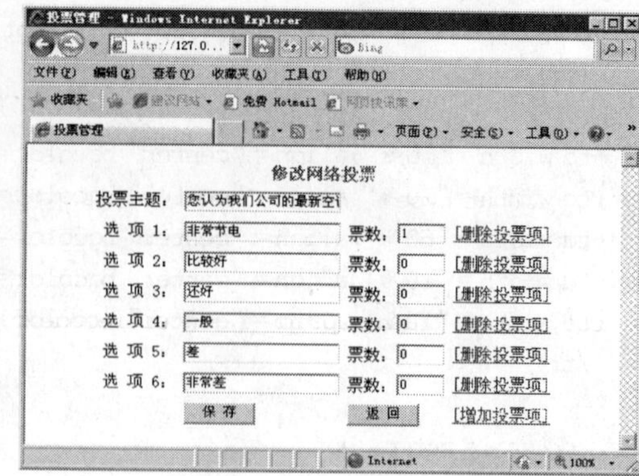

图 7—4 修改投票

Modifyvote.asp 修改投票文件代码如下:

```
<!-- #include file = "db.asp"-->
<%
  id = request.QueryString("id")                    '获取 querystring 集合中变量 id 的值
  set rs = server.createobject("adodb.recordset")
  '创建 rs 对象实例,读取数据库表 vote 中的相关记录,并存放到 recordset 对象中
  sql = "select * from vote where titlecode = "&id&" order by id asc"
  '从数据库 vote 表中选中特定的投票主题(包括投票选项)升序排列
  rs.open sql,objconn,1,1
  Title = rs("Title")
  titlecode = rs("titlecode")
 %>
<html><head><title>投票管理</title>
</head>
<body>
<table border = "0" align = "center" cellpadding = "3" cellspacing = "1" >
<form method = "POST" action = "save.asp?id = <% = titlecode %>">
<tr>
<td colspan = "4" align = "center" ><b><font color = red>修改网络投票</font></b></td>
</tr>
<tr >
<td align = "right">投票主题:</td>
<td ><input type = "text" name = "Title" value = "<% = Title %>" size = "20" ></td>
</tr>
<%  i = 1
  do while not rs.eof %>
<tr >
<td align = "right">选 项 <% = i %>:</td>
<td><input type = "text" name = "select<% = i %>" value = "<% = rs("select") %>" size = "20" > </td>
<td>票数:<input type = "text" name = "num<% = i %>" value = "<% = rs("num") %>" size = "5" ></td>
<td><a href = "del.asp?id = <% = rs("id") %>&titlecode = <% = titlecode %>">[删除投票项]</a></td>
</tr>
<%  i = i + 1
  rs.movenext
  loop
  rs.close
```

```
  set rs = nothing
  objconn.close
  set objconn = nothing %>
<tr>
<td></td>
<td><input type="submit" value=" 保 存 " name="cmdok" > </td>
<td><input type="button" value=" 返 回 " onClick="window.open('managevote.asp','_self')" >
 </td>
<td><a href="add.asp?id=<%=titlecode%>&title=<%=title%>">[增加投票项]</a></td>
</tr>
</form>
</table>
</body>
</html>
```

③Save.asp。保存修改页面 Save.asp 用于保存修改投票页面 modifyvote.asp 所做的修改，代码如下：

```
<!--#include file="db.asp"-->
<%
  titlecode = request.QueryString("id")                    '获取这个投票主题号
  set rs = server.createobject("adodb.recordset")
  sql = "select * from vote where titlecode = "&titlecode&"order by id asc"
  '从数据库 vote 表中选中特定的投票主题(包括投票选项)升序排列
  rs.open sql,objconn,1,3
  i = 1
  do while not rs.eof                                       '记录指针没有处于最后一条记录之后
  rs("Title") = request("title")                            '投票主题入库
    if request("select"&i)<>"" then                         '投票选项和投票选项票数入库
        rs("select") = request("select"&i)
            if request("num"&i) = "" then
                rs("num") = 0
            else
                rs("num") = request("num"&i)
            end if
    else
        rs("select") = ""
        rs("num") = 0
    end if
  i = i + 1
  rs.update                                                 '保存对当前 recordset 对象所做的修改
  rs.movenext
  loop
  rs.close
  rs.open "select * from vote1 where id = "&titlecode,objconn,1,1
  '以下代码为确保增加的投票选项所在的主题为活动的话,这些投票选项记录的 ischecked 字段值为 1
  ischecked = rs("ischecked")
  rs.close
  if ischecked = 1 then
    sql = "select * from vote where titlecode = "&titlecode&" order by id asc"
    rs.open sql,objconn,1,3
    do while not rs.eof
```

```
        rs("ischecked") = 1
        rs.update                                        '保存对当前 recordset 对象所做的修改
        rs.movenext
      loop
      rs.close
    end if
    set rs = nothing
    objconn.close
    set objconn = nothing
    Response.Redirect "managevote.asp"                   '页面跳转
  %>
```

④Add.asp。增加投票选项文件 Add.asp 用于增加某个投票主题的投票选项，代码如下：

```
<!-- #include file = "db.asp"-->
<%
  titlecode = request.QueryString("id")                  '获取投票主题号
  title = request.QueryString("title")                   '获取投票主题
  set rs = server.createobject("adodb.recordset")
  rs.open vote,objconn,1,3
  rs.addnew                                              '给这个投票主题添加一个空的选项
  rs("title") = title
  rs("titlecode") = titlecode
  rs.update                                              '保存对 recordset 对象所做的操作
  rs.close
  set rs = nothing
  objconn.close
  set objconn = nothing
%>
<script language = vbscript>
location.href = "modifyvote.asp?id = <% = titlecode %>"
</script>
```

⑤Addvote.asp。增加投票文件 Addvote.asp 用于增加某个新的投票主题，代码如下：

```
<!-- #include file = "db.asp"-->
<%'本程序为增加一个新的投票主题
  dim i
  i = 1
%>
<html>
<head>
</head>
<body>
<table width = "100 % " border = "0" align = "center" cellpadding = "3" cellspacing = "1" bgcolor =
"#FFFFFF">
<form method = "POST" action = "Saveaddvote.asp">
<tr>
<td colspan = "4" align = "center" ><b><font color = "#FF0000">添加新的投票</font></b></td>
</tr>
<tr >
<td width = "40 % " align = "right">投票主题:</td>
<td width = "60 % "><input type = "text" name = "Title" size = "40" ></td>
```

```
</tr>
<tr >
<td align="right">选 项 < % =i% >:</td>
<td><input type="text" name="select" size="25" >票 数:<input type="text" name="num" size="5"
value="0" ></td>
</tr>
<tr >
<td></td>
<td>
<input type="submit" value=" 添 加 " name="cmdok" > 
<input type="reset" value=" 取 消 " name="cmdcancel" >
<input type="button" value=" 返 回 " onClick="vbscript:history.go(-1)" > 
</td>
</tr>
<tr>
<td></td>
<td><font color="#FF0000">*如需增加更多投票项请输入投票主题后单击添加按钮,在投票管理页
面选择修改按钮<br>
*读者也可自行思考完善本部分</font></td>
</tr>
</form>
</table>
</body>
</html>
```

⑥Del.asp。删除投票选项文件 Del.asp 用于删除某个投票主题的投票选项，代码如下：

```
<!--#include file="db.asp"-->
<%
  id=request.QueryString("id")                          '获取这个投票选项的 id 号
  titlecode=request.QueryString("titlecode")            '获取这个投票选项所对应的主题号
  sql1="delete from vote where id="&id                  '从数据库中删除这个投票选项
  objconn.execute(sql1)
  objconn.close
  set objconn=nothing
%>
<script language=vbscript>
location.href="modifyvote.asp?id=<%=titlecode%>"
</script>
```

⑦Delectvote.asp。删除投票主题文件 Delectvote.asp 用于删除某个投票主题，代码如下：

```
<!--#include file="db.asp"-->
<%
  titlecode=request.QueryString("id")                   '获取这个投票主题的 id 号
  sql1="delete from vote where titlecode="&titlecode
  '从数据库 vote 表中删除这个投票主题(包括投票选项)
  objconn.execute(sql1)
  sql1="delete from vote1 where id="&titlecode          '从数据库 vote1 表中删除这个投票主题
  objconn.execute(sql1)
  objconn.close
  set objconn=nothing
%>
```

```
<script language=vbscript>
location.href="managevote.asp"
</script>
```

⑧Saveaddvote.asp。保存添加主题文件 Saveaddvote.asp 用于保存一个新增加的投票主题，代码如下：

```
<!--#include file="db.asp"-->
<%                                                        '本程序为保存新增加的投票主题
  Title=trim(request.form("Title"))
  if Title="" then
%>
<script language=vbscript>
  msgbox "错误:请输入内容"
location.href="vbscript:history.back()"
</script>
<%
    Response.End
  end if
  set rs=server.createobject("adodb.recordset")          '新增加的投票主题入表 vote1
  rs.open vote1,objconn,1,3
  rs.addnew
  rs("title")=title
  rs.update                                              '保存对 recordset 对象所做的操作
  rs.close
  sql="select * from vote1 where title='"&title&"'"      '获取表 vote1 中自动编号产生的新投票主题号
  rs.open sql,objconn,1,1
  titlecode=rs("id")
  rs.close
  rs.open vote,objconn,1,3
  rs.addnew
  rs("title")=title
  rs("titlecode")=titlecode
  rs("select")=request("select")
  rs("num")=request("num")
  rs.update
  rs.close
  set rs=nothing
  objconn.close
  set objconn=nothing
  Response.Redirect "managevote.asp"
%>
```

⑨Setvote.asp：用于选择某个投票主题为活动投票主题（正在接受投票的主题），代码如下：

```
<!--#include file="db.asp"-->
<%                                                   '本程序用来选定某个投票主题为活动投票主题
titlecode=request("checked")
set rs=server.createobject("adodb.recordset")
sql="Select isChecked from vote1 where IsChecked=1"
rs.open sql,objconn,1,3
```

```
if not rs.eof then
    do while not rs.eof
        rs("IsChecked") = 0
    rs.movenext
    loop
end if
rs.close
sql = "Select IsChecked from vote1 where id = "&titlecode
rs.open sql,objconn,1,3
if not rs.EOF then
    do while not rs.EOF
        rs("isChecked") = 1
    rs.MoveNext
    loop
end if
set rs = server.createobject("adodb.recordset")
sql = "Select isChecked from vote where IsChecked = 1"
rs.open sql,objconn,1,3
if not rs.eof then
    do while not rs.eof
        rs("IsChecked") = 0
    rs.movenext
    loop
end if
rs.close
sql = "Select IsChecked from vote where titlecode = "&titlecode
rs.open sql,objconn,1,3
if not rs.EOF then
    do while not rs.EOF
        rs("isChecked") = 1
    rs.MoveNext
    loop
end if
rs.close
set rs = nothing
objconn.close
set objconn = nothing
response.redirect "managevote.asp"
%>
```

7.2.2 相关技术：网站上页面跳转技术、多表单处理程序技术

1. 网站上页面跳转技术

在实际网页编程的过程中，我们经常需要从一个页面跳转到另一个页面，实现的技术很多，归纳常见的几种跳转技术如下：

(1) HTML 语言中的 a 标记（超链接）。相应代码如下：

```
<a href = "要跳转到的页面">单击的内容</a>
```

(2) HTML 语言中的 meta 标记（等待一定时间后自动跳转到新页面）。相应代码如下：

```
<meta http-equiv = "refresh" content = "等待的时间单位秒;url = 要跳转到的页面">
```

(3) ASP 中的 Response 对象。相应代码如下：

```
<%Response.redirect "要跳转到的页面" %>
```

(4) Vbscript 中 Window 对象的 location 属性。相应代码如下：

```
<Script language = "vbscript"
Window.location.href = "要跳转到的页面"
</Script>
```

(5) 提交表单。相应代码如下：

```
<form action = "要跳转到的页面" method = "get">
…
<input name = "button" type = "submit" value = "提交" />
</form>
```

使用 Server 对象的 Execute 和 Transfer 方法也可实现跳转，具体用法在**项目 5** 中已经介绍过，此处不再重复。

2. 多表单处理程序技术

表单设计的时候，单击提交按钮可以将表单对象的值送给表单处理程序处理，并且一般情况下一个表单对应着一个表单处理程序。如果要将同一个表单的内容送给两个或两个以上的表单处理程序，我们可以将提交动作放到按钮上，代码如下：

```
<input type = "button" onClick = "this.form.action = 'A.asp';this.form.submit( )" value = "A">
<input type = "button" onClick = "this.form.action = 'B.asp';this.form.submit( )" value = "B">
```

项目实训 7　利用复选框删除若干个投票选项

1. 实训目的

(1) 通过实训掌握利用复选框删除若干个投票选项；

(2) 完善投票后台管理系统。

2. 实训情景引入

在任务 2 图 7—4 中用户可以单击“删除投票项”超链接来删除对应投票项，每单击一次只能删除对应的一个投票项，当用户需要删除多个投票项的时候就得多次单击相应“删除投票项”超链接，这时就显的不方便。本实训的主要任务是要求基于任务 2，完善图 7—4 中删除投票项功能，利用复选框一次删除若干个投票选项。

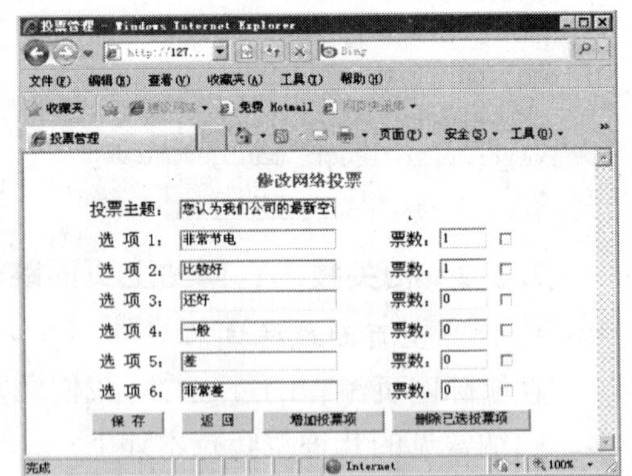

图 7—5　完善后的修改投票页面

3. 实训步骤

(1) 页面设计。删除图 7—4 中的“删除投票项”超链接，用复选框取代之，增加“删除已选投票项”按钮，最终效果如图 7—5 所示。

(2) 代码设计。修改 Managevote.asp 代码如下：

```
<!-- #include file = "db.asp"-->
<%
```

```
id = request. QueryString("id")                    '获取 querystring 集合中变量 id 的值
set rs = server. createobject("adodb. recordset")
'创建 rs 对象实例,读取数据库表 vote 中的相关记录,并存放到 recordset 对象中
sql = "select * from vote where titlecode = "&id&" order by id asc"
'从数据库 vote 表中选中特定的投票主题(包括投票选项)升序排列
rs. open sql,objconn,1,1
Title = rs("Title")
titlecode = rs("titlecode")
%>
<html><head><title>投票管理</title>
</head>
<body>
<table border = "0" align = "center" cellpadding = "3" cellspacing = "1" >
<form method = "POST" action = "save.asp?id = <% = titlecode %>">
<tr><input name = "titlecode" type = "hidden" value = "<% = titlecode %>"></tr>
<tr>
<td colspan = "4" align = "center" ><b><font color = red>修改网络投票</font></b></td>
</tr>
<tr >
<td align = "right">投票主题:</td>
<td ><input type = "text" name = "Title" value = "<% = Title %>" size = "20" ></td>
</tr>
<% i = 1
do while not rs. eof %>
<tr >
<td align = "right">选 项 <% = i %>:</td>
<td><input type = "text" name = "select<% = i %>" value = "<% = rs("select") %>" size = "20" > </td>
<td>票数:<input type = "text" name = "num<% = i %>" value = "<% = rs("num") %>" size = "5" >
<input type = "checkbox" name = "checkbox" value = "<% = rs("id") %>"></td>
</tr>
<% i = i + 1
rs. movenext
loop
rs. close
set rs = nothing
objconn. close
set objconn = nothing %>
<tr >
<td ><input type = "submit" value = " 保 存 " name = "cmdok" ></td>
<td><input type = "button" value = " 返 回 " onClick = "window. open('managevote.asp','_self')">
<input type = "button" value = " 增加投票项 " onClick = "location. href = 'add.asp? id = <% = title-
code %>&title = <% = title %>'">
</td>
<td><input type = "button" onClick = "this. form. action = 'del.asp';this. form. submit( )" value = "删
除已选投票项">
</td>
</tr>
</form>
</table>
</body>
</html>
```

修改 Del.asp 代码如下：

```
<!--#include file="db.asp"-->
<%
sql1="delete from vote where id="
for i=1 to request.form("checkbox").count
    if request.form("checkbox")(i)<>"" then
        if i<>request.form("checkbox").count then
            sql1=sql1&request.form("checkbox")(i)&" or id="
        else
            sql1=sql1&request.form("checkbox")(i)
        end if
    end if
next
  titlecode=request.form("titlecode")              '获取这个投票选项所对应的主题号
objconn.execute(sql1)
objconn.close
set objconn=nothing
%>
<script language=vbscript>
location.href="modifyvote.asp?id=<%=titlecode%>"
</script>
```

习　题　7

一、选择题

1. 下面哪个属性可以设置 Cookies 的过期时间？（　　）

A. Domain　　B. Expires　　C. HasKeys　　D. Secure

2. 设置 Cookies 值是利用下列哪个对象？（　　）

A. Request　　B. Response　　C. Server　　D. Application

二、思考与练习题

1. 试述 Cookies 的概念和主要作用。

2. 本章节中防止重复投票的方法有三种，请基于验证 IP 地址和登录时间代码利用第三种方法来修改本系统。

子项目 8　企业新闻发布系统的设计

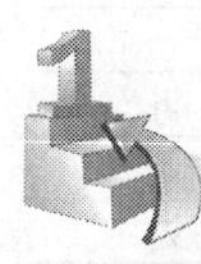

学习目标

能掌握新闻发布系统的设计与程序调试的方法。

了解企业网站新闻发布系统的结构。

了解并掌握 AD Rotator 广告轮显组件的使用方法。

掌握在线编辑排版技术。

掌握文本编辑框的使用方法。

项目任务

对于任何一个企业网站来说，新闻发布功能必不可少，通过它可以使网站页面标准化、操作简便化。企业可以通过新闻发布系统将信息、产品等有关内容发布到网站上供用户了解查阅。本项目的主要任务是介绍企业新闻发布系统的功能设计，重点任务是掌握利用本项目的相关代码借鉴到网站中设计个性化的企业新闻发布系统。

新闻发布系统主要分为两大模块：一是面向用户的新闻浏览界面；二是面向管理员的后台管理模块。因此主要从这两方面将本项目分解成两大任务来分析阐述，其中新闻编辑与发布是后台管理模块的重要部分，特将其作为独立任务来介绍与分析。

任务 1　企业新闻浏览

学习目标与任务：

- 了解并掌握企业新闻浏览页面的设计方法；
- 掌握新闻搜索的设计方法；
- 掌握新闻表设计的方法；
- 了解并掌握 AD Rotator 广告轮显组件的使用方法。

8.1.1　问题情景及实现

1. 问题情景

从数据库新闻表提取相关信息以表格的形式输出显示在网页页面上。

2. 系统实现

(1) 页面功能设计。按照网站设计的一般规律，企业网站新闻浏览页面可以按以下三大功能模块进行设计：

- 企业广告图片显示：用于显示企业形象、产品介绍等图片。
- 企业新闻浏览：以表格形式从数据表中提取新闻数据并显示。
- 新闻搜索：当新闻量逐渐增多时，用于搜索用户所需要的相关新闻信息。

（2）数据表设计。根据新闻的基本信息结构，在数据库 EnterpriseData 中添加新闻表 News，其表结构设计如表 8—1 所示。

表 8—1　News 表

字段名称	数据类型	长　度	主　键	默认值	说　明
Id	长整型	8	是	自动编号	新闻编号
Title	文本	40	否	NULL	新闻标题
E-mail	文本	30	否	NULL	电子邮件
Poster	文本	10	否	NULL	发布者
PubDate	日期/时间	8	否	NULL	发布日期
Hidden	文本	2	否	NULL	是否隐藏
Content	备注	不限	否	Now( )	新闻正文

（3）代码设计。

①News.asp。新闻标题显示页面 News.asp 是新闻发布系统中面向普通用户的第一个页面，用于显示新闻的标题，供用户查看，如图 8—1 所示。

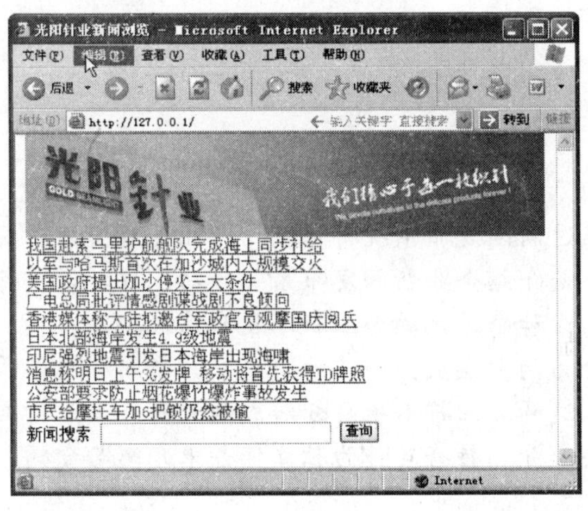

图 8—1　新闻标题浏览

该页主要是通过查询语句获得新闻数据库中的新闻标题数据，并以列表的形式显现在用户面前，代码如下：

```
<html>
<head>
<title>新闻标题浏览</title>
<meta http-equiv = "Content-Type" content = "text/html;charset = gb2312"></head>
<body topmargin = "0">
<!-- #include file = "db.asp"-->                    '包含数据库连接文件 db.asp
<%
    dim AdRand,strsql,rs_sql                          '显式声明变量
    set AdRand = Server.CreateObject("MSWC.AdRotator")   '定义广告轮显组件实例
```

```
        Response.Write AdRand.GetAdvertisement("myadrot.txt")    '调用并显示图片广告数据
        strsql = "SELECT id,title from news"                '在新闻数据库表中查询新闻的 id 号与标题
        set rs_sql = conn.Execute(strsql)                   '执行 SQL 语句
        Response.Write "<table border = ""0"" cellpadding = ""0"" cellspacing = ""0"" width = ""400""
        align = ""center"">"                                '输出创建表格的 html 代码
        '利用 do while loop 结构将查询所得的新闻标题数据以列表形式显示
        do while not rs_sql.eof
        '显示标题,并构建超链接指针,新闻 id 号通过地址链接传递至 News_View
          Response.Write "<TR><TD width = ""70 %"" class = 'headline' colspan = ""2"">
                      <a href = ""News_View.asp?id = " & rs_sql("id") & """>" & rs_sql("title") & "</a>
</td></tr>"
          rs_sql.movenext                                   '记录指针下移
        loop
        conn.close                                          '断开数据库连接
        set AdRand = nothing                                '释放对象 AdRand
        set rs_sql = nothing                                '释放对象 rs_sql
        set conn = nothing                                  '释放对象 conn
        Response.Write "<TR><td>"
    %>
    <form name = "form1" method = "post" action = "NewsSearch.asp">
        <span class = "aspmaker">新闻搜索
        <input type = "text" name = "psearch" size = "30">
        <input type = "Submit" name = "Submit" value = "查询"></span>
    </form>
    <% Response.Write "</td></tr></table>" %>
    </body>
    </html>
```

②News _ View.asp。新闻内容浏览页面 News _ View.asp 是普通用户进行新闻浏览的页面，当用户在新闻标题显示页面下选择要浏览的新闻标题并单击，即进入如图 8—2 所示页面。

根据用户在新闻标题显示页下选择的新闻标题 id 号，在新闻数据库中查找相关的新闻内容，以如上图的显示方式显示新闻内容，代码如下：

```
    <html>
    <head>
    <title>新闻内容浏览</title>
    </head>
    <body>
    <%
          dim AdRand
          set AdRand = Server.CreateObject("MSWC.AdRotator")      '定义广告轮显组件实例
          esponse.Write AdRand.GetAdvertisement("myadrot.txt")   '调用并显示图片广告数据
    %>
    <!-- #include file  = "top.asp"-->                   '包含新闻浏览顶部页面内容 top.asp
    <!-- #include file = "db.asp"-->                     '包含数据库连接文件 db.asp
    <%
        dim id,rs_sql,strsql
        id = trim(request.querystring("id"))            '传递过来的数据集合中获取 id 号
        set rs_sql = Server.CreateObject("ADODB.Recordset")   '创建记录集
        '根据获得的 id 号在新闻数据库表 news 中查找相关的新闻标题与内容
```

```
        strsql = "SELECT id,title,content FROM news WHERE id = " & id & ""
        rs_sql.Open strsql,conn,1,1                                      ‘以读写方式打开
        Response.Write "<table border = ""0"" cellpadding = ""0"" cellspacing = ""0"" width = ""480""
align = ""left"">"                                                       ‘输出表格
        Response.Write "<TR><TD width = ""100%"" class = 'headline' colspan = ""2"">" & rs_sql("ti-
tle")& "<hr size = ""1""></td></tr>"                                      ‘输出标题记录
        Response.Write "<Tr><TD width = ""100%"" class = 'newsmain' colspan = ""2"">" & rs_sql("con-
tent") & "</TD></TR>"                                                     ‘输出内容记录
        Response.Write "</table>"
        conn.close                                                       ‘断开数据库连接
        set AdRand = nothing                                             ‘释放对象 AaRand
        set rs_sql = nothing                                             ‘释放对象 rs_sql
        set conn = nothing                                               ‘释放对象 conn
    %>
    </body>
    </html>
```

③News _ Search.asp。新闻搜索页面 News _ Search.asp 为用户提供了搜索相关新闻的功能。根据输入的关键词模糊查找出所有相关的新闻，如图 8—3 所示。

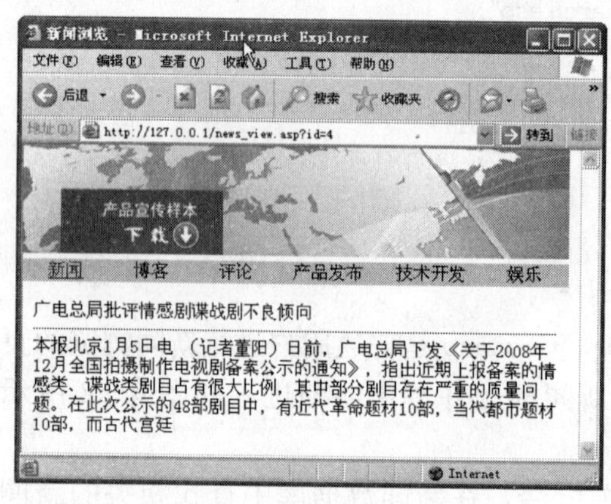

图 8—2　新闻内容浏览

搜索结果：4条
我国赴索马里护航舰队完成海上同步补给
以军与哈马斯首次在加沙城内大规模交火
美国政府提出加沙停火三大条件
印尼强烈地震引发日本海岸出现海啸
新闻搜索 查询

图 8—3　新闻搜索

在新闻标题显示页面下输入要搜索新闻的关键词，通过表单元素将关键词传递至 News _ Search.asp，再根据关键词在新闻数据表中模糊查找相关新闻内容，并将所有含有关键词的新闻信息显示出来，代码如下：

```
<html>
<head>
<title>新闻搜索</title>
<meta http-equiv = "Content-Type" content = "text/html;charset = gb2312"></head>
<body topmargin = "0">
<%
    dim AdRand
    Set AdRand = Server.CreateObject("MSWC.AdRotator")              ‘定义广告轮显组件实例
    Response.Write AdRand.GetAdvertisement("myadrot.txt")           ‘调用并显示图片广告数据
%>
<!-- #include file = "db.asp"-->                                      ‘包含数据库连接文件 db.asp
<%
    dim strsql,rs_sql
```

```
        Set rs_sql = Server.CreateObject("ADODB.Recordset")          '创建记录集
        key = request.Form("psearch")                                '获得搜索关键词
        '在新闻数据表 news 中将关键词与新闻标题、内容进行模糊匹配
        strsql = "SELECT id,title from news where title LIKE '%"& key &"%' or content LIKE '%"& key
&"%'"
        rs_sql.Open strsql,conn,1,3
        Response.Write "<table border = ""0"" cellpadding = ""0"" cellspacing = ""0"" width = ""400""
align = ""center"">"
        Response.Write "<TR><TD width = ""70%"" class = 'headline' colspan = ""2"">搜索结果:" & rs_
sql.RecordCount & "条"                                                '显示搜索的记录数
        Response.Write "</TD>"
        '利用 do while loop 结构分别显示搜索出来的相关记录
        do while not rs_sql.eof
        '输出搜索出的记录,并构建超链接
          Response.Write "<TR><TD width = ""70%"" class = 'headline' colspan = ""2""><a href = ""news_
view.asp?id = " & rs_sql("id") & """>" & rs_sql("title") & "</a></td></tr>"
          rs_sql.movenext                                            '记录指针下移
        loop
        Response.Write "</table>"
        conn.close                                                   '断开数据库连接
        set AdRand = nothing                                         '释放对象 AaRand
        set rs_sql = nothing                                         '释放对象 rs_sql
        set conn = nothing                                           '释放对象 conn
    %>
    <form name = "form1" method = "post" action = "news_search.asp">
      <table border = "0" cellspacing = "0" cellpadding = "0" align = "center">
        <tr>
          <td><span class = "aspmaker">新闻搜索
            <input type = "text" name = "psearch" size = "30">
            <input type = "Submit" name = "Submit" value = "查询"></span></td>
        </tr>
      </table>
    </form>
    </body>
    </html>
```

8.1.2 相关知识：AD Rotator 广告轮显组件

Internet 上 Web 站点经常提供广告空间。要保持站点真实有趣并在有限的空间显示几个广告商的广告，您可能希望循环显示不同的广告。AD Rotator 组件简化了轮流显示每个广告的任务，而且易于添加新广告。另外，您可以轻松添加或更新超级链接，这些超级链接允许用户单击广告然后访问广告商的 Web 站点。AD Rotator 组件的工作原理是通过读取 AD Rotator 信息文件来完成的，该文件包括与要显示图像文件的地点的有关信息，以及每个图像的不同属性。构成一个广告随机轮换组件的文件通常有：ADROT.DLL(通常位于 WINNT\system32\inetsrv)、超链接处理文件和广告数据库(文本文件)。

(1) 广告数据库文件。广告数据库文件是一个文本文件，即 AD Rotator 信息文件。本任务中的广告数据库文件 myadrot.txt 的代码如下：

```
    redirect gourl.asp                                               '跳转至 gourl.asp
```

```
width 500
height 100
border 0
*
pic1.jpg
pic1.htm
蒸蒸日上
3
pic2.jpg
pic2.htm
产品宣传样本
2
pic3.jpg
pic3.htm
团结进取
1
```

说明：此文件作为广告的流式文件称为广告信息文件，由 AD Rotator 组件的 GetAdvertisement 方法调用。第 1 句用来指定处理广告超链接的程序(gourl.asp)；第 2～4 句设定广告图片的宽、高及边框线，若不需边框线，可设 border 为 0；星号 * 无特殊意义，仅用作分隔；下面三组类似的语句分别指定不同的图片、链接的网页、图片的文本替代显示以及图片出现的频率加权。依据程序中给出的数据 3、2、1，每张图片出现的频率分别为：

3/(3＋2＋1)＝50％、2/(3＋2＋1)＝33％、1/(3＋2＋1)＝17％。

(2) 超链接处理文件。News.asp 文件中显示广告图片的下述代码主要用来连接 myadrot.txt 文件，并且执行 myadrot.txt 文件中的信息内容。相关代码如下：

```
<%
    set myad = Server.CreateObject("MSWC.adrotator")
    response.write myad.getadvertisement("myadrot.txt")
%>
```

说明：AD Rotator 组件支持的唯一方法是 GetAdvertisement，它只有一个参数是 AD Rotator 数据库文件的名称，且 News.asp 和 myadrot.txt 必须在同一目录下。

Myadrot.txt 中涉及的 Gourl.asp 文件主要功能是提取 url 参数值，跳转到广告主页，代码如下：

```
<%
    whaturl = request.querystring("url")
    response.redirect whaturl
%>
```

任务 2　企业新闻发布

学习目标与任务：

- 了解新闻发布的设计方法；
- 掌握新闻信息写入技术；
- 掌握新闻在线编辑排版技术。

8.2.1 问题情景及实现

1. 问题情景

企业新闻发布功能模块作为新闻后台管理的一个重要部分，也是本项目的核心内容，将其分解为独立子任务进行分析描述。本任务所设计的模块主要是面向系统管理员的，系统管理员利用该功能将新闻内容经编辑后写入数据库。

2. 系统实现

(1) 页面功能设计。因后台管理是面向系统管理员的，因此若要使用此功能必须通过身份验证，此时需要借助于子项目 3 中的登录功能模块。在通过身份验证后即可进入至后台管理界面，通过有关图片模拟文字编辑按钮，并调用有关函数实现文字编辑排版。

(2) 数据表设计。用户表信息与子项目 3 相同，表结构如表 8—2 所示。

表 8—2　　用户表

字段名称	数据类型	长　度	主　键	默认值	说　明
Id	长整型	8	是	自动编号	用户编号
UserName	文本	10	否	NULL	用户姓名
UserPass	文本	32	否	NULL	用户口令
Role	文本	1	否	0	权限，0 为普通用户，1 为管理员用户

新闻通过在线编辑后写入新闻表 News 中，表结构见表 8—1 所示。

(3) 代码设计。用户登录模块已在子项目 3 中详细阐述过，在此不再重复说明。新闻添加程序 AddNews.asp 是新闻发布系统中最重要的模块，由管理员用户将新闻标题、新闻内容与新闻发布者 E-mail 地址等信息输入至相关栏目并发布。系统根据发布的内容写入至后台数据库相应的数据表中，如图 8—4 所示。

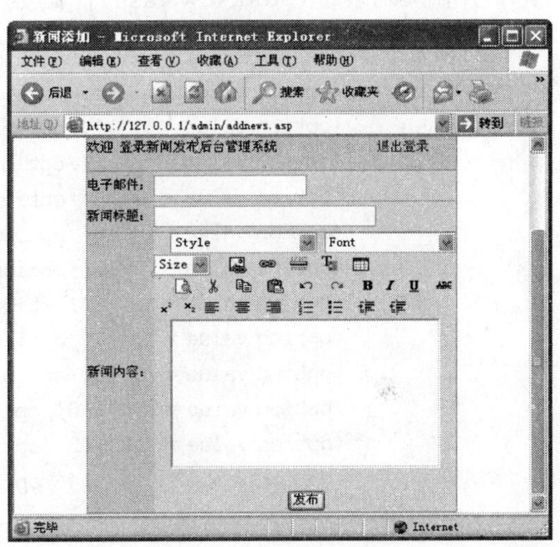

图 8—4　新闻添加

图 8—4 中电子邮件与新闻标题部分的页面设计较为简单，利用表单元即可实现。新闻内容的编辑排版功能实现起来较为复杂，下面来分块介绍。创建一个设置文本样式的下拉列表框，样式下拉列表框代码 AddNews.asp 如下：

```
<select onChange = "SetParagraph(this[this.selectedIndex].innerText,this[this.selectedIndex].value);
            this.selectedIndex = 0">
            <option selected>Style</option>
            <option value = "<body>">Normal</option>
            <option value = "<h1>">Verdana</option>
            <option value = "<h2>">Verdana</option>
            <option value = "<h3>">Verdana</option>
            <option value = "<h4>">Verdana</option>
            <option value = "<h5>">berschrift 5</option>
            <option value = "<dir>">Verzeichnis Liste</option>
```

```
            <option value="<menu>">Men?Liste</option>
            <option value="<pre>">Formatiert</option>
            <option value="<address>">Addresse</option>
</select>
```

创建用于控制文本字体的下拉列表框，可以选择的选项有"Arial"、"Arial Black"、"Arial Narrow"等，字体下拉列表框(AddNews.asp)代码如下：

```
<select onChange="cmdExec('fontname',this[this.selectedIndex].value);">
            <option selected>Font</option>
            <option value="Arial">Arial</option>
            <option value="Arial Black">Arial Black</option>
            <option value="Arial Narrow">Arial Narrow</option>
            <option value="Comic Sans MS">Comic Sans MS</option>
            <option value="Courier New">Courier New</option>
            <option value="System">System</option>
            <option value="Tahoma">Tahoma</option>
            <option value="Times New Roman">Times New Roman</option>
            <option value="Verdana">Verdana</option>
            <option value="Wingdings">Wingdings</option>
</select>
```

创建用于控制文本字体大小的下拉列表框，值越大，字体越大；值越小，字体越小。字体大小下拉列表框(AddNews.asp)代码如下：

```
<select onChange="cmdExec('fontsize',this[this.selectedIndex].value);">
            <option selected>Size</option>
            <option value="1">1</option>
            <option value="2">2</option>
            <option value="3">3</option>
            <option value="4">4</option>
            <option value="5">5</option>
            <option value="6">6</option>
            <option value="7">7</option>
            <option value="8">8</option>
            <option value="10">10</option>
            <option value="12">12</option>
            <option value="14">14</option>
</select>
```

在该系统中，用户在发布新闻之前可以先对新闻内容进行编辑，在该页面中放置的仅仅是按钮图片，并没有实现这些功能的代码，实现的功能主要通过 function.asp 文件中对应的函数实现，设置按钮(AddNews.asp)代码如下：

```
'设置各个按钮
'单击"图形链接"图片按钮,调用 inwertImageLink 函数
<img class="cbtn" align=absmiddle src="images/imageLink.gif" alt="图形链接" onClick="insertImageLink( )"onMouseOver="button_over(this);" nMouseOut="button_out(this);" onMouseDown="button_down(this);" onMouseUp="button_up(this);">
'单击"文字链接"图片按钮,执行 createLink
<img class="cbtn" align=absmiddle src="images/Link.gif" alt="文字链接" onClick="cmdExec('createLink')"onMouseOver="button_over(this);"onMouseOut="button_out(this);" onMouseDown="button_down(this);" onMouseUp="button_up(this);">
```

```
'单击"水平线"图片按钮,执行 InsertHorizontalRule
<img class = "cbtn" align = absmiddle src = "images/HR.gif" alt = "水平线" onClick = "cmdExec('InsertHorizontalRule')" onMouseOver = "button_over(this);" onMouseOut = "button_out(this);" onMouseDown = "button_down(this);" onMouseUp = "button_up(this);">
'单击"字体颜色"图片按钮,调用 foreColor 函数
<img class = "cbtn" align = absmiddle src = "images/fgcolor.gif" alt = "字体颜色" onClick = "foreColor( )" onMouseOver = "button_over(this);" onMouseOut = "button_out(this);" onMouseDown = "button_down(this);" onMouseUp = "button_up(this);">
'单击"创建表格"图片按钮,调用 tableDialog 函数
<img class = "cbtn" align = absmiddle src = "images/table.gif" alt = "创建表格" onClick = "tableDialog( );" onMouseOver = "button_over(this);" onMouseOut = "button_out(this);" onMouseDown = "button_down(this);" onMouseUp = "button_up(this);">
'单击"预览"图片按钮,调用 doPreview 函数
<img class = "cbtn" align = absmiddle src = "images/preview.gif" alt = "预览" onClick = "doPreview( );" onMouseOver = "button_over(this);" onMouseOut = "button_out(this);" onMouseDown = "button_down(this);" onMouseUp = "button_up(this);">
'单击"剪切"图片按钮,执行 cut
<img class = "cbtn" align = absmiddle src = "images/Cut.gif" alt = "剪切" onClick = "cmdExec('cut')" onMouseOver = "button_over(this);" onMouseOut = "button_out(this);" onMouseDown = "button_down(this);" onMouseUp = "button_up(this);">
'单击"复制"图片按钮,执行 copy
<img class = "cbtn" align = absmiddle src = "images/Copy.gif" alt = "复制" onClick = "cmdExec('copy')" onMouseOver = "button_over(this);" onMouseOut = "button_out(this);" onMouseDown = "button_down(this);" onMouseUp = "button_up(this);">
'单击"粘贴"图片按钮,执行 paste
<img class = "cbtn" align = absmiddle src = "images/Paste.gif" alt = "粘贴" onClick = "cmdExec('paste')" onMouseOver = "button_over(this);" onMouseOut = "button_out(this);" onMouseDown = "button_down(this);" onMouseUp = "button_up(this);">
'单击"撤销"图片按钮,执行 Undo
<img class = "cbtn" align = absmiddle src = "images/Undo.gif" alt = "撤销" onClick = "cmdExec('Undo')" onMouseOver = "button_over(this);" onMouseOut = "button_out(this);" onMouseDown = "button_down(this);" onMouseUp = "button_up(this);">
```

在以上代码中，创建“图形链接”、“文字链接”、“水平线”、“字体颜色”、“创建表格”等图片按钮，并调用相应的功能代码，如调用 insertImageLink( )用来创建图形链接。创建“预览”、“剪切”、“复制”、“粘贴”、“撤销”等关于文本移动的图片按钮，并调用相应的功能代码，如 doPreview( )函数实现浏览新闻页面，cmdExec(cut)函数实现剪切新闻内容，cmdExec(copy)函数实现复制新闻内容，cmdExec(paste)函数实现粘贴新闻内容，cmdExec(Undo)函数实现撤销动作。

其他图片按钮如“恢复”、“粗体”、“斜体”、“下划线”、“删除线”、“上标”、“下标”、“左对齐”、“居中”、“右对齐”、“项目编号”、“项目符号”、“向右移动”、“向左移动”等代码基本类似，在此不再一一介绍。

最后将编辑后的新闻进行发布，即将表单中需要添加的新闻信息添加到数据库，实现代码如下：

```
<tr><td class = "columr" align = "center"><input type = "submit" value = "发布" onClick = "SubmitContent( );" name = "pub">
<input type = "hidden" name = "editor" value = "<% = request.form("editor") %>">
</td>
</tr>
```

function.asp 中创建了大量的函数用于实现各个按钮的功能，下面通过其中若干个函数的作用来了解它们的用法，按钮功能(function.asp)代码如下：

```
〈script LANGUAGE = "JavaScript"〉                                 '使用 JavaScript 脚本语言
〈!--                                                              '设置鼠标在按钮之上的状态
function button_over(eButton)   {
    eButton. style. backgroundColor = "#B5BDD6";                   '设置背景颜色
    eButton. style. borderColor = "darkblue darkblue darkblue darkblue";   '设置按钮边框颜色
    eButton. style. borderWidth = '1px';                           '设置边框宽度
    eButton. style. borderStyle = 'solid';                         '设置边框类型
}
    '设置鼠标离开按钮的状态
function button_out(eButton) {
    eButton. style. backgroundColor = "#E6EAF0";                   '设置背景颜色
    eButton. style. borderColor = "#E6EAF0";                       '设置边框颜色
}
function cmdExec(cmd, opt) {
    if (isHTMLMode) {                                              '判断是否是 HTML 编辑模式
        alert("Bitte 'Edit HTML' deaktivieren");
        return;
    }
    idContent. document. execCommand(cmd, "", opt);
    idContent. focus( );
}
'设置预览
function doPreview( ){
    temp = idContent. document. body. innerHTML;                   '保存 body 中的 HTML 语言
    preWindow = open('', 'previewWindow',                          '打开预览窗体
        width = 500, height = 440, status = yes, scrollbars = yes, resizable = yes, toolbar = no, menu-
bar = yes');
    preWindow. document. open( );                                  '打开文档
    preWindow. document. write(temp);                              '写入文档
    preWindow. document. close( );                                 '关闭文档
}
```

其余函数在此不再一一介绍，有兴趣的读者可以参考随书光盘中的代码。

8.2.2 相关技术：在线编辑排版

通常情况下，新闻发布系统直接导入新闻文档（如 Word 格式），无须进行编辑排版。但这种情况往往会出现 Word 中的许多格式无法体现在网页中，从而出现排版错乱的现象。为解决这样的问题，本系统提供内容的在线编辑与排版功能，通过 HTML 语言功能或者自定义函数来实现。

在 8.2.1 节已列出在线编辑排版的有关代码，下面将着重介绍与分析此技术的实现。

1. 利用 HTML 语言来实现下拉列表功能

利用 HTML 语言来实现下拉列表功能代码如下：

```
〈select onChange = "SetParagraph(this[this. selectedIndex]. innerText, this[this. selectedIndex].
value); this. selectedIndex = 0"〉
                〈option selected〉Style〈/option〉
                〈option value = "〈body〉"〉Normal〈/option〉
                〈option value = "〈h1〉"〉Verdana〈/option〉
```

```
            ......
            <option value = "<h5>">berschrift 5</option>
            <option value = "<dir>">Verzeichnis Liste</option>
            <option value = "<menu>">Men? Liste</option>
            <option value = "<pre>">Formatiert</option>
            <option value = "<address>">Addresse</option>
</select>
```

当用户从下拉列表框中选择某种样式，上述代码将根据选项的索引号调用 function.asp 文件中的 SetParagraph 函数进行样式的设置。

2. 利用自定义函数来实现编辑排版按钮功能

用于编辑排版的按钮较多，实现此类按钮的代码可以分别定义成函数，并保存为 function.asp，在需要调用的 ASP 文件中可以利用包含功能将 function.asp 引入，并在相关代码位置调用 function.asp 中的函数。

function.asp 中实现编辑排版功能的部分函数代码如下：

```
<script LANGUAGE = "JavaScript">
<!--
    function button_over(eButton) {                                    '鼠标放置在按钮上时的变化
        eButton.style.backgroundColor = "#B5BDD6";                     '背景颜色的设置
        eButton.style.borderColor = "darkblue darkblue darkblue darkblue";   '背景边界颜色
        eButton.style.borderWidth = '1px';                             '背景边界线宽
        eButton.style.borderStyle = 'solid';                           '设置粗体
    }
    function button_out(eButton) {                                     '鼠标离开按钮时的变化
        eButton.style.backgroundColor = "#E6EAF0";
        eButton.style.borderColor = "#E6EAF0";
    }
    ......
    function cmdExec(cmd,opt) {                                        '根据参数,执行相应的命令
        if (isHTMLMode) {
            alert("Bitte 'Edit HTML' deaktivieren");
            return;
            }
        idContent.document.execCommand(cmd,"",opt);
        idContent.focus( );
    }
......
-->
</script>
```

在其他网页编辑场合也可调用此类函数以实现某些特效。在 ASP 中调用 function.asp 中函数的代码如下：

```
<img class = "cbtn" align = absmiddle src = "images/preview.gif" alt = "预览" onClick = "doPreview( );" onMouseOver = "button_over(this);" onMouseOut = "button_out(this);" onMouseDown = "button_down(this);" onMouseUp = "button_up(this);">
<img class = "cbtn" align = absmiddle src = "images/Cut.gif" alt = "剪切" onClick = "cmdExec('cut')" onMouseOver = "button_over(this);" onMouseOut = "button_out(this);" onMouseDown = "button_down(this);" onMouseUp = "button_up(this);">
```

任务 3　新闻编辑管理

学习目标与任务：

- 了解新闻编辑管理的基本功能模块设计；
- 掌握新闻内容在线编辑修改的方法；
- 掌握利用编辑框进行新闻标题修改的方法；
- 掌握程序调试小技巧。

8.3.1　问题情景及实现

1. 问题情景

往往在新闻发布后，根据用户的反映或者新闻内容的错误等情况，将会随时修改新闻标题或者内容，甚至删除某些不良新闻。因此新闻后台管理除了新闻发布功能模块外，还有新闻标题修改、内容编辑、新闻删除等。

2. 系统实现

（1）页面功能设计，其页面设计如图 8—5 所示。新闻后台管理一般需具备以下 4 项功能：

- 新闻添加：任务 2 中已经阐述；
- 新闻标题编辑：便于随时修改已添加新闻的标题；
- 新闻内容编辑：便于随时修改已添加新闻的内容；
- 新闻删除：便于随时删除错误新闻或者过时的新闻。

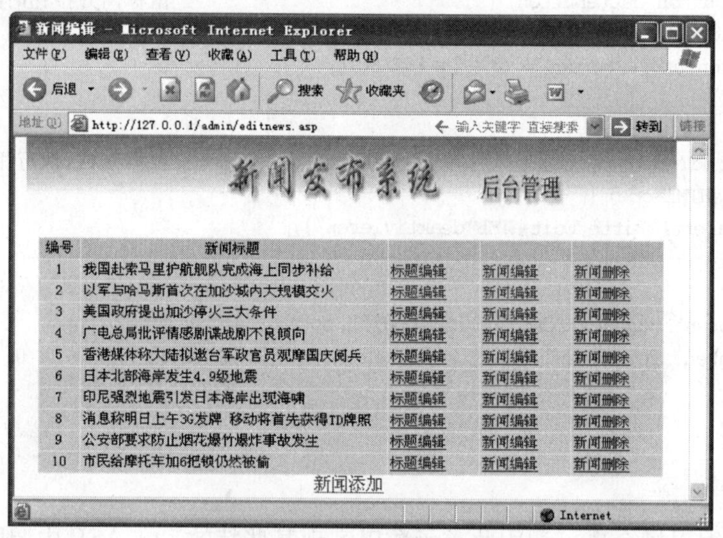

图 8—5　新闻后台管理页面

（2）数据表设计。本任务操作数据均在数据表 News 中，其结构见表 8—1。

（3）代码设计。图 8—5 为 EditNews.asp 的页面，用于显示新闻编辑列表。该程序可以编辑新闻标题，可链接至新闻内容编辑页面 ContentEdit.asp，也可链接至新闻删除页面 DeleteNews.asp。

在此页面下，用户可以单击需要编辑新闻标题所对应的“标题编辑”按钮，此时新闻标题栏将出现编辑框，在编辑框中修改完新闻标题后，则可单击“更新”按钮完成标题编辑，或者单击“取消”按钮放弃修改，如图 8—6 所示。

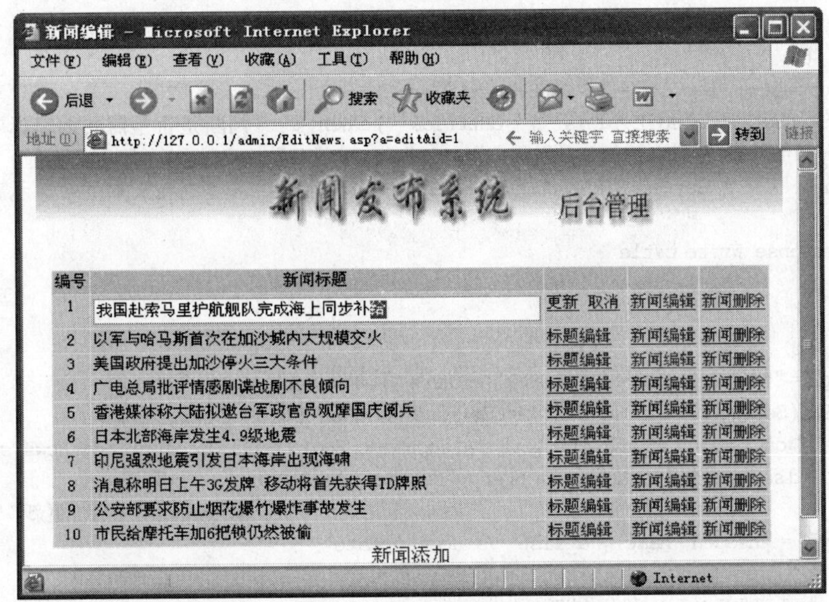

图 8—6　新闻标题编辑

新闻编辑程序 EditNews.asp 的代码如下：

```
〈form name = "EditNews" id = "EditNews" action = "EditNews.asp" method = "post"〉
  〈table id = "ewlistmain" class = "ewTable" width = "681" align = "center" cellpadding = "2" cell-
spacing = "1"
       bgcolor = "#ebebeb"〉
   〈tr bgcolor = "#AFC7F3"〉
     〈td width = "38" align = "center" valign = "top"〉〈font size = "2"〉编号〈/font〉〈/td〉
     〈td width = "383" align = "center" valign = "top"〉〈font size = "2"〉新闻标题〈/font〉〈/td〉
     〈td width = "76" valign = "top"〉〈/td〉
     〈td width = "76" valign = "top"〉〈/td〉
     〈td width = "80" valign = "top"〉〈/td〉
   〈/tr〉
   〈%
     title = ""                                        ‘初始化公共变量
     sAction = ""
     SetUpInlineEdit( )                                ‘调用编辑标题函数
     str_sql = "select * from news order by id asc"    ‘查询新闻相关信息
     set rs_sql = conn.Execute(str_sql)
     Do while not rs_sql.eof                           ‘利用循环以列表形式显示新闻标题
         id = rs_sql("id")
         title = rs_sql("title")
   %〉
   〈tr〉〈td valign = "top" bgcolor = "#C8D8F7" width = "40" align = "center"〉〈font size = "2"〉
   〈% If CStr(Session("edit_id")&"") = CStr(id&"") Then     ‘判断是否是需要编辑新闻标题的编号
         Response.Write id
   %〉
   〈input type = "hidden" id = "id" name = "id" value = "〈% = id %〉"〉
   〈%  Else
```

```
            Response.Write id
         End if
    %>
    </font></td>
    <td valign="top" bgcolor="#C8D8F7" width="340"><font size="2">
    <% If CStr(Session("edit_id")&"")=CStr(id&"") Then %>  '判断是否是需要编辑标题的新闻编号
    <input type="text" name="title" id="title" size="50" maxlength="50"
        value="<% = Server.HTMLEncode(title&"") %>">       '若是则在文本框中显示新闻标题
    <%  Else
            Response.Write title
         End if
    %>
    </font></td>
    <td valign="top" bgcolor="#C8D8F7" width="100"><font size="2">
    <% If CStr(Session("edit_id")&"")=CStr(id&"") Then %>
    <a href="" onClick="if (EW_checkMyForm(document.EditNews)) document.EditNews.submit( );
      return false;">更新</a> <a href="EditNews.asp?a=cancel">取消</a>
                                                        '单击编辑后显示"更新"与"取消"
    <input type="hidden" name="a_list" value="update">
    <% Else %>
    <a href="<% If Not IsNull(id) Then
                Response.Write "EditNews.asp?a=edit&id=" & Server.URLEncode(id)
              Else Response.Write "javascript:alert('Invalid Record! Key is null');" End If %>">标题
编辑</a>
          <% End If %>
    </font>
    <td valign="top" bgcolor="#C8D8F7" width="100"><font size="2">
    <a href="<% If Not IsNull(id) Then
                Response.Write "ContentEdit.asp?id=" & Server.URLEncode(id)
              Else Response.Write "javascript:alert('Invalid Record! Key is null');"
              End If %>">新闻编辑</a>
    </font></td>
    <td valign="top" bgcolor="#C8D8F7" width="100"><font size="2">
    <a href="<% If Not IsNull(id) Then
                Response.Write "DeleteNews.asp?id=" & Server.URLEncode(id)
              Else Response.Write "javascript:alert('Invalid Record! Key is null');"
              End If %>">新闻删除</a>
    </font></tr>
    <%
      rs_sql.movenext                                    '记录指针下移
      loop                                               '循环
      conn.close                                         '关闭数据库
    set con=nothing                                      '释放对象
    %>
    </table>
```

以上代码主要是实现显示新闻标题列表，在编辑标题时利用文本框显示标题以便于编辑，“标题编辑”按钮也随编辑状态的改变而变为“更新”与“取消”。

```
  <%
    Sub SetUpInlineEdit( )                        '创建SetUpInlineEdit( )函数编辑新闻标题
      Dim bInlineEdit
```

```
  If Request.QueryString("a").Count>0 Then                     '判断有无单击更新或取消按钮
     sAction = Request.QueryString("a")                        '获取键值
     If UCase(sAction) = "EDIT" Then                           '判断是否单击了标题编辑按钮
        bInlineEdit = True
        If Request.QueryString("id").Count>0 Then              '获取新闻编号
           id = Request.QueryString("id")
        Else
           bInlineEdit = False
        End If
        If bInlineEdit Then
           If LoadData( ) Then                                 '装载数据函数
              Session("edit_id") = id                          '设置编辑新闻 id 号
           End If
        End If
     Else If UCase(sAction) = "CANCEL" Then                    '取消编辑
         Session("edit_id") = "" ' Clear Inline Edit key
        End If
  Else
     sAction = Request.Form("a_list")
     If UCase(sAction) = "UPDATE" Then                         '单击更新按钮则更新记录
        ' Get fields from form
        id = Request.Form("id")                                '获取编辑后新闻编号
        title = Request.Form("title")                          '获取编辑后新闻标题
        content = Request.Form("content")
        If CStr(Session("edit_id")&"") = CStr(id&"") Then
           If InlineEditData( ) Then                           '调用更新记录函数
                 Session("ewmsg") = "更新记录成功"
           End If
        End If
     End If
     Session("edit_id") = "" ' Clear Inline Edit key
  End If
End Sub
```

在以上代码中，创建 SetUpInlineEdit 函数，该函数是真正实现编辑新闻标题功能的代码，该函数的流程是先获得要编辑的新闻标题号，再转换到新闻标题编辑模式，这样就可修改新闻标题，如果单击“更新”按钮，则将更新过后的数据保存到数据库中；如果更新数据成功，将出现“更新记录成功”提示。

```
Function LoadData( )
  Dim sql,rs
  sql  = "select * from news where id = id order by id asc"   '获得要编辑的新闻信息
  Set rs = Server.CreateObject("ADODB.Recordset")
  rs.Open sql,conn
  If rs.Eof Then
     LoadData = False
  Else
     LoadData = True
     rs.MoveFirst
     id = rs("id")
     title = rs("title")
```

```
        content = rs("content")
    End If
    rs.Close
    Set rs = Nothing
End Function
```

在以上代码中，创建 LoadData( )函数，该函数的作用是根据关键字装载新闻数据。

```
    Function InlineEditData( )
        Dim sql,rs,sTmp,xid
        xid = Session("edit_id")
        sql = "select * from news where id = "&xid&""
        Set rs = Server.CreateObject("ADODB.Recordset")
        rs.CursorLocation = 3
        rs.Open sql,conn,1,2
        If rs.Eof Then
            InlineEditData = False ' Update Failed
        Else
            sTmp = Trim(title)
            If Trim(sTmp) = "" Then sTmp = Null
            rs("title") = sTmp
            rs.Update
            InlineEditData = True ' Update Successful
        End If
        rs.Close
        Set rs = Nothing
    End Function
%>
```

在以上代码中，创建 InlineEditData( )函数以编辑新闻标题，该函数的功能实现主要是保存数据的更新。在新闻发布后有时需对新闻内容重新进行编辑，此时就需要利用新闻修改功能来实现，ContentEdit.asp 页面如图 8—7 所示。

在图 8—7 页面中，可以根据需要修改发布者 E-mail 信息、新闻标题与新闻内容，然后单击“修改”按钮即可完成新闻修改，代码如下：

```
<!-- #include file = "../db.asp"-->                          '包含数据库连接文件 db.asp
<%
    Response.Buffer = True
    If Request.ServerVariables("http_method") = "POST" Then   '判断是否由当前表单提交
        str_sql = "select * from news where id = "& session("id") &""
                                                              '在数据库中查询需要修改的新闻
        set rs_sql = Server.CreateObject("ADODB.Recordset")   '创建记录集
        rs_sql.CursorLocation = 3                             '记录集游标在客户端
        rs_sql.Open str_sql,conn,1,2                          '键集游标，编辑时锁定记录
        title = Request.Form("title")                         '获取表单元素 title 的值
        content = Request.Form("content")                     '获取表单元素 content 的值
        If Request.Form("edit") = "修改" Then                 '若单击了修改按钮则执行以下代码
            rs_sql("title") = title                           '将 title 值赋值给记录对应字段
            rs_sql("content") = content                       '将 content 值赋值给记录对应字段
            rs_sql.update                                     '记录集更新
            response.redirect "EditNews.asp"                  '重定向该页
        End if
```

```
    Else                                                  '若未单击修改按钮则执行以下代码
        x_id = Request.QueryString("id")
        session("id") = x_id
        dim str_sql,rs_sql
        str_sql = "select * from news where id = "& x_id &""
        set rs_sql = conn.Execute(str_sql)
    End if
%>
```

对于一些陈旧新闻或者无用新闻需要进行删除，则利用程序 DeleteNews.asp 中的删除功能即可完成。在新闻编辑页面中找到要删除的新闻所对应的“新闻删除”按钮，点击进入“新闻删除”页面，单击“删除”按钮即能完成新闻删除，如图 8—8 所示。代码如下：

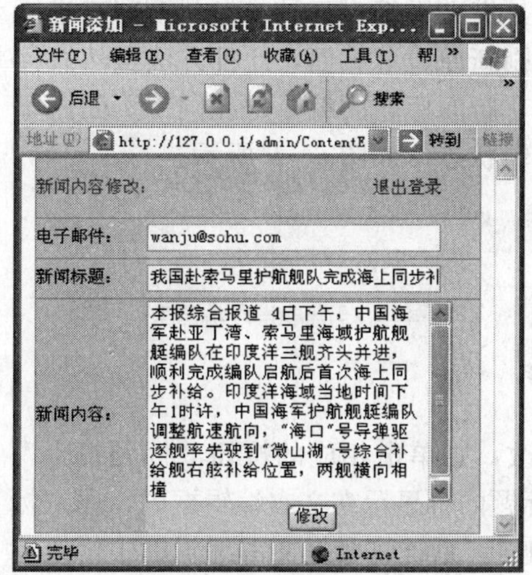

图 8—7 新闻内容修改

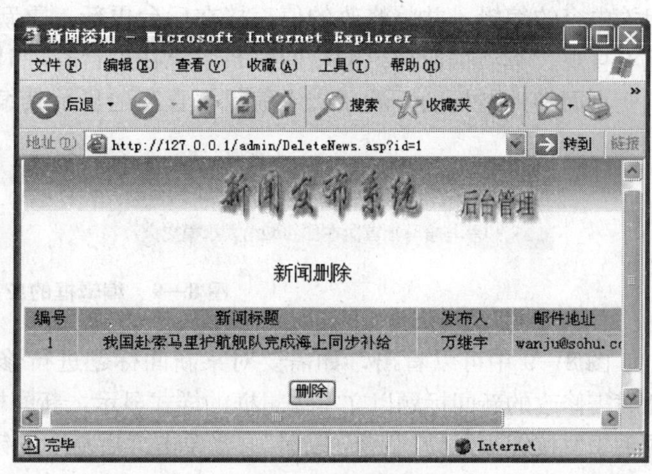

图 8—8 新闻删除

```
……                                                       '此外为页面设计的 HTML 代码
<!-- # include file = "function.asp"-->
<!-- # include file = "../db.asp"-->
<%
    Response.Buffer = True
    If Request.ServerVariables("http_method") = "POST" Then  '判断是否由当前表单提交
      str_sql = "select * from news where id = "& session("id") &""
                                                  '在数据库中查询需要删除的新闻
      set rs_sql = Server.CreateObject("ADODB.Recordset")  '创建记录集
      rs_sql.CursorLocation = 3                   '记录集游标在客户端
      rs_sql.Open str_sql,conn,1,2                '键集游标,编辑时锁定记录
      If Request.Form("delete") = "删除" Then     '若单击"删除"按钮则执行以下代码
          rs_sql.delete                           '执行删除
          response.redirect "EditNews.asp"        '重定向该页
      End if
    Else                                          '若未单击"删除"按钮则执行以下代码
      x_id = Request.QueryString("id")
      session("id") = x_id
      dim str_sql,rs_sql
      str_sql = "select * from news where id = "& x_id &""
      set rs_sql = conn.Execute(str_sql)
```

```
    End if
%〉
  ……                                          '此处为页面设计的 HTML 代码
〈%
    conn.close                                '断开数据库连接
    set conn = nothing                        '释放对象 rs_sql
    set rs_sql = nothing                      '释放对象 conn
%〉
```

8.3.2 相关技术：文本编辑框、程序调试小技巧

1. 文本编辑框的应用

在网络数据库编程时，经常需要提取数据库中的数据在网页中以列表的方式显示，而有时需要对某些显示的列表值进行修改。通常使用的方法是借助于编辑工具或打开新窗口进行相关内容的编辑，并将修改的值直接在后台更新，重新刷新原显示页面，此种方法虽然直接但不直观。本项目所介绍的新闻发布系统在后台管理时，新闻标题的编辑是在同一页面内不改变页面整体结构的，利用文本编辑框直观地显示其编辑状态，如图 8—9 所示。

编号	新闻标题			
1	我国赴索马里护航舰队完成海上同步补给	更新 取消	新闻编辑	新闻删除
2	以军与哈马斯首次在加沙城内大规模交火	标题编辑	新闻编辑	新闻删除

图 8—9 编辑框的应用

图 8—9 中可以看出，如需要对某新闻标题进行修改，则单击相应的按钮“标题编辑”，此时需修改的新闻标题以文本编辑框的样式显示，新闻标题内容显示在文本编辑框内，原“标题编辑”按钮显示为“更新 取消”。当单击“更新”按钮时，系统将会把文本编辑框中修改后的内容更新至数据库，当单击“取消”按钮时则取消此次编辑。相应代码如下：

```
〈% If CStr(Session("edit_id")&"") = CStr(id&"") Then %〉   '判断是否是需要编辑标题的新闻编号
〈input type = "text" name = "title" id = "title" size = "50" maxlength = "50" value = "〈%=
Server.HTMLEncode(title&"") %〉"〉                          '若是则在文本框中显示新闻标题
〈% Else
        Response.Write title
    End if
%〉
```

根据需要编辑标题的编号判断是否要进行编辑，从而决定是否显示文本编辑框。

```
〈a href = "" onClick = "if (EW_checkMyForm(document.EditNews)) document.EditNews.submit( );return
false;"〉更新〈/a〉 〈a href = "EditNews.asp?a = cancel"〉取消〈/a〉  '点击编辑后显示"更新"与"取消"
```

在单击“标题编辑”按钮后，会显示“更新”与“取消”。“更新”所对应的链接是 onClick 事件，执行标题的更新，“取消”则对应重新刷新当前页面而不执行更新动作。

2. 程序调试小技巧

ASP 小程序在调试运行时，在出现错误后立刻能查出并能修改调试通过。当系统功能复杂，代码量大时，在出现错误后若有语法错误提示，则可按提示信息修改错误；若不是语法错误而只是语义错误，则很难找出问题。当出现后者问题时，建议采用单步中断的方法逐行或者逐块调试。

新闻内容修改代码 ContentEdit.asp 中有这样一段：

```
str_sql = "select * from news where id = "& session("id") &""     '在数据库中查询需要修改的新闻
set rs_sql = Server.CreateObject("ADODB.Recordset")                '创建记录集
rs_sql.CursorLocation = 3                                          '记录集游标在客户端
rs_sql.Open str_sql,conn,1,2                                       '键集游标,编辑时锁定记录
title = Request.Form("title")                                      '获取表单元素 title 的值
content = Request.Form("content")                                  '获取表单元素 content 的值
If Request.Form("edit") = "修改" Then                              '若点击了"修改"按钮则执行以下代码
  rs_sql("title") = title                                          '将 title 值赋值给记录对应字段
  rs_sql("content") = content                                      '将 content 值赋值给记录对应字段
  rs_sql.update                                                    '记录集更新
  response.redirect "EditNews.asp"                                 '重定向该页
End if
```

当单击“修改”按钮后，发现新闻标题与内容都未发生变化，而程序又未提示出错。此时首先想到的是信息未能写入，随即查看有关 SQL 语句，经分析后 SQL 语句后发现没有问题。再分析问题可能出在有关信息未能正常接收，我们可借助输出语句查看接收的值是否正常，如下所示：

```
title = Request.Form("title")           '获取表单元素 title 的值
Response.write title                    '在此插入 Response.write 语句输出显示 title 变量值
Response.End( )                         '查看接收值是否正确
content = Request.Form("content")       '获取表单元素 content 的值
```

Response.End( )语句表示在此处结束不再继续往下运行，以免出现其他错误而影响查看当前结果。当程序功能复杂、代码量大时，各个错误均可采用上述方法，单步测试逐个数据来进行调试。

项目实训 8　企业新闻的发布

1. 实训目的

(1) 通过实训掌握在线编辑排版的技术；

(2) 掌握新闻发布的原理。

2. 实训情景引入

任务 2 中已对企业新闻发布的页面设计、数据表设计和代码设计进行了详细阐述，只是完整的新闻发布程序未在任务 2 中给出。为全面了解并掌握企业新闻发布系统的设计原理与方法，本项目实训的主要任务是要求基于任务 2 的基础上，建立一完整的新闻发布程序。

3. 实训步骤

(1) 页面设计。参照图 8—4 的页面风格，利用代码 AddNews.asp 中的排版技术来设计新闻发布页面。

(2) 数据表设计。参照任务 1 中数据表设计方法，在数据库 EnterpriseData 中添加新闻表 News，表结构参照表 8—1。

(3) 代码设计。在第一步基础上，同时参照任务 2 的各代码，加上如下写入数据库相关代码即可完成新闻发布功能程序的设计。

```
<!-- #include file = "../db.asp"-->
<%
```

```
dim Cont,str_sql,news,datei
news = trim(Request.Form("editor"))                                    '获取新闻内容
If Request.ServerVariables("http_method") = "POST" Then
    If Request.Form("pub") = "发布" Then
        str_sql = "INSERT INTO news(title,Email,Poster,PubDate,Hidden,content)"  '新闻写入
        str_sql = str_sql & " Values ('"
        str_sql = str_sql & Request.Form("title") & "','"
        str_sql = str_sql & trim(Request.Form("mail")) & "','"
        str_sql = str_sql & session("user") & "','"
        str_sql = str_sql & Date( ) & "','"
        str_sql = str_sql & "否" & "','"
        str_sql = str_sql & news & "')"
        conn.Execute str_sql
        conn.close
        set conn = nothing
        response.redirect "addnews.asp"
    End if
End if
%>
```

习 题 8

一、选择题

1. 构成一个广告随机轮换组件的文件通常有？(　　)

A. ADROT.DLL　　B. 超链接处理文件

C. 广告数据库　　D. ADROT.DBF

2. 8.1.2 节中 myadrot.txt 文件中的数字 3、2、1 表示广告图片的什么含意？(　　)

A. 出现的频率加权　　B. 出现的时间值

C. 出现的频率　　D. 出现的次数

二、思考与练习题

1. 搜集有关资料利用广告数据库设计一个广告图片轮显程序。

2. 利用子项目 6 中所介绍的技术，基于任务 1 的代码，设计含多个关键字的新闻搜索程序。

子项目 9　企业网站聊天室的设计

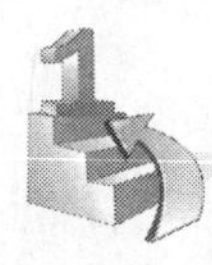

学习目标

能掌握企业网站聊天室的设计与程序调试的方法。

了解企业网站聊天室的结构。

掌握 Request、Response 对象的使用。

重点掌握 Application、Session 对象的使用。

熟练运用 HTML、VBScript、框架网页的知识。

项目任务

聊天室（chat room）是一个网上供用户聊天的空间，为了保证谈话的焦点，聊天室通常有一定的谈话主题。任何一个登录聊天室并且渴望谈论的人都可以享受其乐趣。本项目综合运用 HTML、VBScript、框架网页、Request、Response、Application、Session 对象等多种技术实现一个企业网站聊天室的设计。

网站聊天室系统主要分为两大功能模块：一是提供用户登录的功能模块，用户只有进行简单的登录才可以进入聊天室；二是聊天室主界面功能模块，在主界面实现显示在线总人数、显示登录用户信息、显示聊天内容、聊天内容输入等功能；因此本项目分解成两大任务来分析阐述，任务 1：登录界面的设计；任务 2：聊天室主界面的设计。

任务 1　登录界面的设计

学习目标与任务：

- 了解企业网站聊天室的结构；
- 熟练运用静态网页设计技术。

1. 问题情景

在聊天室里聊天用户至少得有自己的姓名或者昵称，也可以有自己的头像，因此在进入聊天室聊天之前必须设计一个登录界面，供用户选择聊天头像、昵称等。

2. 系统实现

(1) 页面功能设计。在聊天室的登录界面中，用户可以选择自己喜欢的颜色、喜欢的表情、同时输入自己的姓名（必须输入），之后单击相应按钮就可以进入聊天室主界面。

(2) 代码设计。

①Login. htm。登录页面 Login. htm，设计效果如图 9—1 所示，代码如下：

图 9—1　聊天室登录界面

```
<html>
<head>
<title>进入聊天室页面</title>
</head>
<body bgcolor = "ghostwhite">
    <center><IMG src = "image/Ltsfig. jpg"></center>
    <form action = "chat.asp" method = "post">  <!--用 post 方式传送数据给表单处理程序 chat.asp-->
    <p>请输入您的姓名:<input type = "text" name = "username" size = "18"></P>
    <P>选择喜好的颜色:
    <select name = "usercolor">
        <option value = "Orange" style = "Background = orange" selected>橙色</option>
        <option value = "Brown" style = "Background = Brown">棕色</option>
        <option value = "Pink" style = "Background = Pink">粉红色</option>
        <option value = "Lime" style = "Background = Lime">嫩绿色</option>
        <option value = "Plum" style = "Background = Plum">紫红色</option>
        <option value = "Cyan" style = "Background = Cyan">蔚蓝色</option>
    </select>
    <p>选择喜好的图案:<p>
    <input type = "radio" name = "userImg" value = "image/m01. gif" checked><IMG src = "image/
m01. gif" width = "40" height = "40">
    <input type = "radio" name = "userImg" value = "image/m02. gif"><IMG src = "image/m02. gif"
width = "40" height = "40">
    <input type = "radio" name = "userImg" value = "image/m03. gif"><IMG src = "image/m03. gif"
width = "40" height = "40">
    <input type = "radio" name = "userImg" value = "image/m04. gif"><IMG src = "image/m04. gif"
width = "40" height = "40">
    <input type = "radio" name = "userImg" value = "image/m05. gif"><IMG src = "image/m05. gif"
width = "40" height = "40">
    <input type = "radio" name = "userImg" value = "image/m06. gif"><IMG src = "image/m06. gif"
width = "40" height = "40">
```

```
        <input type="radio" name="userImg" value="image/m07.gif"><IMG src="image/m07.gif"
width="40" height="40">
        <input type="radio" name="userImg" value="image/m08.gif"><IMG src="image/m08.gif"
width="40" height="40">
        <input type="radio" name="userImg" value="image/m09.gif"><IMG src="image/m09.gif"
width="40" height="40"><br>
        <input type="submit" value="进入聊天室">
        <input type="reset" value="重新输入数据">
        </form>
    </body>
    </html>
```

②Global.asa 用于初始化变量，代码如下：

```
<script language="vbscript" runat="server">
  sub application_Onstart( )
    for i=1 to 20          '设置 20 个字符串变量为空字符串,该文件必须放在虚拟服务器的根目录下
    application("msg"&i)=""
    next
    application("totalusers")=0     '初始化聊天室总人数为 0
  end sub
</script>
```

任务 2　聊天室主界面的设计

学习目标与任务：

- 掌握聊天室主界面的设计方法；
- 掌握 Request、Response 对象的使用；
- 重点掌握 Application、Session 对象的使用。

9.2.1　问题情景及实现

1. 问题情景

用户在登录主界面输入相关信息后便可以跳转到聊天室主界面，在聊天室主界面可以实现同一个聊天室里的用户一起聊天。

2. 系统实现

(1) 页面功能设计。聊天室主页面为一个框架网页，分为上、中左、中右、下四个框架。其中上框架显示登录者的个人信息，中左框架显示目前登录聊天室的总人数，中右框架为聊天室的主体显示登录者的聊天内容，下框架为登录者发表聊天内容的文本框。

(2) 代码设计。

①Chat.asp。聊天室主页面 Chat.asp 为一个框架网页，如图 9—2 所示，代码如下：

```
<%              '读取浏览者在 login.htm 页面内所输入的名字,喜好的颜色及图案
    session("username")=request("username")
    session("usercolor")=request("usercolor")
    session("userImg")=request("userImg")
    if session("username")="" then          '若聊天者未输入名字,则显示错误信息并结束
        response.write"<font color=red>"
        response.write"Sorry!"&"<font size=5>无名氏</font>"&",不能登录聊天室!"
        response.write"</font>"
```

```
        response.end
    end if
    application.lock
    for i = 20 to 2 step - 1          '最多保存 20 条聊天记录，当有新聊天记录产生，最老的记录将丢失
        j = i - 1
        application("Msg"&I) = application("Msg"&j)
    next
    IniHour = hour(time( ))                             '获取当前的时间并按 ** : ** 格式化时间
    if len(IniHour) = 1 then IniHour = "0" & IniHour
    IniMinute = Minute(time( ))
    if len(IniMinute) = 1 then IniMinute = "0" & IniMinute
    Initime = "[" & IniHour &":"& IniMinute &"] "
    IniTmp = "<font color = '"&session("usercolor") &"'>"&"各位好!我是" &session("username") & "
<IMG src = '"&session("userImg") &"'>" &",请多关照!" & IniTime &"</font>"
    application("Msg1") = IniTmp                                    '对初次进入聊天室者给出问候语
    application("totalusers") = application("totalusers") + 1  '总访问者人数加 1
    application.Unlock
%>
<html>
<head>
<title>聊天室</title>
</head>
<frameset rows = "81, * ,68" framespacing = "0" frameborder = "1">
    <frame name = "TOP" Noresize scrolling = "no" src = "userInfo.asp?logout = no">  <!-- 上框架-->
    <frameset cols = "150, * ">
        <frame name = "lmiddle" noresize src = "users.asp">  <!-- 中左框架-->
        <frame name = "rmiddle" noresize src = "chatMsg.asp">  <!-- 中右框架-->
    </frameset>
    <frame name = "bottom" noresize scrolling = "no" src = "userchat.asp">  <!-- 下框架-->
</frameset>
</html>
```

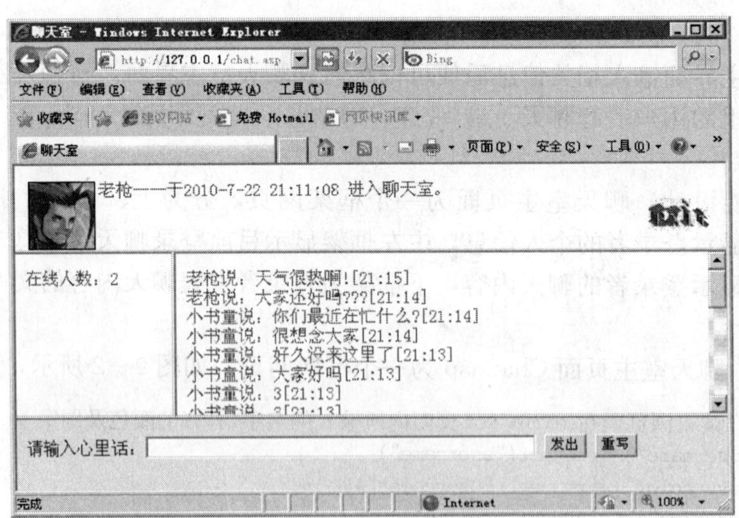

图 9—2　聊天室主界面

②Userinfo.asp。登录者个人信息页面 Chat.asp 为上框架网页，代码如下：

```
<%
    if Request("logout") = "yes" then           '判断聊天者是否按退出键离开
        application.lock
        for i = 20 to 2 step-1                  '若按退出键离开则产生告别语,最老的聊天记录丢失
            j = i - 1
            application("Msg"&i) = application("msg"&j)
        next
        inihour = hour(time( ))
        if len(inihour) = 1 then inihour = "0"&inihour
        iniminute = minute(time( ))
        if len(iniminute) = 1 then iniminute = "0"&iniminute
        initime = "[" & inihour & ":" & iniminute & "]"
        initmp = "<font color = '" & session("usercolor") &"'>" & session("username")_
        & "说:" & "<b>对不起!</b>" & "我要离开了,Bye! Bye!" & "<img src = image/bye.gif>" & ini-
time & "</font>"
        application("msg1") = initmp
        application("totalusers") = application("totalusers")-1     '当前聊天室总人数减 1
        application.unlock
%>
<script language = "vbscript">
parent.window.close
</script>
<% end if %>
<html>
<body bgcolor = "snow" text = "silver">
    <img src = '<% = session("userimg") %>' align = "left">
    <% = session("username") %>——于<% = now( ) %>进入聊天室。
    <A href = "userinfo.asp?logout = yes"><img src = "image/exit.jpg" border = "0" align = "right"></A>
</body>
</html>
```

③Users.asp。显示聊天室人数页面 Users.asp 为中左框架网页，代码如下：

```
<% refreshtime = 2 %>    <!--每 2 秒刷新一次中左框架-->
<html>
<head>
<meta http-equiv = "refresh" content = "<% = refreshtime %>,url = users.asp">
</head>
<body bgcolor = "snow" text = "skyblue">    <!--在中左框架输出当前聊天室总人数-->
    在线人数:<% = application("totalusers") %><br>
</body>
</html>
```

④Chatmsg.asp。显示聊天内容页面 Chatmsg.asp 为中右框架网页，代码如下：

```
<% refreshtime = 2 %>
<html>
<head>
<title>聊天室主窗口</title>    <!--每 2 秒刷新一次中右框架-->
<meta http-equiv = "refresh" content = "<% = refreshtime %>,url = chatmsg.asp">
</head>
<body bgcolor = "snow">
<% for i = 1 to 20                              '实时输出 20 条聊天记录
        response.write application("msg"&i) & "<br>"
```

```
    next
%>
</body>
</html>
```

⑤Userchat.asp。聊天内容录入页面 Userchat.asp 为下框架网页，代码如下：

```
<html>
<% if request("chatmsg")<>"" then
    application.lock
    for i = 20 to 2 step-1          '最多保存 20 条聊天记录,当有新聊天记录产生,最老的记录将丢失
        j = i - 1
        application("msg"&i) = application("msg"&j)
    next
    inihour = hour(time( ))                 '获取当前的时间并按 ** : ** 格式化时间
    if len(inihour) = 1 then inihour = "0"&inihour
    iniminute = minute(time( ))
    if len(iniminute) = 1 then iniminute = "0"&iniminute
    initime = "[" & inihour & ":" & iniminute & "]"
    initmp = "<font color ='" & session("usercolor") &"'>" & session("username")_
    & "说:" & request("chatmsg") & initime & "</font>"
    application("msg1") = initmp '最新产生的聊天记录总是放在 application("msg1")中最老的聊天
记录丢失
    application.unlock
    end if
    %>
<body bgcolor = "oldlace" text = "blue">
    <form name = "chating" action = "userchat.asp" method = "post">
    请输入心里话:<input type = "text" name = "chatmsg" size = "50">
    <input type = "submit" value = "发出">
    <input type = "reset" value = "重写">
    </form>
</body>
</html>
```

9.2.2 相关技术：网站的页面刷新技术

在实际网页编程的过程中，经常需要一个网页上显示的内容实时更新，譬如实时比分直播、实时股票行情等等场合，这时候就要使用页面刷新技术。归纳常见的几种页面刷新技术如下：

1. HTML 语言中的 meta 标记

相应代码如下：

```
<meta http-equiv = "refresh" content = "10">    <!--表示每隔 10 秒自动刷新本页面-->
```

2. vbscript 中 window 对象的 reload 属性

相应代码如下：

```
<Script language = "vbscript">
window.location.reload(true)
</Script>
<!--如果是你要刷新某一个 iframe 就把 window 给换成 frame 的名字或 ID 号-->
```

3. vbscript 中 window 对象的 navigate 属性

相应代码如下：

```
<Script language = "vbscript" >
window.navigate("本页面 url")
</script>
```

4. 利用定时函数实现自动页面刷新

相应代码如下：

```
<Script language = "vbscript" >
setTimeout("location.href = 'url' ",2000)
</script>
<!-- url 是要刷新的页面 URL 地址 2000 是等待时间为 2 秒-->
```

项目实训 9　完善聊天室中左框架

1. 实训目的

(1) 通过实训进一步掌握 Application、Session 对象；

(2) 提高复杂代码的阅读和编写能力。

2. 实训情景引入

本项目中聊天室主界面是一个框架，其中中左框架显示当前聊天室的在线总人数，并不能详细显示当前在线的用户名。本项目实训的主要任务是基于任务 2，完善中左框架，使得中左框架既可以显示当前在线人数又可以显示当前在线用户名。

3. 实训步骤

修改 Users.asp 代码如下即可。

```
<%
    dim refreshtime,delaytime,totalusers,onlineuser( ),tmp( ),num,I,newuser,user,username
    refreshtime = 15                               '设置页面自动刷新时间为 15 秒
    delaytime = refreshtime * 3                    '设置闲置时间为刷新时间的 3 倍
    newuser = request("username")                  '获取用户名
    application.lock
    'Onlineuser 数组用于记录在线用户的名称,并将当前用户名存入数组的后面
    if application(newuser & "Lastaccesstime") = empty then
        if application("totalusers") = empty then application("totalusers") = 0
        redim tmp(application("totalusers") + 1)
        num = 0
        if application("totalusers")>0 then
            for i = lbound(application("onlineuser")) to Ubound(application("onlineuser"))
                user = application("onlineuser")(i)
                if user<>newuser and user<>session("username") then
                    tmp(num) = user
                  num = num + 1
              else
                  application(user & "Lastaccesstime") = empty
              end if
            next
        end if
        session("username") = newuser
        tmp(num) = session("username")
        application("totalusers") = num + 1
        redim preserve tmp(application("totalusers"))
```

```
        application("onlineuser") = tmp
    end if
    '获取用户最后一次的访问时间
    application(session("username") & "Lastaccesstime") = timer
    '测所有在线用户最后一次的访问时间,与当前时间相差 45 秒以上,表示离线
    redim tmp(application("totalusers"))
    num = 0                                         '设 num 表示在线人数,初始值为 0
    for i = 0 to application("totalusers")-1
        user = application("onlineuser")(i)
        if (timer-application(user & "Lastaccesstime"))<delaytime then
            tmp(num) = user
            num = num + 1
        else
            application(user & "Lastaccesstime") = empty
        end if
    next
    '若 num 与 application("totalusers")不同,表示有人离线
    if num<>application("totalusers") then
        redim preserve tmp(num)
        application("onlineuser") = tmp
        application("totalusers") = num
    end if
    application.unlock
  %>
  <html>
  <head>
  <meta http-equiv = "refresh" content = "<% = refreshtime %>,url = <% = request.servervariables
("path_info") %>?username = <% = request("username") %>">
  </head>
  <body bgcolor = "snow" text = "skyblue">
    在线人数:<% = application("totalusers") %><br>
    <Ol type = "1">
    <% for i = 0 to (application("totalusers")-1)
        response.write "<li>" & application("onlineuser")(i) & "</li>"
      next
     %>
    <Ol>
</body>
</html>
```

习　题　9

一、填空、选择题

1. 处理共享数据用________变量，处理专用数据用________变量。

2. Session 会话变量的默认有效时间是？(　　)

A. 10 分钟　　B. 20 分钟　　C. 30 分钟　　D. 60 分钟

二、思考与练习题

1. 查资料学习 LBound 和 UBound 函数的用途。

2. 试用两种不同的方法，实现 test.htm 页面每 4 秒钟自动刷新一次。

子项目 10　企业留言系统的设计

学习目标

掌握简单留言板的开发技术。
了解留言板防灌水功能的实现。
了解并掌握简单留言板的体系结构。
灵活运用子过程进行程序设计。

项目任务

留言板是一种电子便签管理系统，访问者到达访问页面之后，可以发表看法、留下意见或者提出问题，以供他人观看，网站管理者可以给予答复。通过留言板，网站管理员可以与用户进行简单的交流。留言板提供完备的信息发布功能，在网络用户交流中也有很大的作用。

对于网友而言，“访客留言板”或者“意见调查表”可以说是再平常不过了，无论是主动地上网发问，或者被动留下姓名、地址、留言等，无一不是留言板或是其变形的应用。留言板是一个和浏览者交流沟通的园地，它可以设计得很简单，纯粹只收集网友的数据或意见，也可以非常复杂。本项目留言板主要实现简单的留言和管理员对留言板进行设置回复、删除管理等，该留言板简单实用，而且具备了大多数留言板的基本功能，主要由“显示留言”、“添加留言”和“管理留言”三个模块组成，其中浏览者可以直接进入“显示留言”模块，查看留言内容；在“添加留言”模块中任何人都可以添加留言信息；管理员通过“管理留言”模块设置该留言是否可显示等。

任务 1　留言客户端模块设计

学习目标与任务：

- 了解留言板的原理及实现方法；
- 掌握数据库的设计；
- 能对普通用户和管理员提供不同的操作界面；
- 学会分页显示数据库内容的方法。

10.1.1 问题情景及实现

1. 问题情景

随着 Internet 的发展，网站的作用越来越重要，被称之为继广播、报纸、杂志、电视后的第五种媒体——数字媒体，拥有众多优势，所以现在不少企业都有或正在建设自己的网站。而留言板作为网站重要的一个部分，从来就是一个大家交流的平台。留言板是一种最为简单的BBS应用，借助留言板，浏览者可以张贴留言的方式给站长、版主或其他浏览者进行留言和提问。

2. 系统实现

(1) 页面功能设计。本项目所涉及的留言板为企事业单位网站中简单的留言板，管理员对留言板进行设置回复、删除管理。该留言板简单但实用，而且具备了大多数留言板的基本功能。系统结构图如图 10—1 所示。

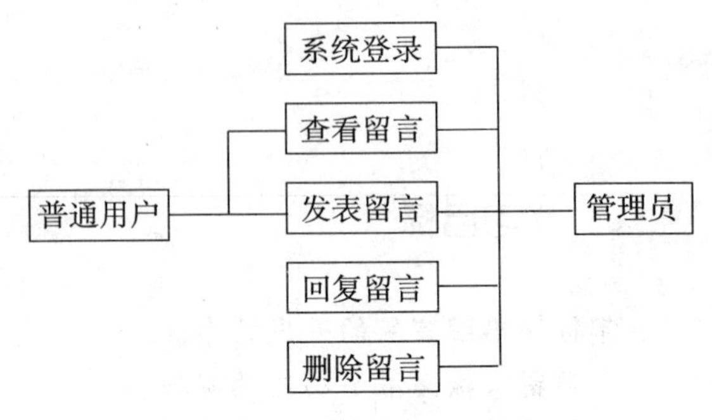

图 10—1 留言板系统结构图

这功能实现主要由“显示留言”、“添加留言”和“管理留言”三个模块组成，其中浏览者可以直接进入“显示留言”模块，查看留言内容。在“添加留言”模块中任何人都可以添加留言信息，成功添加后等管理员通过“管理留言”模块设置该留言是否可显示，设置完成回到显示留言页面，本节主要介绍客户端模块。

留言板所有的信息在使用时都需要读取到内存，但是最终这些信息却需要长期保存在硬盘上的某个载体，这个载体既可以是文本文件，也可以是关系型数据库，我们将采用后者实现数据的存储，下面我们将对系统中使用到的数据表及字段进行详细说明。

(2) 数据表设计。留言板系统要面向的用户类型主要是两个：普通用户和管理员，因此数据库需求分析中就要考虑这两方面的因素。

对于普通用户来说，他们所关心的就是留言的浏览和添加。通过系统的功能分析，针对普通用户的需求，总结出如下需求信息：

- 每条可显留言都以表格的形式显现在用户面前；
- 可以发表留言，发表的留言都以记录的形式存于数据库中。

对于管理员来说，他们关心的是如何对留言进行编辑、删除等操作。管理员的需求信息如下：

- 管理员可以对留言进行编辑、删除、回复；
- 管理员可以发表留言。

具有一定规模的留言板需要使用数据库来管理信息。本示例所涉及的用户表 User 信息与子项目 3 相同，其表结构见表 10—1。

表 10—1 User 表

字段名称	数据类型	长 度	主 键	默认值	说 明
Id	长整型	8	是	自动编号	用户编号
UserName	文本	10	否	NULL	用户姓名
UserPass	文本	32	否	NULL	用户口令
Role	文本	1	否	0	权限，0 为普通用户，1 为管理员用户

另外一个数据表 Words 用于记录留言的编号、留言者姓名、留言标题、留言时间、留言人电子邮件等，每一条记录代表一个留言，在数据库 EnterpriseData 中添加表 Words，它的具体结构如表 10—2 所示。

表 10—2　　Words 表

字段名称	数据类型	长　度	主　键	默认值	说　明
id	自动编号	8	是	自动编号	编号
name	文本	20	否	NULL	管理员名字
sex	文本	2	否	NULL	管理员密码
head	文本	4	否	NULL	留言板网站名称
web	文本	50	否	NULL	留言板标题
E-mail	文本	64	否	NULL	留言者 E-mail 地址
title	文本	50	否	NULL	留言标题
words	备注	255	否	NULL	留言内容
date	日期/时间	8	否	Now( )	留言时间
reply	备注	不限	否	NULL	站长回复留言内容
ip	文本	15	否	NULL	留言者 IP
come	文本	60	否	NULL	留言者地址
view	数字	2	否	0	站长是否允许留言发表
qq	文本	50	否	NULL	留言者 qq

以上介绍了留言板中使用的主要数据库表，有些数据字段需要在系统实现中结合代码来理解。

(3) 代码设计。在进行系统分析与数据库设计后，接下来就是如何实现留言板了。本示例包含在一个页面中，即 Index.asp，所有普通用户和管理员所能进行的操作都是写成子过程的形式来被调用的，本留言板分为浏览留言、发表留言、回复留言、编辑留言和删除留言 5 个模块，在这些核心模块之外，还需要一个管理员登录模块，由于篇幅限制，留言板代码较长，因此在介绍过程中，只能着重分析具有代表意义的过程代码，其他代码可以在本书配套光盘中查询获得。下面是子程序文件的说明。

- Main _ Menu( )：主程序，可以连接到发表留言和留言管理。
- View _ Words( )：显示留言子程序，所有用户都适用。
- Add _ New( )：用户发表留言子程序。
- Add _ New _ Execute( )：用户发表留言更新到界面子程序。
- Admin _ Login( )：管理员登录子程序。
- Admin _ Login _ Execute( )：验证管理员登录子程序，只有登录成功才能管理留言。
- Edit( )：编辑和回复留言子程序，只有管理员才能登录。
- Delete( )：删除留言子程序，删除成功后返回浏览留言界面。

其中，Admin _ Login( )、Admin _ Login _ Execute( )、Edit( )、Delete( )四个子程序为后台模块，我们将在下一小节介绍部分代码。

在介绍各个子程序之前，还涉及一些变量的初始化工作，程序代码如下：

```
<%
dim time1,time2
time1 = timer
```

```
dim page,indexfilename,n,x,txt
'page:用于存放共有多少页。
'indexfilename:用于存放当前网页名称。
indexfilename=right(Request.ServerVariables("PATH_TRANSLATED"),(len(Request.ServerVariables
("PATH_TRANSLATED"))-instrRev(Request.ServerVariables("PATH_TRANSLATED"),"")))'返回当前网页名称
%>
<!--#include file="conn.asp"-->
<%
n=5                                    '每页显示留言数。
X=5                                    '每页显示的页数。
txt=1000                               '留言的最大字数。
dim webtitle,webname,webyn,webyn2,view2
'webyn 标志留言是否通过审批。
set rs1=objconn.execute("select * from admin")
webtitle=rs1("title")'webtitle 用于存放留言标题。
if rs1("webname")<>"" then webname=rs1("webname")  'webname 为留言板网站名称
rs1.close
set rs1=nothing
'设置页脚信息
page =Request.QueryString("page")
if page="" or page=0 then page=1
action=Request.QueryString("action")
action_e=Request.Form("action_e")
if action_e <>"" then
  server_v1=Cstr(Request.ServerVariables("HTTP_REFERER"))
  '获取网页导向之前的网页的地址
  server_v2=Cstr(Request.ServerVariables("SERVER_NAME"))
  '保存服务器端的 IP
  if  mid(server_v1,8,len(server_v2))<>server_v2 then
    response.write "<br><br><center><table border=1 cellpadding=20 bordercolor=black bgcol-
or=#EEEEEE width=450>"
    response.write "<tr><td style='font:9pt Verdana'>"
    response.write "你提交的路径有误,禁止从站点外部提交数据,请不要乱改参数!"
    response.write "</td></tr></table></center>"
    response.end
  end if
end if
%>
```

其中，Indexfilename＝right(Request.ServerVariables("PATH _ TRANSLATED"),(len(Request.ServerVariables("PATH _ TRANSLATED"))-instrRev(Request.ServerVariables("PATH _ TRANSLATED"),"")))是用于返回当前网页的名称，这里用到环境变量Path _ Translated是当前脚本所在文件系统（不是文档根目录）的基本路径。这是在服务器虚拟到真实路径的映像后的结果。另外出现一个函数InstrRev，这是用来返回某字符串在另一个字符串中最后出现的位置。语法如下：

```
Instrrev(string1,string2[,start[,compare]])
```

其中，参数说明如表10—3所示。

表 10—3 **Instrrev 参数表**

参 数	说 明
string1	必选。接受搜索的字符串表达式
string2	必选。被搜索的字符串表达式
start	可选。数值表达式，用于设置每次搜索的开始位置。如果省略，则默认值为－1，表示从最后一个字符的位置开始搜索。如果 start 包含 Null，则出现错误
compare	可选。在计算子字符串时，指示要使用的比较类型的数值。如果省略，将执行二进制比较。compare 参数可以有以下值： ● 常数 vbBinaryCompare 或值 0 执行二进制比较； ● 常数 vbTextCompare 或值 1 执行文本比较； ● 常数 vbDatabaseCompare 或值 2 执行基于包含在数据库（在此数据库中执行比较）中信息的比较

Instrev 返回以下值：在 String1 中找到 String2 则返回最后匹配字符串的位置，如果 String2 没有找到则结果为 0。

另外，在此项目中多次用到连接设置数据库的语句，多次书写显得有些累赘，根据需要我们将其写成一个通用的模块数据库连接程序 conn.asp 供多次调用，代码如下：

```
<!-- #include file = "adovbs.inc"-->
<%
'打开数据库连接
Set objConn = Server.CreateObject("ADODB.Connection")
objConn.ConnectionString = "provider = SQLOLEDB;Sever = (Local);"&_
"Uid = ;Pwd = ;Database = EnterpriseData;DBQ = "
objConn.Open
%>
```

①主程序。主程序主要是根据 Action 和 Action_e 的值来判断并调用相应的子程序，主程序代码如下：

```
<%
Select Case action_e
        Case "Add_New"
            Call Add_New_Execute( )
            '调用 Add_New_Execute 添加留言进数据库。
        Case "admin"
            Call Admin_Login_Execute( )
            '调用验证管理员登录子程序 Admin_Login_Execute。
        Case "Edit"
            Call Edit_Execute( )
            '调用子程序 Edit_Execute,验证管理员身份是否超时,不超时将回复是否入库。
End Select
Call Main_Menu( )
Select Case action
        Case "Admin_Login"
            Call Admin_Login( )
            '调用子程序 Admin_Login,显示管理员登录界面。
        Case "Exit"
```

```
            Call Exit_Admin( )
            Call View_Words( )
            '调用子程序 View_Words,查看留言。
        Case ""
            Call View_Words( )
            '调用子程序 View_Words 查看留言。
        Case "Add_New"
            Call Add_New( )
            '调用子程序 Add_New 添加一条新留言。
        Case "View_Words"
            Call View_Words( )
            '调用子程序 View_Words 查看留言。
        Case "Delete"
            Call Delete( )
            '调用子程序 Delete 删除数据。
            Call View_Words( )
            '调用子程序 View_Words 查看留言。
            Case "Edit"
            Call Edit( )
            '调用子程序 Edit 管理员审批、回复留言。
End Select
%>
```

界面主要菜单为："留言首页"、"我要留言"、"管理留言"和"退出管理"。其中，"留言首页"主要负责显示留言，当管理员进入"管理留言"界面后，会显示"退出管理"功能菜单，运行效果如图 10—2 所示。主页界面显示程序如下：

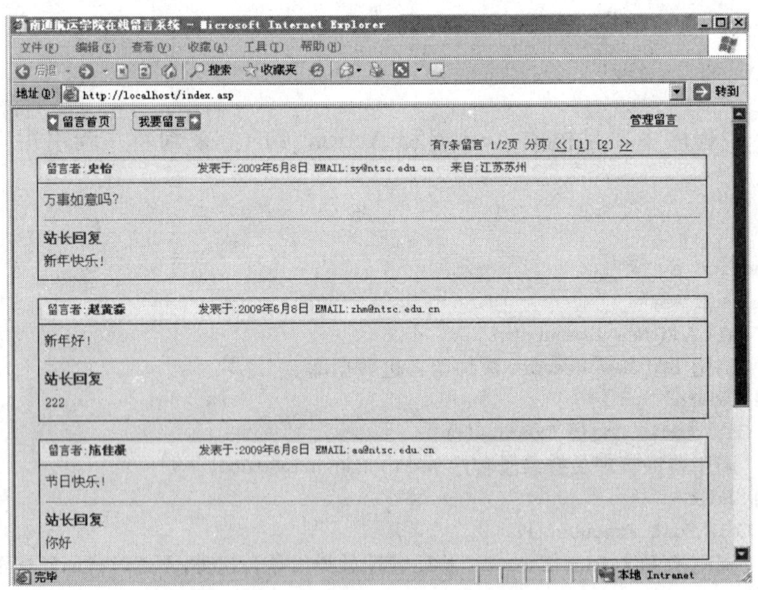

图 10—2　留言板主页界面图

```
<% Sub Main_Menu( ) %>
<table width="668" border="0" align="center" class="unnamed1">
  <tr>
    <td width="201"><a href="<% = indexfilename %>?action=View_Words">
```

```
        <img src="img/wylysy.jpg" width="70" height="20" border="0"></a>  
        <a href="<% = indexfilename %>?action=Add_New"><img src="img/wyly.jpg" width="70"
height="20" border="0"></a></td>
        <td width="431">
            <div align="right">
            <% If Session("Admin")="Login" Then %>
                <a href="<% = indexfilename %>?action=Exit">退出管理</a>
                '超级链接到退出管理窗口。
            <% Else %>
                <a href="<% = indexfilename %>?action=Admin_Login">管理留言</a>
                '超级链接到管理留言窗口。
            <% End If %>
        </div></td>
    </tr>
  </table>
  <% End Sub %>
```

②浏览留言。主页上最主要的是分类显示留言，往往随着时间的推移，留言数据库中会积累起大量的留言内容，需要在浏览器窗口中作分页显示，View _ Words( )子程序即为显示留言信息程序，运行效果如图 10—2 所示，留言分页显示程序代码如下：

```
  <%
  Sub View_Words( )
      dim gbcount,y,j,k  'gbcount:记录总数
      set rs=conn.execute("select COUNT(*) as gbcount From words")
      gbcount=rs("gbcount")
      rs.close
      if gbcount/n=int(gbcount/n) then            '计算出分页数 y,如果能整除则正好是整数页
         y=int(gbcount/n)
      else
         y=int(gbcount/n)+1                       '不能整除则余数部分记录另加一页
      end if
      page2= int(page/x)  'page 为每 n 条为一页显示的实际页码,page2 为每 x 页为一组合显示的序数
      '比如,每页显示 5 条记录,共 8 页,这时侯,第一个界面将显示 1-5 页,第二个界面将显示 6-8 页。
      if page/x>page2 then page2=page2+1
      k=page2*x
      if k>y then k=y
      '打开留言字段
      sql="select id,name,sex,head,web,email,title,words,date,reply,ip,come,view,qq From words
Order By id Desc"
      Set Rs=objconn.Execute(sql)
      if Page>1 then RS.Move n*page-n              '如果页码大于 1,则记录指针下移 n*page-n
    %>
  <table width="532" border="0" cellspacing="0" cellpadding="0" align="center">
      <tr>
         <td width="667" height="20" align="right" class="unnamed1">有<% =gbcount %>条留言
<% =page %>/<% =y %>页 分页
         <%'gbcount 变量保存共有多少条记录。%>
         <a href="?page=1" class="STYLE2"><<</a>
         '"<<"符号链接到第一个 x 页
         <% if page2>1 then %>
            <a href="<% = indexfilename %>?page=<% =page2*x-x%>"><</a>
```

```
        '如果 page2>1,">"符号链接到第二个 page2 个 x 页
    <% end if %>
    <% For m = page2 * x - (x - 1) To k %>
        '显示第 page2 组合中,实际的页码数值,可以链接到相应的页面。
        <a href = "<% = indexfilename %>?page = <% = m %>"><% = m %></a>
      <% Next %>
      <% if page2 * x <y then %>
          '如果 page2 * x<y,则">>"链接到后一页中,否则就是最后页了。
          <a href = "<% = indexfilename %>?page = <% = m %>">></a>
      <% end if %>
      <a href = "?page = <% = y %>" class = "STYLE2">>>"</a></td>
    </tr>
</table>
<% if rs.bof and rs.eof then Response.Write "当前没有留言记录" %>
'rs.bof and rs.eof 表达式表示当前数据表记录为空。
<%
dim  words,reply,email,qq,come
'变量分别存放每条记录中的留言内容、回复内容、email 地址、qq 号、地址。
i = 0
do while not rs.eof and i<n
    i = i + 1
    '从第一条记录开始,每页显示 n 条
    reply = ""
    words = ""
    words = rs("words")
    reply = rs("reply")
    %>
    <% if webyn = 1 and rs("view") = 0 and session("admin") = "" then %><% else %>
    '如果 webyn = 1 and rs("view") = 0 and session("admin") = ""说明没有经过站长审批,将不显示留言内容。否则显示。
    <Table width = 685 height = 51 border = 1 align = center cellPadding = 3 cellSpacing = 0 border-color = "#000000" style = "border-collapse:collapse" >
      <tbody>
       <tr>
    <td height = 25><table width = "100%" border = "0" cellpadding = "0" cellspacing = "0" class = "unnamed1">
    <tr>
        <td width = "24%" height = "9" bgcolor = "#EFEFED"> 留言者:<b><% = rs("name") %></b></td>
        <td width = "76%" align = "left" bgcolor = "#EFEFED"><div align = "left">发表于:<% = year(Rs("date")) %>年<% = month(Rs("date")) %>月<% = day(Rs("date")) %>日
        '显示留言时间
        EMAIL:<% = rs("email") %>
        '显示留言者 email
        <% if len(trim(Rs("come")))>1 then %>
          来自:<% = rs("come") %>
            '显示留言者地址
        <% end if %>
        <% If Session("Admin") = "Login" and session("flag")<1 Then %>
          '如果 Session("Admin") = "Login" and session("flag")<1 说明为管理员,则应还具备编辑
          '回复删除留言的功能
          <font color = "#666666"><a href = "<% = indexfilename %>?action = Edit&
```

```
        id=<%=Rs("id")%>">
        <img src="<%=imdeximg%>reply.gif" alt="编辑回复" width="16"
        height="16" border="0"></a>
        <a href="<%=indexfilename%>?action=Delete&id=<%=Rs("id")%>"
        onClick="return confirm('确定要删除吗?\n\n该操作不可恢复!')">
        <img src="<%=imdeximg%>del.gif" alt="删除留言" width="15"
        height="15" border="0"></a></font>
    <% end if %> </div></td>
    </tr>
  </table></td>
</tr>
<tr>
  <td width="100%" height="21" valign="top" class=unnamed2
  style="word-break:break-all">
    <table width="100%" border="0" style="TABLE-LAYOUT:fixed" class=unnamed2>
        <tr>
        <td width="100%" style="word-break:break-all">
        <% if webyn=1 and rs("view")=0 and session("admin")="" then%>
            '如果 webyn=1 and rs("view")=0 and session("admin")=""说明非管理员,所有留
言均需审批才能查看。留言需要经过审批才能查看
        <%else if webyn=1 and rs("view")=1 then%>        '经过审批了,可以显示留言内容
                <%=words%>
                <% if len(trim(reply))>1 then%>          '有回复的,显示回复的内容
                  <hr size="1">
                  <span class="style1">站长回复</span><br>
                  <font color="#990000"><%=reply%></font>
                <%end if %>
        <%else if session("admin")<>"" then%>
                <%=words%>
                <% if len(trim(reply))>1 then%>
                  <hr size="1">
                  <span class="style1">站长回复</span>   <br>
                  <font color="#990000"><%=reply%></font>
                <%end if %>
        <%end if %>   </td>
      </tr>
    </table>   </td>
  </tr>
</tbody>
</table>
<% end if%>
    <br>
<%
    rs.movenext
    loop
        Rs.Close
        Set Rs=Nothing
        %>
        <table width="532" border="0" cellspacing="1" cellpadding="4" align="center">
        <tr>
        <td height="20" align="right" class="unnamed1">
        有<%=gbcount %>条留言 <%=page %>/<%=y %>页 分页
```

```
'有 gbcount 条留言,当前第 page 页,共 y 页
    〈a href = "?page = 1"〉〈〈〈/a〉
    〈 % if page2>1 then % 〉
        〈a href = "〈 % = indexfilename % 〉?page = 〈 % = page2 * x - x % 〉"〉〈〈/a〉
    〈 % end if % 〉
    〈 % For m = page2 * x - (x - 1) To k % 〉
        [〈a href = "〈 % = indexfilename % 〉?page = 〈 % = m % 〉"〉〈 % = m % 〉〈/a〉]
    〈 % Next % 〉
    〈 % if page2 * x<y then % 〉
        〈a href = "〈 % = indexfilename % 〉?page = 〈 % = m % 〉"〉〉〈/a〉
    〈 % end if % 〉
    〈a href = "?page = 〈 % = y % 〉"〉〉〉〈/a〉
    〈/td〉
  〈/tr〉
〈/table〉
〈 % End Sub % 〉
```

本段分页显示留言程序中，每页显示的留言条数是可以任意设定的，在程序中设为 N，在程序初始化时已赋值，在本段程序中通过一条 if 语句来计算一共有多少页，即：

```
if gbcount/n = int(gbcount/n) then
  y = int(gbcount/n)
else
  y = int(gbcount/n) + 1
end if
```

其中，变量 Gbcount 为记录条数，用它除以每页显示的条数，如果不是整数则取整加 1，这就是我们显示的页数。

③发表留言。发表留言是系统中最核心的功能，下面就留言界面和留言入库两个部分来逐一说明。发表留言的界面主要是制作一个表单，供用户输入留言信息。运行效果如图 10—3 所示。发表留言界面子程序如下：

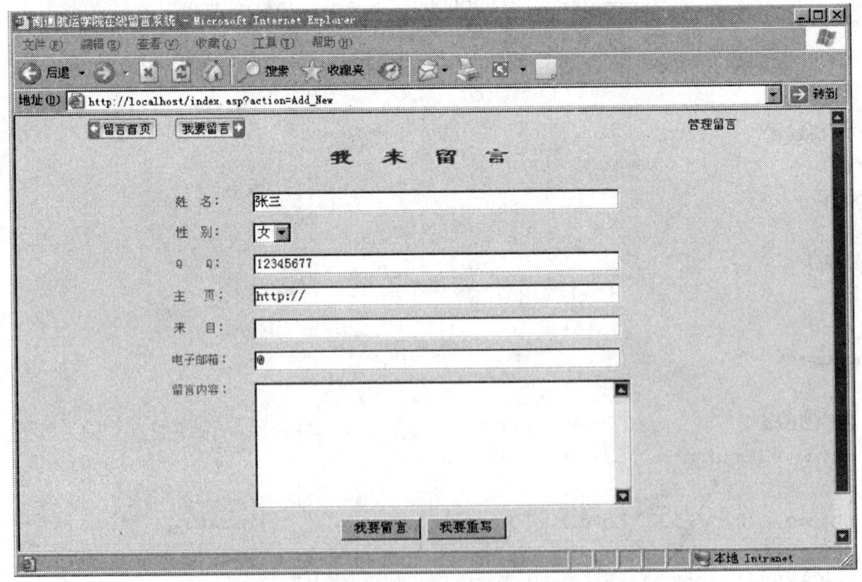

图 10—3 发表留言界面

```
<% Sub Add_New( ) %>
<table width="534" border="0" align="center" cellpadding="4" cellspacing="1" class="unnamed1">
    <form name="form" method="post" action="<% =indexfilename %>">
      <tr>
        <td height="25" colspan="2" align="center"><div align="center" class="STYLE6">我 来 留  言</div>
          <span class="STYLE7"><img src="<% =imdeximg %>line.gif" width="500" height="1"></span></td>
      </tr>
      <tr>
        <td width="87" ><div align="center">姓 名:</div></td>
        <td width="428"><input type="text" name="name" class="input1" size="50" maxLength=10></td>
      </tr>
      <tr>
         <td align="right"><div align="center">性 别:</div></td>
        <td>
        <select name="sex" size="1">
              <option value="1">男</option>
              <option value="0">女</option>
        </select>  </td>
      </tr>
      <tr>
        <td align="right"><div align="center">Q   Q:</div></td>
        <td><input name="qq" type="text" class="input1" id="qq" size="50" maxLength=25></td>
      </tr>
      <tr>
        <td align="right"><div align="center">主  页:</div></td>
        <td> <input name="web" type="text" class="input1" value="http://" size="50" maxLength=50> </td>
      </tr>
      <tr>
        <td align="right"><div align="center">来  自:</div></td>
        <td><input name="come" type="text" class="input1" id="come" size="50"></td>
      </tr>
      <tr>
        <td align="right"><div align="center">电子邮箱:</div></td>
        <td><input name="email" type="text" class="input1" value="@" size="50" maxLength=50></td>
      </tr>
      <tr>
        <td align="right" valign="top"><div align="center">留言内容:</div></td>
        <td><textarea name="words" cols="50" rows="8" class="input1" ></textarea></td>
      </tr>
          <tr align="center">
        <td colspan="2"> <input type="hidden" name="action_e" value="Add_New"> <input type="submit" name="Submit" value="我要留言" class="input1">
          '将留言内容传回本网页,通过"action_e"值"Add_New"调用相应的过程
          <input type="reset" name="Submit2" value="我要重写" class="input1">
          <br>
            <img src="<% =imdeximg %>line.gif" width="500" height="1">    </td>
      </tr>
```

```
    </form>
</table>
        <br>
<% End Sub %>
```

当用户单击“我要留言”按钮后，通过代码<input type="hidden" name="action _ e" value="Add _ New"> <input type="submit" name="Submit" value="我要留言" class="input1">产生一个 Action _ e 值 Add _ New，传回本页，调用 Add _ New _ Execute( )，将数据最终写入数据库中，执行程序见发表留言入库子程序，如下所示：

```
Sub Add_New_Execute( )
        set Rs = Server.CreateObject("ADODB.RecordSet")
        Sql = "Select * From words"
        Rs.Open Sql,Conn,2,3
        Rs.AddNew
        Rs("name") = Server.HTMLEncode(Request.Form("name"))
        '将从表单 name 中传递过来的内容存入数据表 words 中的 name 字段
        Rs("sex") = Server.HTMLEncode(Request.Form("sex"))
        '将从表单 name 中传递过来的内容存入数据表 words 中的 name 字段
        '以下语句分别是将表单传递过来的内容存入数据表 words 中的 head、web、email、words、qq、img、
        'date、ip、come 字段中
        Rs("head") = Server.HTMLEncode(Request.Form("head"))
        Rs("web") = Server.HTMLEncode(Request.Form("web"))
        Rs("email") = Server.HTMLEncode(Request.Form("email"))
        Rs("words") = Server.HTMLEncode(Request.Form("words"))
        Rs("qq") = Server.HTMLEncode(Request.Form("qq"))
        Rs("img") = Server.HTMLEncode(Request.Form("Img"))
        Rs("date") = Now( )
        Rs("ip") = request.servervariables("remote_addr")
        Rs("come") = Server.HTMLEncode(Request.Form("come"))
        Rs.Update
        Rs.Close
        Set Rs = Nothing
End Sub
```

10.1.2 相关技术：防灌水技术、分页显示技术

1. 防灌水技术

对于其他留言板而言，该留言板增加了防止灌水功能。灌水即“向留言板中发大量无意义的帖子”，对于防止灌水功能的实现，主要用以下防灌水程序 ASP 代码段实现。

```
posttime = 10  'posttime 变量用于设置重复留言的时间间隔
if cint(posttime)<>0 then
        if not isnull(session("posttime")) or cint(posttime)>0 then
            '如果 session("posttime")不为空或者大于 0
            '则再用 session("posttime")与当前时间比较如果还在限制的范围内就不能留言
            '超过限制时间则可留言
            if  DateDiff("s",session("posttime"),Now( ))<cint(posttime) then
                response.write"错误信息:留言本防灌水功能已经打开,限制"&posttime&"秒内不能
重复留言。"
                response.end
            end if
        end if
```

```
end if
if cint(posttime)<>0 then
  session("posttime") = now( )
end if
```

当然，这段代码只是在发帖时间上加以限制，我们也可以采用其他的方法进行防灌水设置，比如说让每次会员回帖的时候输入验证码，而每次的验证码是随机的，这样喜欢灌水的会员就不会轻易灌水了。

2. 分页显示技术

本项目属于较高类型的留言板，除了提高输入效率的界面外，在文件的顶端多出一些超级链接，目的是让用户浏览前后的留言，这种分页显示技术已跳离了文本文件的架构。分页技术方法各异，针对留言板数据库中 words 表，下面例子中，我们尝试着以另一种角度实现分页显示。下面是一个简单分页子程序。

```
<%
    Sub DIVPage(objRS,PageNo)
        Response.Write "<TABLE BORDER = 1>"
        '读取数据表的字段名称以作为表格的标题
        Dhead = "<TR>"
        For I = 0 To objRS.Fields.Count-1
            Dhead = Dhead & "<TH>" & objRS.Fields(I).Name & "</TH>"
        Next
        Response.Write Dhead & "</TR>"
        '设置目前页次,然后利用 For...Next 循环显示出该页的记录
        objRS.AbsolutePage = PageNo
        For I = 1 To objRS.PageSize
            Dhead = "<TR>"
                For J = 0 To objRS.Fields.Count-1
                    Dhead = Dhead & "<TD>" & objRS.Fields(J).Value & "</TD>"
                Next
                Response.Write Dhead & "</TR>"
                objRS.MoveNext
                If objRS.EOF Then Exit For
        Next
        Response.Write "</TABLE>"
    End Sub
%>
```

在主程序中我们调用上面的分页子程序，分页显示主程序代码如下：

```
<HTML>
<Title>按页显示记录</Title>
  <BODY>
    <!-- #include file = "adovbs.inc" -->
    <Center>
    <%
        '读取数据表的所有记录
        Set objConn = Server.CreateObject("ADODB.Connection")
        objConn.ConnectionString = "Provider = Microsoft.Jet.OLEDB.4.0;" & _
        "Data Source = " & Server.MapPath("jd100.mdb")
        objconn.open
```

```
        '从数据表中读取记录并存放在 Recordset 对象中
        Set objRS = Server.CreateObject("ADODB.Recordset")
        objrs.Open "words",objConn,1,3,2
        '设置分页大小
        objRS.PageSize = 5
        PageNo = Request("Page")
        if PageNo = emtpy then PageNo = 1
        If PageNo <> "" Then
            DivPage objRS,PageNo
            response.write"<P>您打开的是<B>第" & PageNo & "页</B>"
            response.write"<P>"
        End If
        '显示页码超链接
        For I = 1 To objRS.PageCount
            Response.Write "<A HREF = 'exp11-1.asp?Page = " & I & "'>" & _
                "第" & I & "页" & "</A>" & "  |  "
        Next
    %>
    </center>
  </BODY>
</HTML>
```

分页显示效果如图 10—4 所示，一般情况下若需要分页，我们可以参照上面的分页子程序即可。当然不难发现，在记录很多的情况下，我们需要对此程序进行改进，分页显示记录并不难，但做得好却不容易，如果想深入学习留言板的高级应用，大家可以进一步研究。

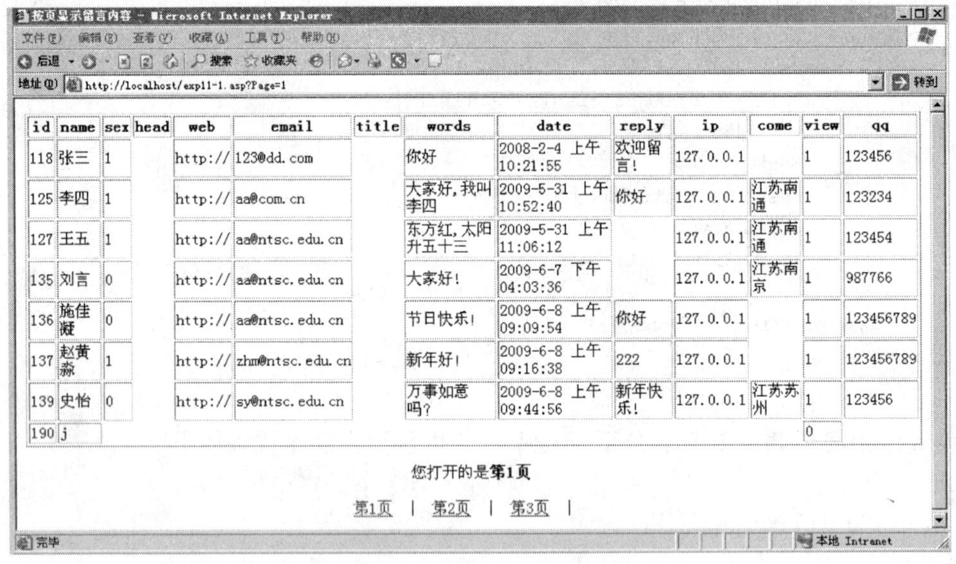

id	name	sex	head	web	email	title	words	date	reply	ip	come	view	qq
118	张三	1		http://	123@dd.com		你好	2008-2-4 上午10:21:55	欢迎留言!	127.0.0.1		1	123456
125	李四	1		http://	aa@com.cn		大家好,我叫李四	2009-5-31 上午10:52:40	你好	127.0.0.1	江苏南通	1	123234
127	王五	1		http://	aa@ntsc.edu.cn		东方红,太阳升五十三	2009-5-31 上午11:06:12		127.0.0.1	江苏南通	1	123454
135	刘言	0		http://	aa@ntsc.edu.cn		大家好!	2009-6-7 下午04:03:36		127.0.0.1	江苏南京	1	987766
136	施佳凝	0		http://	aa@ntsc.edu.cn		节日快乐!	2009-6-8 上午09:09:54	你好	127.0.0.1		1	123456789
137	赵黄淼	1		http://	zhm@ntsc.edu.cn		新年好!	2009-6-8 上午09:16:38	222	127.0.0.1		1	123456789
139	史怡	0		http://	sy@ntsc.edu.cn		万事如意吗?	2009-6-8 上午09:44:56	新年快乐!	127.0.0.1	江苏苏州	1	123456
190	j											0	

图 10—4 简单分页显示界面

任务 2 留言板后台模块设计

学习目标与任务：

- 了解并掌握利用过程进行程序设计的方法；
- 进一步熟悉利用 SQL 语句对数据库进行添加、删除、修改等操作；

1. 问题情景

上一节我们介绍了留言板的用户模块，相对于用户而言，管理员具有更高的权限，后台管理模块为管理员提供了管理用户信息、修改留言、回复留言、删除留言等功能。

2. 系统实现

(1) 页面功能设计。对于所涉及的数据库我们在上节介绍过了，在此不再重述，本模块主要涉及下面几个子程序，我们将挑重点部分介绍其功能。

- Admin _ Login( )：管理员登录子程序。
- Admin _ Login _ Execute( )：验证管理员登录子程序，只有登录成功才能管理留言。
- Edit( )：编辑和回复留言子程序，只有管理员才能登录。
- Delete( )：删除留言子程序，删除成功后返回浏览留言界面。

对留言进行回复或删除，是系统管理人员的工作，所以必须有一个管理员登录界面，如图 10—5 所示，管理员输入用户名和密码进行登录后，就直接进入留言管理界面，浏览留言，如图 10—6 所示，这个界面相对于普通用户所能浏览的页面来说只需要在每条记录的后面增加“编辑”和“删除”的超级链接，管理员可以根据不同的情况进行留言管理。

图 10—5 管理员登录界面图

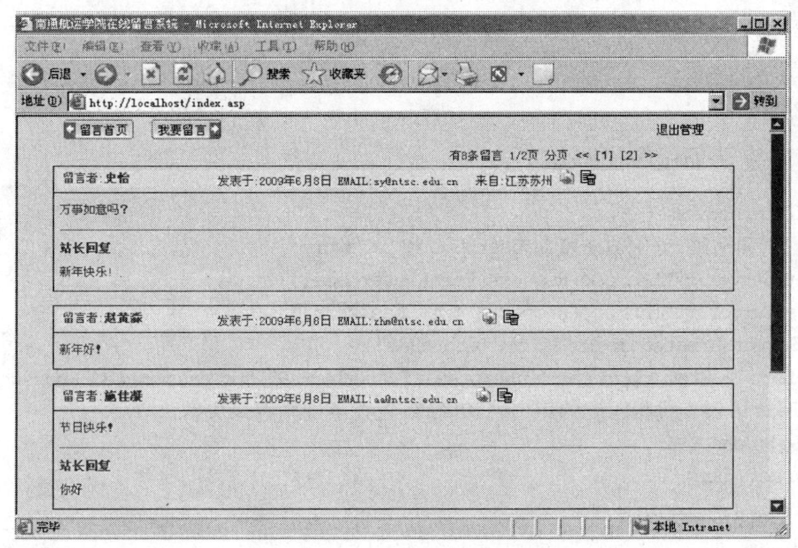

图 10—6 管理员登录成功界面

（2）数据表设计。本任务操作数据均在数据表 words 中，其表结构见表 10—2 所示。

（3）代码设计。

①留言管理。留言管理由 admin _ login 和 Admin _ Login _ Execute 过程实现。程序代码分别为管理员登录界面程序和验证管理员登录子程序。

管理员登录界面程序代码如下：

```
〈% Sub Admin_Login( )                    %〉
〈br〉
    〈table width = "346" border = "0" align = "center" cellpadding = "4" cellspacing = "1" class =
"unnamed1"〉
        〈form name = "reply" method = "post" action = "〈% = indexfilename %〉"〉
        ‘"〈% = indexfilename %〉")为本页,在程序变量初始化时已定义
        〈tr〉
            〈td colspan = "2" align = "center"〉〈span class = "STYLE9"〉登 录 管 理〈/span〉〈/td〉
        〈/tr〉
        〈tr〉
            〈td width = "83"〉〈div align = "right"〉用户名:〈/div〉〈/td〉
            〈td width = "244"〉〈input name = "username" type = "text" class = "unnamed1" size =
"25" maxlength = "25"〉〈/td〉
        〈/tr〉
        〈tr〉
          〈td width = "83"〉〈div align = "right"〉密  码:〈/div〉〈/td〉
          〈td width = "244"〉〈input name = "password" type = "password" class = "unnamed1" size = "28"〉
          〈input type = "hidden" name = "action_e" value = "admin"〉〈/td〉
        〈/tr〉
        〈tr〉
          〈td colspan = "2" align = "center"〉
          〈input type = "submit" name = "Submit32" value = "管理员登录" class = "input1"〉〈/td〉
        〈/tr〉
        〈tr〉
          〈td height = "49" colspan = "2" align = "center"〉 〈/td〉
        〈/tr〉
    〈/form〉
〈/table〉
〈br〉
〈% End Sub %〉
```

验证管理员登录子程序代码如下：

```
Sub Admin_Login_Execute( )
  ‘获取用户名和密码,分别放于变量 username 和 password 中。
  username = Server.HTMLEncode(Request.Form("username"))
  password = Server.HTMLEncode(Request.Form("password"))
  Set Rs = Server.CreateObject("ADODB.RecordSet")
  Sql = "Select * From admin where username = '"&username&"' and password = '"&password&"'"
  ‘利用 select 语句查找相匹配的用户名和密码,查找不到则登录失败。
  Rs.Open Sql,Conn,1,1
  If not rs.eof Then
Session("Admin") = "Login"
  Else
    Response.Write("〈script〉alert(""用户名或者密码不对,登录失败"");window.location.href =
```

```
'"&indexfilename&"';</script>")
        End If
        Rs.Close
        Set Rs = Nothing
    End Sub
```

②编辑及回复留言。管理员可以一边浏览留言，一边进行回复。回复留言只需要单击每条记录后面的“编辑留言”超级链接，由于在数据库中进行数据编辑操作必须定位到该条记录，所以需要记录的关键字 ID，有了这个 ID，我们就可以更新数据库中相应的记录了。编辑页面如图 10—7 所示，当管理员单击修改留言后将记录写入数据库中。编辑和回复留言子程序如下：

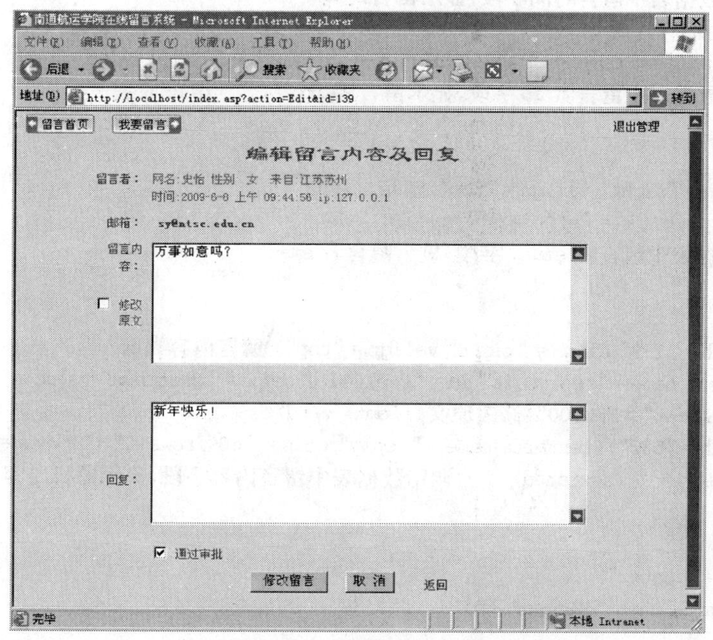

图 10—7　编辑和回复留言界面图

```
    <% Sub Edit( ) %>
    <%
    Sql = "Select * From words Where id = "&Request.QueryString("id")
    '用 select 语句根据唯一的"id"查找到相应的留言
    set rs = conn.execute(sql)
    view2 = ""
    if rs("view") = 1 then              '如果字段"view"值为 1,则说明站长允许留言发表
      view2 = "checked"
    end if
    %>
    <table width = "532" border = "0" align = "center" cellpadding = "4" cellspacing = "1" class = "un-
named1">
      <form name = "reply" method = "post" action = "<% = indexfilename %>">
        <tr><td colspan = "2" align = "center"><span class = "STYLE7"><font face = "隶书">编辑留言内
容及回复</font></span></td>
        </tr>
        <tr>
```

```
    <td align="right" valign="top">留言者:</td>
    <td>网名:<font color="#ff0000"><%=Rs("name")%></font> 性别:
      '调用数据表中姓名字段,显示留言者姓名
      <font color="#ff0000">
      <%if Rs("sex")=1 then     '调用数据表中性别字段,显示留言者性别
          Response.Write "男"
      else
          Response.Write "女"
      end if%>
      </font>  来自:<font color="#ff0000">
      '调用数据表中地址字段,显示留言者地址
      <%=Rs("come")%></font>
      '调用数据表中留言时间字段,显示留言时间
      <br> 时间:<font color="#ff0000"><%=Rs("date")%></font>&
      nbsp;ip:<font color="#ff0000"><%=Rs("ip")%></font></td>
      '调用数据表中留言者 ip 字段,显示留言者 ip
  </tr>
  <tr>
    <td align="right" valign="top">邮箱:</td>
    <td> <b><%=Rs("email")%></b></td>
    '调用数据表中留言者 email 字段,显示留言者 email
  </tr>
  <tr>
    <td width="139" align="right" valign="top"> 留言内容:<br>
    <br><input name="replyedit" id="replyedit" type="checkbox" value="1">
    <font color="#FF0000">修改原文</font> </td>
    <td width="532"><textarea name="reply" cols="60" rows="8" class="input1" id="re-
ply"><%=Rs("words")%></textarea>    '调用数据表中留言内容字段,显示留言内容
    </td>
  </tr>
  <tr align="center">
    <td align="right"> </td>
  </tr>
  <tr align="center">
    <td align="right">回复:</td>
    <td align="left"><textarea name="words" cols="60" rows="8" class="input1" id=
"words"><%=Rs("reply")%></textarea>
    '调用数据表中留言回复字段,显示回复内容
    <br>
    <% if webyn=1 then%>        '如果 webyn 为"1",则说明该留言通过了管理员审批,可以发表
        <br>
        <input name="view" type="checkbox" id="view" value="1" <%=view2%>>
     通过审批
     <% end if %>
    </td>
   </tr>
  <tr align="center">
    <td colspan="2"><input type="hidden" name="action_e" value="Edit"><input type="hid-
den" name="id" value="<%=Request.QueryString("id")%>">
      <input type="submit" name="Submit" value="修改留言" id="Submit" class="input1">
       
      <input type="reset" name="reset" value="取 消" id="Submit2" class="input1">
```

```
        <a href="<%=indexfilename%>?action=View_Words">返回</a></td>
        '调用显示留言界面
    </tr>
  </form>
</table>
<%
rs.close
set rs=nothing
End Sub %>
```

③删除留言。管理员在浏览留言时，可以单击每条记录后面的“删除”超级链接来删除该留言。由于在数据库中进行数据删除操作需要定位到该条记录，同样需要记录的关键字ID以进行记录删除操作，运行效果如图10—8所示。

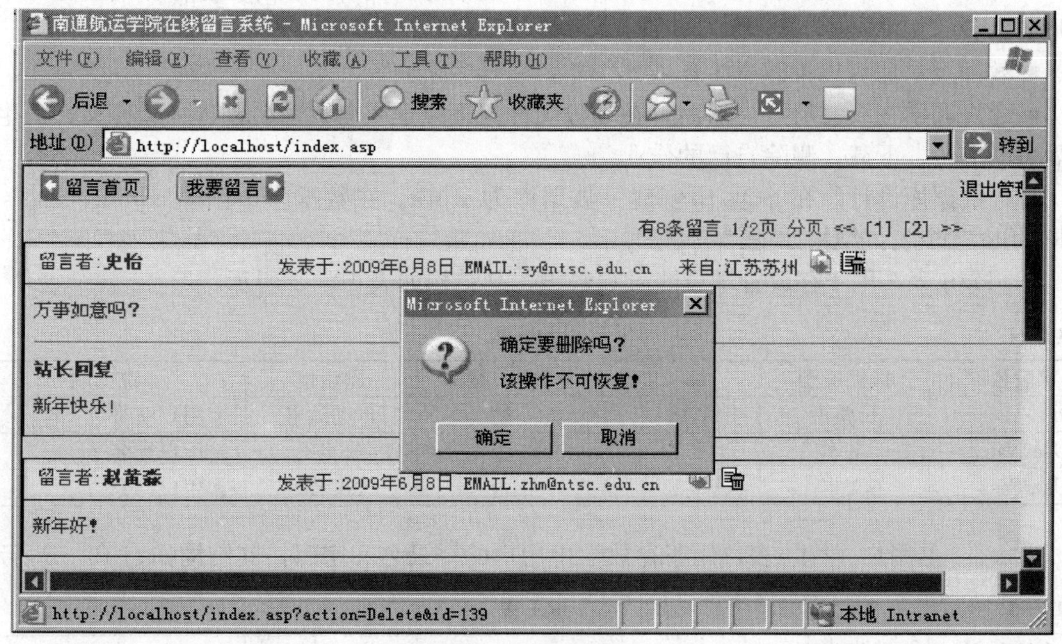

图10—8 删除界面图

删除留言子程序如下：

```
<%Sub Delete()
    If Session("Admin")="" Then    '验证是否是管理员,如身份不符不可以进行删除操作
      Response.Write "连接超时,请重新登录"
      Response.End
    end if
    '删除数据
    Conn.Execute("Delete * From words Where id="&Request.QueryString("id"))
    '根据要删除记录的id进行删除操作
End Sub%>
```

项目实训10 在线作业系统

1. 实训目的

(1) 掌握用户对数据库的添加、删除、修改等功能的实现；

（2）通过项目实训进一步熟悉对于不同的用户使用不同权限的方法；

（3）进一步熟悉 ASP 数据库编程及文件操作技术。

2. 实训情景引入

随着校园网的普及，我们通过学习留言板来实现学校论坛，还可以通过网络管理自己的作业，任课教师可以通过网络批改学生作业，本实训任务是实现一个简单的在线作业系统。

3. 实训步骤

（1）需求分析。本项目涉及三类用户：管理员、教师和学生。三类用户分别有自己的权限，管理员有更多权限，三类用户都必须登录才能完成相应的功能。管理员数据表（admin）中有一个管理员，用户名和密码都设为 admin。管理员和教师用户由管理员创建，学生用户通过自己注册创建（类似于留言板中留言者），具体功能如下：

● 管理员(教师)登录后可以添加、删除、修改信息，同时为教师在服务器端创建一个以教师名命名的文件夹。

● 教师登录后可以批改学生作业。

● 允许同学在线注册。注册后，在教师文件夹下以学生名称命名创建一文件夹，学生登录后可以上传、下载、删除自己的作业。

（2）数据库设计。在 SQL 中创建一数据库为 work。在数据库中创建 admin，users 及 uploadfile 三个表，结构如下：

①admin 表，用于存放管理员账号和密码，其结构如表 10—4 所示。

表 10—4　　admin 表

字段名称	数据类型	长　度	主　键	默认值	说　明
Id	长整型	8	是	自动编号	用户编号
UserName	文本	10	否	NULL	用户姓名
UserPass	文本	32	否	NULL	用户口令

②users 是用户(学生)表，用于存放学生用户的登录名和密码，其结构如表 10—5 所示。

表 10—5　　user 表

字段名称	数据类型	长　度	主　键	默认值	说　明
Id	长整型	8	是	自动编号	学生编号
usernum	文本	10	否	NULL	学生学号
UserName	文本	10	否	NULL	学生姓名
UserPass	文本	32	否	NULL	学生口令

③uploadfile 表是学生上传作业的信息表，用于存放作业上传后的相关信息，如文件名，上传目录等，其结构如表 10—6 所示。

表 10—6　　uploadfile 表

字段名称	数据类型	长　度	主　键	默认值	说　明
Id	长整型	8	是	自动编号	学生编号
UserNum	文本	10	否	NULL	学生学号
FileName	文本	50	否	NULL	上传文件名称
FileSize	数值	8	否	NULL	学生口令
FileType	文本	10	否	NULL	文件扩展名

续前表

字段名称	数据类型	长　度	主　键	默认值	说　明
FilePath	文本	100	否	NULL	存放地址
UploadTime	时间	时间	否	Now( )	上传时间
Mark	数值	8	否	0	批改后的成绩
Tmark	备注	50	否	NULL	教师评语

（3）代码设计分为两部分，下面第①～④为教师用户部分代码提示，⑤～⑩为学生用户部分代码提示。

①教师登录后，创建自己目录文件夹的代码段如下：

```
FolderPath = server.mappath("..\upload" & username)
'生成教师文件夹路径
set fso = server.createobject("scripting.filesystemobject")
if not fso.folderexists(FolderPath) then
    fso.createfolder(FolderPath)
else
    set fso = nothing
    call error("该文件夹已存在")
    response.end
end if
```

②删除教师用户的代码段如下：

```
conn.execute("delete * from admin where id =" & id)
response.redirect "../success.asp? info = 删除管理员操作成功!<br><a href = 'manage/adminmanage.asp'>回到用户管理网页!</a>
response.end
'adminmanage.asp 管理用户程序
```

③全体学生的 SQL 语句如下：

```
sql = "select * from users"
```

④列出某一学生的所有作业的 SQL 语句：

```
sql = "select * from uploadfile where usernum = '"& student_num &"'order by id desc"
```

⑤文件上传界面代码段如下：

```
<form action = "upload.asp" method = "post" enctype = "multipart/form-data"
……
<input name = "upload file" type = "file">
……
```

注意：input 标签中 name 是用户自己取的，也可以取为其他文件名，在程序 upload.asp 中将用到 name 为 upload file 传递的值。Enctype 的值必须为 multipart/form-data，这样服务器才知道用户要上传文件。

⑥建立上传文件的对象代码段如下：

```
set uplofile = new upfile_class
```

说明：upfile _ class 为一个文件上传类，也可以自己编写程序实现文件上传。

⑦获得上传数据，限制最大上传数量，如限制在1M以内程序代码段如下：

```
uplofile.getdata(1024000)
```

⑧创建一文件对象代码段如下：

```
set objfile=uplofile.file("uploadfile")
```

⑨判断扩展名是否允许上传代码段如下：

```
filetype=lcase(objfile.fileext)
if  checkfileext(filetype)=false then
   call error("文件格式不正确,请重新上传")
end if
```

⑩文件存盘代码段如下：

```
objfile.savetofile server.mappath(formpath&filename)
```

以上是在线作业系统部分功能代码段的提示，大家结合实际以及上面提示完善在线作业系统。

习 题 10

一、选择题

1. 定义自定义过程使用哪个语句？(　　)

A. DIM　　B. CONST　　C. SUB　　D. Function

2. 程序继续调用sub过程之后的语句，可以立即从sub过程中退出的语句是（　　）

A. 〈/sub〉　　B. exit　　C. exit sub　　D. loop

3. 以下连接对象的创建方法中，正确的是（　　）

A. conn＝createobject("ADODB.Connection")

B. conn＝server.createobject("ADODB.Connection")

C. set conn＝createobject("ADODB.Connection")

D. set conn＝server.createobject("ADODB.Connection")

4. 在在线作业系统中，需要用到filesystemobject对象实例的(　　)方法创建教师文件夹。

A. createfile　　B. createfolder　　C. copyfolder　　D. copyfile

二、思考与练习题

1. 本章的实例中，如何根据用户的不同角色，在页面中显示不同的操作功能？

2. 如何使用connection对象访问数据库？

3. 思考在留言板系统中如何实现“对某一留言有多个回复”，改写书中的程序实现此功能。

子项目 11　在线订单系统的设计

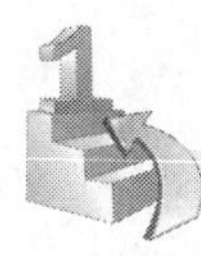

学习目标

能掌握在线订单系统的设计与程序调试的方法。

了解在线订单系统的结构。

了解正则表达式的用法。

项目任务

随着人们生活水平的提高，人们的消费方式也发生了大的变化。传统的购物方式已不能满足日益增长的消费客户群，于是出现了上门推销、电话订购、网上购物等新的购物渠道。其中以唯品会和淘宝为首的电子商务网站的成立，使网上购物成为一种新时尚并逐步被更多人接受。本项目是开发一个实用的在线订单系统，并贯穿讲解相关的编程技巧，比较全面地讲述如何使用 ASP 技术构建一个实用的 Web 系统的思路和方法。通过对实例的理解，可以使大家熟悉在线订单系统的开发和设计过程。

在线订单系统主要分为两大模块：一是面向用户在线订单模块；二是面向管理员的后台管理模块。

任务 1　产品在线订单客户端模块设计

学习目标与任务：

- 了解并掌握在线订单系统客户端模块的设计方法；
- 掌握订单在数据库中的添加、删除等操作的方法。

1. 问题情景

在线订单系统是一个模拟网上购物环境的应用程序，维护数据库，存储用户信息、物品信息、交易信息等。ASP 程序从数据库中获得信息，并呈现给用户。主要功能包括物品分类和模拟交易，如购物车和订单系统等。我们将系统按功能模块进行划分后，在后面以模块为单位依次介绍各个部分的实现过程。系统的执行过程为：用户登录后，能看到分类显示的物品信息，用户可以向购物车添加物品，可以对购物车所购物品进行管理，最后显示物品清单。

在进行网络应用程序总体结构设计时，应尽量从方便客户、提高效率、运行可靠的角度来考虑其整体功能的实现。本着实用、高效、简洁的设计目标，本系统设计了为数不多的几个关键页面，以日用品为例，实现了其大部分功能。

2. 系统实现

（1）系统功能分析。在线订单系统客户端模块主要是为用户提供浏览商品信息以及购买商品的功能，可以分为以下几个部分，图 11—1 说明了这些主要页面的名称、功能，以及相互之间的关系和工作流程。

- 用户登录：提供会员登录入口。
- 商品分类显示：在首页，显示了商品类别。
- 商品信息浏览：该模块负责列出网站所有商品的信息，包括商品名称、价格、放入购物车链接，单击它们就能跳转页面进行商品的浏览。
- 购物车管理，对商品信息进行录入、修改、删除和更新等操作。
- 显示购物车中订单。

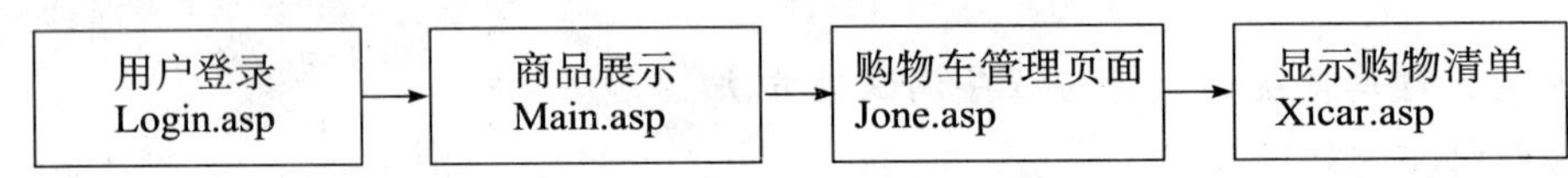

图 11—1　在线购物系统工作流程图

（2）数据表设计。在实现整个系统之前，首先需要对要实现的功能进行初步讨论并对结构图进行分析，这些工作在前面已经完成。在分析过购物系统的结构之后，进行编码设计之前，还要考虑系统实现都需要哪些数据表，数据表中包括哪些字段，这些字段用来做什么，下面我们将对系统中使用到的数据表及字段进行详细说明。

在线订单系统要涉及的对象有两个：物品和会员，因此数据库需求分析中就要考虑这两方面的因素。对于用户来说，他们关心的是所售物品情况及已购物品。通过系统的功能分析，针对一般用户的需求，总结出如下需求信息：

- 每个出售物品都以记录的形式存于数据库中；
- 每个出售物品都以标题的形式显现在用户面前；
- 用户所购物品以订单的形式存放于数据库中。

本系统所涉及的数据表如下：

①订单表(Sheetb)。Sheetb 数据表用来保存每个客户的订单详细信息，包括客户所订购的商品的编号、名称和定价等。在数据库 EnterpriseData 中添加表 Sheetb，其表结构如表 11—1 所示。

表 11—1　Sheetb 表的结构

字段名称	数据类型	长　度	主　键	默认值	说　明
订单号	长整型	8	是	自动编号	订单编号
客户	文本	20	否	NULL	客户姓名
品名	文本	20	否	NULL	商品名称
商品号	文本	3	否	NULL	商品编号
定价	实型	12	否	NULL	商品单价
数量	长整型	8	否	NULL	购买数量
金额	实型	12	否	NULL	购买金额
日期	日期类型		否	NULL	购买时间

②日用品表(Smallr)。本例中所有的日用品信息都保存在 Smallr 表中，在数据库 EnterpriseData 中添加表 Smallr，其表结构如表 11—2 所示。

表 11—2　　Smallr 表的结构

字段名称	数据类型	长　度	主　键	默认值	说　明
Id	长整型	8	是	自动编号	商品编号
品名	文本	20	否	NULL	商品名称
商品号	文本	3	否	NULL	商品编号
定价	实型	12	否	NULL	商品单价

(3) 代码设计。在设计项目时，我们可以利用模块化设计思想将项目分成若干模块，这样只需要将一个模块的接口和数据传递的参数设置好即可。最终的系统分为四大模块：用户登录、动态的显示商品模块、购物车管理模块及订单显示模块，从本节开始就依次按模块进行介绍，逐步实现整个系统。

①用户登录。会员登录界面 Login.asp，运行效果如图 11—2 所示。当进入订单系统，系统调用表单处理程序 Main.asp 进入在线购物系统主页，主页是通过表单来实现的，输入 ID 和密码后可进入在线购物系统。Login.asp 程序代码如下：

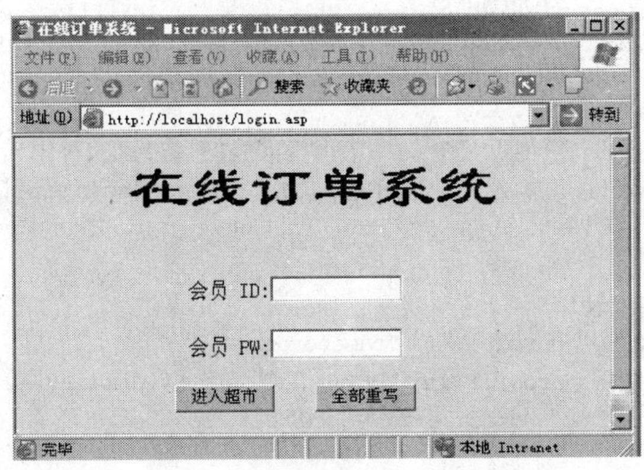

图 11—2　会员登录界面

```
<html>
<head>
<title>登录在线订单系统</title>
</head>
<body  bgcolor = "Honeydew">
    <center>
      <font size = "7" face = "隶书">在线订单系统</font><br>
    </center>
    <div align = "center">
        <center>
        <table border = "0" witdh = "425" height = "127">
        <tr>
        <td width = "387" height = "127" valign = "top">
        <form method = "post" action = "main.asp" id = form1 name = form1>
   '通过表单将用户名和密码传递到主程序 main.asp 中
          <p align = center>会员入口</p><font face = 宋体>
          <p align = "center">会员 ID:<input name = "name" size = "13"></P>
```

```
          〈p align = "center"〉会员 PW:〈input type = "Password" name = "PassWD" size = "13" 〉〈/P〉
          〈p align = center〉
            〈input type = submit value = "进入超市" title = "会员进入超市"〉
              
            〈input type = reset value = "全部重写"〉
          〈/p〉
          〈/font〉
        〈/form〉〈/td〉
        〈td width = "22" height = "127" valign = "top"〉 〈/td〉
        〈/tr〉
        〈/table〉
        〈/center〉
    〈/div〉
〈/body〉
〈/html〉
```

在以上代码中，〈form method="post" action="main.asp" id=form1 name=form1〉用于传递表单中参数，链接主程序。用户登录后显示本站主页，这是一个框架页面，分上下两个框架，分别调用 Xiurl.asp 和 Xisheet.asp，运行效果如图 11—3 所示。

商品分类显示页 main.asp 代码如下：

```
〈%  session("name") = request("name")           '会员名用 session("name")保存。
    name = request("name")
    if name = "" then                           '用户名不能为空,否则出错
        response.write"您必须输入用户名才能购物,〈A href = login.asp〉请返回〈/A〉!"
    end if
%〉
〈title〉超市商品主目录〈/title〉
    〈frameset rows = "60, * " border = "0" frameborder = "0"〉
        〈frame name = "TOP" noresize scrolling = "NO" src = "xiUrl.asp"〉
        〈frame name = "Bottom" noresize src = "xiSheet.asp" 〉
    〈noframeset〉
      〈noframes〉
〈body bgcolor = "Honeydew"〉
〈/body〉〈/noframes〉
〈/frameset〉
```


图 11—3　商品分类显示界面

会员登录页面 Xiurl.asp 代码如下：

```
〈body bgcolor = "#99cc99"〉
    〈table align = "center" width = "60 % " border = "0"〉
        〈tr height = "30" bgcolor = "EDF8F8" align = "center"〉
            〈td〉〈A href = "xisheet.asp" target = "Bottom" title = "显示各类商品目录"〉
            各类商品目录〈/a〉〈/td〉
```

```
        <td><A href = "xicar.asp" target = "Bottom" title = "显示购物车内的商品">
        检查购物车</a></td>
        <td><A href = "xiorder.asp" target = "Bottom" title = "显示订购单据和商品">
        显示物品清单</a></td></tr></table>
</body>
```

通过本页上的分类显示我们可以选择进行商品查看或是检查购物车以及显示物品清单。Xisheet.asp 代码如下：

```
<head>
<title>商品分类</title>
</head>
<body bgcolor = "Honeydew">
<p align = "center">
      <A href = "catalogR.asp" title = 进入日用品区>日用品</A>
               
      <A href = "catalogA.asp" title = 进入服装区>男女服装</A>
               
      <A href = "catalogB.asp" title = 进入体育用品区>体育用品</A>
               
      <A href = "catalogC.asp" title = 进入玩具区>玩具</A>
               
      <A href = "catalogD.asp" title = 进入礼品区>礼品</A>
               
      <A href = "catalogE.asp" title = 进入图书区>图书</A>
               </P>
</body>
```

②商品分类显示。本模块主要是查看商品列表、显示商品信息等功能，下面我们将以日用品为例讨论该部分的具体编码实现方法。在这里我们针对于日用品进行编辑，运行效果如图 11—4 所示。

各类商品目录	检查购物车	显示物品清单

日用品

编号	品名	商品号	定价	订购数量	现在采购
1	牙刷	0001	1		放入购物车
2	牙膏	0002	2		放入购物车

图 11—4　日用品订购界面

有时想多买几件同样的商品，在现实生活中可以直接多拿几件就行，而在网上购物时就不能直接拿商品了，必须修改购物车的数量，也就是更新购物车。如图 11—4 所示界面，客户可以在购物车中修改所选物品的数量。为此在购物车页面为每一个显示的物品提供了一个供客户修改其数量的文本框，只要在一个或多个文本框中输入新的数量，并单击“放入购物车”按钮即可将修改后的数值存入数据表 Sheetb 中。界面设计 Catalogr.asp 代码如下：

```
<head>
<title>日用品</title>
```

```
</head>
<body bgcolor = "Honeydew">
<!-- #include file = "conn.asp"-->
  <%
      strsql = "select * from SmallR"
      Set objrs = Server.CreateObject("ADODB.Recordset")
      objrs.Open strSQL,objConn,adOpenKeyset,adLockOptimistic,adCmdText
      '从数据表中读取符合 SQL 语句的记录并存放在 Recordset 对象中
  %>
  <H3 align = "center">日用品</H3>
  <table>
      <tr bgcolor = "#00A0FF" height = "30" align = "center">
      <%                                          '显示字段名称
        for i = 0 to objrs.fields.count-1
            response.write"<td>"&objrs.fields(i).name&"</td>"
        next
        response.write"<td>订购数量</td>"
        response.write"<td>现在采购</td>"
      %>
      </tr>
      <%
      do while not objrs.eof                      '判断是否到数据表末,如果在表末则退出循环
          data = "<tr height = '30' bgcolor = '#c9edff'>"
        for i = 0 to objrs.fields.count-1         '用表格输出一条记录的值
             data = data&"<td>"&objrs.fields(i).value&"</td>"
          next
          response.write data
          response.write"<td><form method = 'post' target = 'bottom' action = "&_
        "'Jone.asp?goods = "&objrs("品名")&"&gno = "&objrs("商品号")&_
        "&price = "&objrs("定价")&"'><input type = 'text' name = 'quantity' size = '5'></td>"
          response.write"<td><input type = 'submit' value = '放入购物车'></td></form></td>"
          objrs.movenext                          '指针下移一记录
      loop
      objrs.close
      set objrs = nothing
      objconn.close
      set objconn = nothing
      %>
  </table>
</body>
```

在以上代码中，response.write"<td><form method = 'post' target = 'bottom' action = "&_"'Jone.asp?goods = "&objrs("品名")&"&gno = "&objrs("商品号")&_"&price = "&objrs("定价")&"'><input type = 'text' name = 'quantity' size = '5'></td>"用于将所购物品存入数据库，其中将品名通过 Goods 变量传递，商品号通过变量 Gno 传递，最后交给 Jone.asp 程序处理。

③购物车管理。购物车在电子商务站点中的作用，与商场中的手推车类似，其功能是暂时存放顾客选购的商品。不同的是，网站上的顾客只需要在浏览商品时点击鼠标，就可以将商品添加到购物车，并存放于数据库中，Jone.asp 代码如下：

```
<%
    goods = request("goods")            '从网页 Catalogr.asp 表单中获取商品名存放于变量 goods 中
    gno = request("gno")                '从网页 Catalogr.asp 表单中获取商品号存放于变量 gno 中
    price = request("price")            '从网页 Catalogr.asp 表单中获取商品价格存放于变量 price 中
    quantity = request("quantity")      '从网页 Catalogr.asp 表单中获取商品数量存放于变量 quantity 中
    if quantity = "" then               '数量值不能为空,如为空则返回
        response.write"非常抱歉!您未输入购买数量,请返回!"
        response.end
    end if
    subtotal = price * quantity         '总价等于单价乘以数量。
%>
<body bgcolor = "Honeydew">
<!-- # include file = "conn.asp"-->
<%
    Set GetRecordset = Server.CreateObject("ADODB.Recordset")
    GetRecordset.Open "SheetB",objConn,adOpenKeyset,adLockOptimistic,adCmdTable
    '插入记录
    objrs.addnew Array("客户","品名","商品号","定价","数量","金额","日期"),Array(session
("name"),goods,gno,price,quantity,subtotal,now( ))
    objrs.update
    objrs.close
    set objrs = nothing
    objconn.close
    set objconn = nothing
%>
<center>
  <p>您已经选购好该商品,并已按您购买的数量放入购物车!</P>
<p><a href = "xisheet.asp">返回超市</a></p></center>
</body>
```

当客户将物品添加到购物车中后，可以随时查看货物和金额，运行效果如图 11—5 所示。该功能实现代码 Xicar.asp 如下：

订单号	客户	品名	商品号	定价	数量	金额	日期	
9	11	牙刷	0001	1	1	1	2009-6-7 上午 10:41:15	删除
10	11	牙膏	0002	2	2	4	2009-6-7 上午 10:41:19	删除

图 11—5 购物车信息显示

```
<head>
<title>看购物车</title>
</head>
<body bgcolor = "Honeydew">
    <!-- # include file = "conn.asp"-->
    <%
        strsql = "select * from sheetB where 客户 = '"&session("name")&"'"
        Set objrs = Server.CreateObject("ADODB.Recordset")
        objrs.Open strSQL,objConn,adOpenKeyset,adLockOptimistic,adCmdText
        if objrs.eof then
            response.write"<center><img src = 'Xxcs.jpg'><p>当前购物车内无任何商品!</p>"&_
            "<p><A href = 'Xisheet.asp'>返回商品目录</A></P></center>"
```

```
        else
    %>
        <table border = "0" align = "center">
        <tr bgcolor = "#FFACAC" height = "30" align = "center">
        <%
            for i = 0 to objrs.fields.count-1          '显示数据表中字段名称
                response.write"<td>"&objrs.fields(i).name&"</td>"
            next
            response.write"<td> </td>"
        %></tr>
        <%
        total = 0
        do while not objrs.eof
            data = "<tr height = '30' bgcolor = '#ffeaea'>"
            for i = 0 to objrs.fields.count-1
                data = data&"<td>"&objrs.fields(i).value&"</td>"
            next
            response.write data
            response.write"<td><A href = 'jnone.asp?no = "&objrs("订单号")&"' title = 删除本商品,
请斟酌!>删除</A></td></tr>"
            total = total + objrs("金额")
          '计算所有物品的总价格
            objrs.movenext
        loop
        objrs.close
        set objrs = nothing
        objconn.close
        set objconn = nothing
        %>
        <caption align = "right">总金额:<% = total %></caption>
    </table>
    <% end if %>
</body>
```

如图 11—5 所示，在购物车页面为每一物品提供了一个“删除”按钮，只要单击这个图标，对应的物品信息立即在购物车页面消失，同时还将自动删除表 Sheetb 中的记录，Jnone.asp 程序实现删除该商品功能，代码如下：

```
<head>
<title>从购物车中取出商品</title>
</head>
<body bgcolor = "Honeydew">
<!-- #include file = "adovbs.inc"-->
<!-- #include file = "conn.asp"-->
<%
    no = request("No")                                    'xicar 中订单号存放于变量 no 中
    strsql = "delete * from sheetB where 订单号 = "&no    '根据订单号删除数据表中记录
    objconn.execute(strsql)
%>
<center><img src = "xxcs.jpg">
<p>按照您的要求本商品已经从购物车中取出! </P>
<p><a href = "xicar.asp">返回购物车</a></P></center>
</body>
```

在客户将货物存放到自己的购物车并提交系统之后，顾客的订单信息就存放到订单数据库中，网站的管理人员就可以查看订单信息，并可以对订单进行打印等操作，Xiorder.asp为订单显示程序，运行效果如图 11—6 所示，其实现代码如下：

注意事项

1. 购买方式一：请按所需物品填妥专用购物清单后，免贴邮票，直接投递。也可传真至020-12345678。
2. 购买方式二：在网络上选购物品后，直接使用信用卡购买。
3. 购买方式三：请用邮局汇款单，填妥姓名、地址、邮编、电话、商品名、商品号、数量、直接去邮局邮购付款。 账号：123456789 户名：在线购物超市
4. 到货与补订：您在寄出邮购定单后15日内应收到商品，若没有收到，请来电查询020-12345678。

客 户 邮 购 单 据			
姓名：＿＿＿＿ 电话：＿＿＿＿ 地址：＿＿＿＿			
交 货 方 式：□ 送 货 上 门 □ 快 件 投 递 □ 挂 号 投 递			
付 款 方 式：□ 信 用 卡 □ 邮 局 汇 款 □ 银 行 汇 款			
信用卡卡号：＿＿＿＿ 有 效 日 期：＿＿＿＿			
签名（与信用卡签名相同）：＿＿＿＿			
开发票：□ 二联式 □ 三联式 □ 四联式			
发票地址：＿＿＿＿ 统一编号：＿＿＿＿			
订购物品清单			
品名	定价	数量	金额
牙刷	1	12	12
牙刷	1	1	1
手套	12	2	24
总 金 额：37			

图 11—6 订单显示效果图

```
〈body backgroud = "BG1.gif"〉
    〈H3〉注意事项〈/H3〉
    〈OL type = "1"〉
        〈LI〉购买方式一：请按所需物品填妥专用购物清单后，免贴邮票，直接投递。也可传真至 020-
12345678。〈/LI〉
        〈LI〉购买方式二：在网络上选购物品后，直接使用信用卡购买。〈/LI〉
        〈LI〉购买方式三：请用邮局汇款单，填妥姓名、地址、邮编、电话、商品名、商品号、数量、直接去邮
局邮购付款。
                    账号：123456789  户名：在线购物〈/LI〉
        〈LI〉到货与补订：您在寄出邮购订单后 15 日内应收到商品，若没有收到，请来电查询 020-
12345678。〈/LI〉
    〈/OL〉〈HR〉
    〈table border = "1" bgcolor = "white" BULES = "cols" align = "center" cellpadding = "5"〉
        〈tr height = "25"〉
        〈td colspan = "4" align = "center" bgcolor = "#00c0ff"〉客 户 邮 购 单 据〈/td〉
        〈/tr〉
        〈tr height = "25"〉〈td colspan = "4"〉姓名：〈U〉
        〈 %    for i = 0 to 15
                    response.write" "
            next % 〉〈/U〉
            电话：〈U〉
        〈 %    for i = 0 to 15
                    response.write" "
```

```
        next %>〈/U〉
        地址:〈U〉
    〈%  for i=0 to 30
            response.write" "
        next %>〈/U〉〈/td〉〈/tr〉
    〈tr height="25"〉
    〈td colspan="4"〉交 货 方 式:□ 送 货 上 门    □ 快 件 投 递   
 
    □ 挂 号 投 递    〈/td〉〈/tr〉
    〈tr height="25"〉
    〈td colspan="4"〉付 款 方 式:□ 信 用 卡    □ 邮 局 汇 款    
    □ 银 行 汇 款    〈/td〉〈/tr〉
    〈tr height="25"〉〈td colspan="4"〉信用卡卡号:〈U〉
    〈%  for i=0 to 34
            response.write" "
        next %>〈/U〉
        有 效 日 期:〈U〉
    〈%  for i=0 to 25
            response.write" "
        next %>〈/U〉〈/td〉〈/tr〉
    〈tr height="25"〉〈td colspan="4"〉签名(与信用卡签名相同):〈U〉
    〈%  for i=0 to 62
            response.write" "
        next %>〈/U〉〈/td〉〈/tr〉
    〈tr height="25"〉〈td colspan="4"〉开发票:□ 二联式     □ 三联式
    
                        □ 四联式〈/td〉〈/tr〉
    〈tr height="25"〉〈td colspan="4"〉发票地址:〈U〉
    〈%  for i=0 to 36
            response.write" "
        next %>〈/U〉
        统一编号:〈U〉
    〈%  for i=0 to 25
            response.write" "
        next %>〈/U〉〈/td〉〈/tr〉
    〈tr height="25"〉〈td colspan="4" align="center" bgcolor="#00c0ff"〉订购物品清单
〈/td〉〈/tr〉
    〈!--#include file="GenFunction.asp"--〉
    〈%
        strsql="select 品名,定价,数量,金额 from sheetB where 客户='"&session("Name")&"'"
        set objrs=Getsqlrecordset(strsql,"supdata.mdb","SheetB")
        for i=0 to objrs.fields.count-1
            response.write "〈td〉"&objrs.fields(i).name &"〈/td〉"
        next
        do while not objrs.eof
            data="〈tr height='25'〉"
            for i=0 to objrs.fields.count-1
                data=data&"〈td〉"&objrs.fields(i).value &"〈/TD〉"
            next
            response.write data &"〈/tr〉"
            total=total+objrs("金额")
            objrs.movenext
        loop
```

```
    %>
    <tr height="25">
    <td colspan="4"align="right" bgcolor="#00c0ff">总 金 额:<%=total %></td></tr>
    </table>
</body>
</html>
```

最后，关闭窗口结束商品订单的过程。

任务 2　在线订单后台模块设计

学习目标与任务：

- 了解在线订单后台模块的设计方法；
- 掌握数据库查询的方法；
- 进一步掌握分页技术；
- 掌握并灵活使用正则表达式。

11.2.1　问题情景及实现

1. 问题情景

在线订单系统后台模块作为订单系统后台管理的一个重要部分，将其分解为独立子任务进行分析描述。本任务所设计的模块主要是面向系统管理员的，系统管理员利用该功能添加商品信息后写入至数据库，通过该功能模块可以查询并编辑订单情况。

2. 系统实现

(1) 页面功能设计。管理员在通过身份验证后即可进入至后台管理界面，进行添加、删除、修改商品信息，以及查询编辑订单情况。

(2) 数据表设计。用户表 User 信息与子项目 3 相同，表结构如表 11—3 所示。

表 11—3　　**User 表的结构**

字段名称	数据类型	长　度	主　键	默认值	说　明
Id	长整型	8	是	自动编号	用户编号
UserName	文本	10	否	NULL	用户姓名
UserPass	文本	32	否	NULL	用户口令
Role	文本	1	否	0	权限，0 为普通用户，1 为管理员用户

管理员通过在线编辑后写入 Smallr 表中，表结构见表 11—1，管理员通过对表 Sheetb 查询订单情况，Sheetb 表结构见表 11—2 所示。

(3) 代码设计。在本任务中，多次调用用到数据库 EnterpriseData 中的数据表，在此我们也多次调用了 conn.asp，该程序在前面已介绍过，此处不再介绍。

整个模块分为三个小模块：即管理员登录、添加商品信息、编辑在线订单。项目主界面通过超链接来指向不同的功能程序，另外还有退出系统功能，用户退出系统后仍回到登录界面如图 11—7 所示。主界面代码见代码如下：

```
<div id="LeftSide">
    <ul>
      <li><a href="inputcertificate.asp">商品录入</a></li>
      <li><a href="certquery.asp">订单查询</a></li>
```

```
        <li><a href = "loginx.asp">退出系统</a></li>
      </ul>
  </div>
```

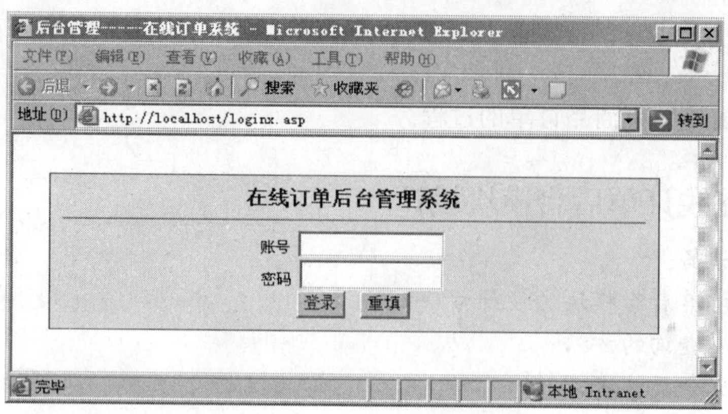

图 11—7 管理员登录界面

①用户登录模块。用户登录模块简化了子项目 3 用户登录，同时增加了将用户名写入 Cookies 以方便用户下次调用。用户验证写入 Cookies 代码如下：

```
    <!--#include file = "conn.asp"-->
    <%dim admin,UserPassword,role
    admin = trim(request("name"))
    UserPassword = trim(request("password"))
    if admin = "" or UserPassword = "" then
        conn.Close
        set conn = nothing
        response.Write("<script type = 'text/javascript'>alert('请输入账号和密码.');history.go(-1);
</script>")
        response.end
    end if
    set rs = server.CreateObject("adodb.recordset")
    rs.Open "select * from User where userpass = '"&UserPassword&"' and username = '"&admin&"' ",conn,1,1
    if rs.bof and rs.eof then
        rs.Close
        set rs = nothing
        conn.Close
        set conn = nothing
        response.Write("<script type = 'text/javascript'>alert('登录失败,账号或密码错误.');histo-
ry.go(-1);</script>")
        response.end
    else
        if UserPassword = rs("userpass") and admin = rs("username") then
          session("admin") = trim(rs("username"))
          session.Timeout = 20
          response.Cookies("timesshop")("admin") = trim(request.form("admin"))
          rs.Close
          set rs = nothing
          conn.Close
          set conn = nothing
```

```
        response. Redirect "inputcertificate.asp"
      end if
  end if
  %〉
```

登录后，每个页面都检查是否为管理员登录，为此我们写成一个小程序段，供多次调用，在超过 session 有效期后，将会回到登录界面。验证管理员登录程序如下：

```
〈%
    if session("admin") = "" then
      response. Redirect("login.asp")
   end if
%〉
```

②商品信息添加模块。登录成功后左边显示管理员主要功能界面，右边默认显示其第一个功能，即商品录入界面，登录界面见图 11—8 所示，后台管理主界面代码如下：

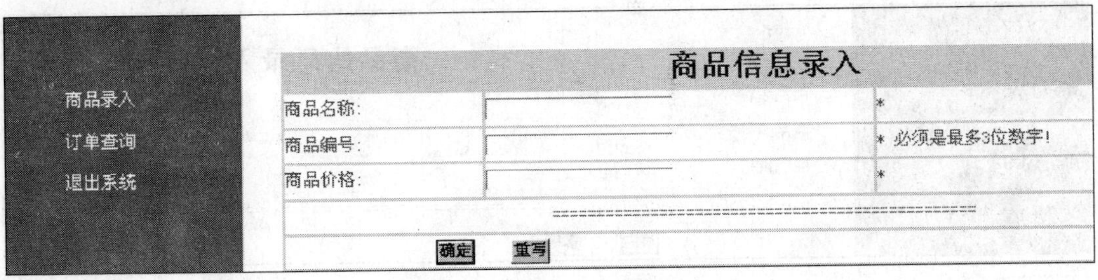

图 11—8　后台管理主界面

```
〈form action = "input.asp" name = "form1" method = "post" onsubmit = "return checkForm( )"〉
  〈table width = "100 %" border = "1" cellspacing = "0" cellpadding = "0" bordercolor = "#e7e3e7" 〉
  〈input type = "hidden" name = "certnolist" /〉
  〈tr〉
    〈th colspan = "3" align = "center" bgcolor = "#e7e3e7"〉〈font size = " + 2"〉商品信息录入
〈/font〉〈/th〉
    〈/tr〉
    〈tr〉
      〈td width = "150"〉商品名称:〈/td〉
      〈td〉〈input type = "text" name = "stuname" /〉〈/td〉
      〈td〉〈DIV id = "stunameDiv"〉 * 〈/div〉〈/td〉
    〈/tr〉
    〈tr〉
      〈td〉商品编号:〈/td〉
      〈td〉〈input type = "text" name = "stunum" /〉〈/td〉
      〈td〉〈DIV id = "stunumDiv"〉 *          必须是 3 位数字! 〈/div〉〈/td〉
    〈/tr〉
    〈tr〉
      〈td〉商品价格:〈/td〉
      〈td〉〈input type = "text" name = "stuprice" /〉〈/td〉
        〈td〉〈DIV id = "stupriceDiv"〉 * 〈/div〉〈/td〉
    〈/tr〉
    〈tr〉
```

```
    <td colspan = "3" align = "center"> ===================================================== </td>
    </tr>
    <tr>
      <td colspan = "3" align = "left" >
                    
      <input type = "submit" value = "确定"/>    
      <input type = "reset" value = "重写"/>
      </td>
    </tr>
  </table>
  </form>
```

在主界面中我们调用了下面的 checkform 函数检验合法性，检查用户输入的商品信息的合法性，并规定商品号只能是三位数字，当输入大于 3 位字符时就提示出错，运行效果如图 11—9 所示。验证规则在本节相关技术中详细介绍，检验函数共有三个，分别如下：

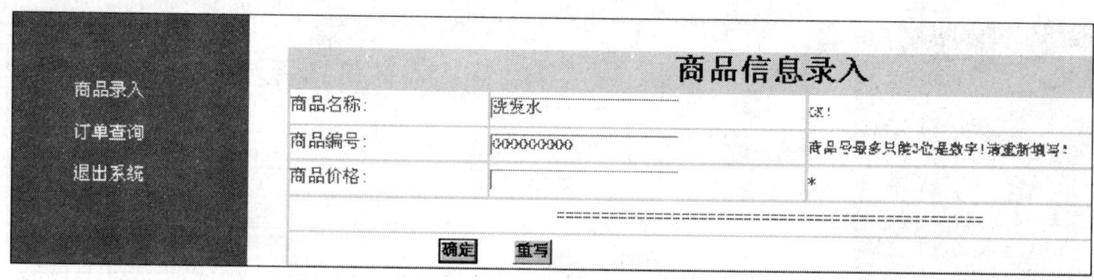

图 11—9　商品信息录入验证界面

验证合法性主程序段：

```
function checkForm ( )
{ if (checkName( )&&checkNum( )&&checkClass( ))
    {return true;
    }
    return false;
}
```

验证商品名称合法性代码段：

```
function checkName( )   {
        var stuname = document. form1. stuname;
        var oContainer = document. getElementById("stunameDiv");     '动态提示的层 ID 名称
        oContainer. className = "font_error";                        '提示文字的 CSS 样式
        if (stuname. value = = "") {
            oContainer. innerHTML = "请填写商品名称!";
            document. form1. stuname. focus( );
            return false;
        }
        oContainer. className = "font_true";
        oContainer. innerHTML = "OK! ";
    return true;
    }
```

验证商品编号合法性代码段：

```
function checkNum( ){
    var pNumber = document. form1. stunum;
    var oContainer = document. getElementById("stunumDiv");          //动态提示的层 ID 名称
    oContainer. className = "font_error";                             //提示文字的 CSS 样式
    var reg = /^[0 - 9] + $ /;                                        //检测的正则表达式
    if (pNumber. value. length! = 3) {
      oContainer. innerHTML = "商品号只能是 3 位!请重新填写!"
      document. form1. stunum. focus( );
      return false;
    }
    if ( !reg. test(pNumber. value) ) {
      oContainer. innerHTML = "商品号中只能用数字,请重新填写!";
      document. form1. stunum. focus( );
      return false;
    }
    oContainer. className = "font_true";
    oContainer. innerHTML = "OK! ";
    return true;
}
```

验证商品价格合法性代码段：

```
function checkprice( )  {
    var stuclass = document. form1. stuprice;
    var oContainer = document. getElementById("stupriceDiv");        //动态提示的层 ID 名称
    oContainer. className = "font_error";                             //提示文字的 CSS 样式
    var reg =  /^[0 - 9] + $ /;                                       //检测的正则表达式
    if ( !reg. test(stuclass. value) ) {
    oContainer. innerHTML = "商品价格精确到小数点后两位,请重新填写!";
    document. form1. stuclass. focus( );
    return false;
    }
    oContainer. className = "font_true";
    oContainer. innerHTML = "OK! ";
return true;
}
```

通过输入验证后将成功入库，并显示提示信息，显示效果如图 11—10 所示，入库代码段如下：

Microsoft Internet Explorer

商品信息录入成功

确定

图 11—10　成功入库

```
<!-- #include file = "validateuser.asp"-->
<!-- #include file = "conn.asp"-->
< %
        dim F_stuprice, F_stuname, F_stunum
        F_stuprice = trim(request("stuprice"))
        F_stuname = trim(request("stuname"))
        F_stunum = trim(request("stunum"))
         set rs = server. CreateObject("adodb. recordset")
        sqlstr = "select  *  from smallr"
        rs. open sqlstr, objconn, 1, 3
```

```
            rs.addnew
            rs("定价") = F_stuprice
            rs("品名") = F_stuname
            rs("商品号") = F_stunum
            rs.update
            rs.close
            set rs = nothing
              objconn.close
              set conn = nothing
              response.Write("<script type = 'text/javascript'>alert('商品信息录入成功');location.
replace('inputcertificate.asp');</script>")
    %>
```

后面我们将介绍订单信息的编辑功能，所以对于商品的编辑功能在此不再一一介绍，有兴趣的读者可以参照后面订单信息编辑功能来实现商品信息编辑功能。

③订单信息编辑。订单信息编辑涉及订单信息查询、修改、删除，其中查询可以按不同字段查询。

在订单查询功能中，我们可以根据不同字段查找订单的信息，并根据客户名称、商品编号、商品名称等查询，其中商品名称的下拉列表框列出了所有商品名称，用户可以通过选择很方便地进行商品查询，查询效果如图 11—11 所示。查询实代码如下：

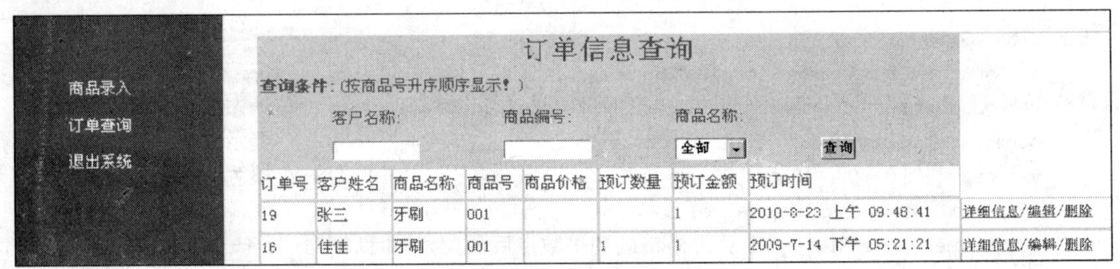

图 11—11　查询主界面

查询主界面代码段：

```
    <form action = "certquerySQL.asp" name = "form1">
    <table width = "100 % " border = "1" cellspacing = "0" cellpadding = "0" bordercolor = " # e7e3e7" >
    <tr><th colspan = "8" align = "center"bgcolor = " # e7e3e7"><font size = " + 2">商品销售信息查询
</font></th>
    </tr><tr>
        <td colspan = "8" bgcolor = " # e7e3e7" ><Strong>查询条件:</Strong>(按商品号升序顺序显示!)
<br/>
        <table width = "80 % " bgcolor = " # e7e3e7">
            <tr> <td>客户名称:</td>
                <td>商品编号:</td>
                <td>商品名称:</td>
                <td></td><td></td><td></td>
            </tr> <tr>
                <td><input name = "yourname" type = "text" id = "yourname" size = "10" /></td>
                <td><input name = "certnum" type = "text" id = "certnum" size = "10" /></td>
                <td><select name = "yourprice">
                    <option value = "0">全部</option>
```

```
            <%  set rs = server.createobject("adodb.recordset")
                sql = "select distinct 品名 from sheetb"
                rs.CursorLocation = 3
                rs.open sql,objconn
                for i = 1 To rs.RecordCount %>
                    <option value = "<% = rs("品名") %>"><% = rs("品名") %></option>
            <% rs.MoveNext
                Next
                rs.close
                set rs = nothing
            %>
          </select>
        </td><td></td> <td></td>
        <td><input type = "submit" value = "查询"/></td> </tr>
</table></td></tr>
<tr>
        <td>订单号</td>
        <td>客户</td>
        <td>品名</td>
        <td>商品号</td>
        <td>定价</td>
        <td>数量</td>
        <td>金额</td>
        <td>日期</td>
</tr>
<%
    dim i,intPage,page,pre,last,filepath
    set rs = server.CreateObject("adodb.recordset")
    sql = request("sql")
    if sql = "" or sql = empty then
      sql = "select * from sheetb order by 商品号"
    end if
    n = 20
    rs.PageSize = n                          '设定每页显示的记录数
    rs.CursorLocation = 3
    rs.Open sql,objconn,0,2,1                '执行你查询SQL并获得结果记录集
    pre = true
    last = true
    page = trim(Request.QueryString("page"))
    if len(page) = 0 then
      intpage = 1
      pre = false
    else
        if cint(page)<= 1 then
          intpage = 1
          pre = false
        else
          if cint(page)>= rs.PageCount then
                intpage = rs.PageCount
                last = false
          else
                intpage = cint(page)
```

```
            end if
          end if
        end if
        if not rs.eof then
            rs.AbsolutePage = intpage
        end if
        if rs.eof then
        %>
        <font color = "red">没有符合条件的商品信息!</font>
        <%
        end if
        %>
        <!--循环开始-->
      <%
      for i = 1 to rs.PageSize
          if rs.EOF or rs.BOF then exit for
        %>
                <tr><td><% = rs("订单号") %></td>
                  <td><% = rs("客户") %></td>
                  <td><% = rs("品名") %></td>
                  <td><% = rs("商品号") %></td>
                  <td><% = rs("定价") %></td>
                  <td><% = rs("数量") %></td>
                  <td><% = rs("金额") %></td>
                  <td><% = rs("日期") %></td>
                  <td> <a href = "certdetails.asp?id = <% = rs("订单号") %>&page = <% = in-
tpage %>&sql = <% = sql %>"><font size = "-1">详细信息</font></a>/<A href = "updateInfo.asp?id = <%
= rs("订单号") %>&page = <% = intpage %>&sql = <% = sql %>"><font size = "-1">编辑</font></A>/<a
href = "deletecert.asp?id = <% = rs("订单号") %>&page = <% = intpage %>&sql = <% = sql %>" onclick
= "return onIssubmit( )"><font size = "-1">删除</font></a> </td></tr>
              <%
                rs.movenext
                next
              %>
        <tr><td colspan = "8">
        <table width = "99%" border = "0" cellpadding = "0" cellspacing = "0">
        <tr><td align = "right"><% if rs.pagecount > 0 then %>当前 <font color = "#FF0000">
<% = intpage %>/<% = rs.PageCount %></font> 页<% else %>当前 0/0 页<% end if %>  现有记
录 <font color = "#FF0000"><% = rs.recordcount %></font> 条 每页显示 <font color = "#FF0000"><% = n %>
</font> 条 [<a href = "?page = 1&sql = <% = sql %>">首页</a>
                    <% if pre then %>
                    <a href = "?page = <% = intpage-1 %>&sql = <% = sql %>">上页</a> 
<% end if %>
                    <% if last then %>
                      <a href = "?page = <% = intpage + 1 %>&sql = <% = sql %>">下页</a> <%
end if %>
                     <a href = "?page = <% = rs.PageCount %>&sql = <% = sql %>">末页</a> ]
 转到第
                    <select name = "sel_page" onchange = "javascript:location = this.options
[this.selectedIndex].value;">
                    <%
                      for i = 1 to rs.PageCount
```

```
                    if i = intpage then %>
                      <option value = "?page = <% = i%>&sql = <% = sql%>" selected><% = i%></option>
                    <%else%>
                      <option value = "?page = <% = i%>&sql = <% = sql%>"><% = i%></option>
                      <%
                    end if
                  next
                %>
              </select>页</font>
            </td></tr>
          </table> </td>
        </tr>
      </table>
</form>
```

查询子程序代码段如下：

```
<!--#include file = "validateuser.asp"-->
<%
    dim F_State,F_type,F_stuname,F_certid,F_price
    sql = "select * from sheetb "
    condition = ""
    F_class = trim(request("yourprice"))
    if (F_price<>"0" and condition<>"" ) then
        condition = condition + " and 定价 = '"&F_prices&"' "
        response.Write("<script>alert('0condition = "&condition&"');</script>")
    else if(F_class<>"0") then
        condition = condition + " 定价 = '"&F_price&"' "
        end if
    end if
    F_stuname = trim(request("yourname"))
    if(F_stuname<>"" and condition<>"") then
        condition = condition + " and 客户 = '"&F_stuname&"' "
    else if(F_stuname<>"") then
        condition = condition + " 客户 = '"&F_stuname&"' "
        end if
    end if
    F_certid = trim(request("certnum"))
    if(F_certid<>"" and condition<>"") then
      condition = condition + " and 商品号 = '"&F_certid&"' "
    else  if(F_certid<>"") then
            condition = condition + " 商品号 = '"&F_certid&"' "
          end if
    end if
    if(condition<>"") then
      sql = sql + " where " + condition
    end if
    response.Redirect("certquery.asp?sql = "&sql&"")
%>
```

通过查询，我们可以获得我们所需的信息，还可以对该信息进行修改、删除及进一步查询详细信息操作，如图 11—12 所示，我们查询订购“牙刷”的顾客，我们可以选择某一行最后一列显示的“详细信息/编辑/删除”进行进一步操作。图 11—13 为显示详细信息效果图，图 11—14 为编辑某订单信息效果图。

客户名称： 商品编号：001 商品名称：全部 查询

订单号	客户姓名	商品名称	商品号	商品价格	预订数量	预订金额	预订时间	
2	张三	牙刷	001	1	12	12	2006-5-16 下午 04:42:58	详细信息/编辑/删除
8	康六	牙刷	001	1	1	1	2009-6-7 上午 10:05:12	详细信息/编辑/删除
13	陈八	牙刷	001	1	1	1	2009-7-14 下午 05:17:58	详细信息/编辑/删除
14	言言	牙刷	001	1	1	1	2009-7-14 下午 05:18:03	详细信息/编辑/删除
16	佳佳	牙刷	001	1	1	1	2009-7-14 下午 05:21:21	详细信息/编辑/删除
19	张三	牙刷	001	1	1	1	2010-8-23 上午 09:48:41	详细信息/编辑/删除

当前 1/1 页 现有记录 6 条 每页显示 20 条 [首页 下页 末页] 转到第 1 页

图 11—12 查询结果图

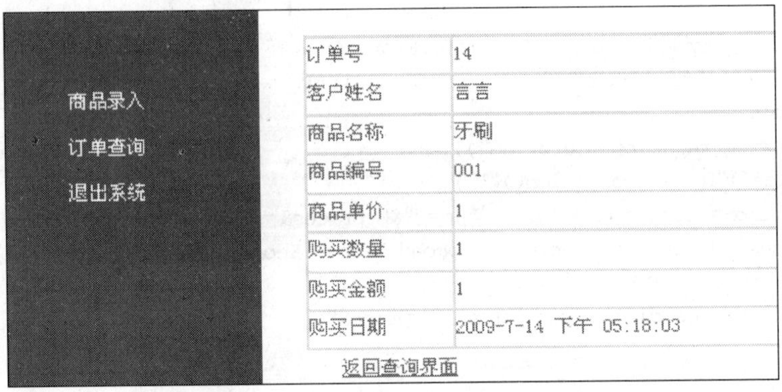

商品录入
订单查询
退出系统

订单号	14
客户姓名	言言
商品名称	牙刷
商品编号	001
商品单价	1
购买数量	1
购买金额	1
购买日期	2009-7-14 下午 05:18:03

返回查询界面

图 11—13 单条订单情况详细信息显示界面

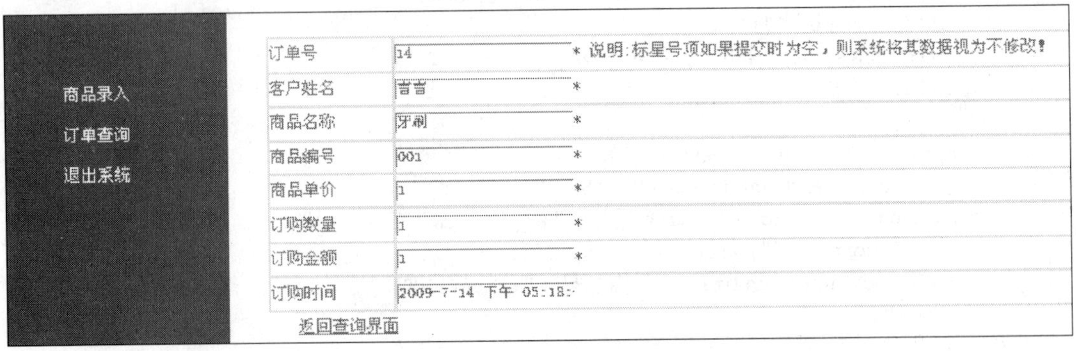

商品录入
订单查询
退出系统

订单号	14 * 说明：标星号项如果提交时为空，则系统将其数据视为不修改！
客户姓名	言言 *
商品名称	牙刷 *
商品编号	001 *
商品单价	1 *
订购数量	1 *
订购金额	1 *
订购时间	2009-7-14 下午 05:18:

返回查询界面

图 11—14 编辑订单详细信息界面

显示详细信息代码如下：

```
<%
    Set rs = Server.CreateObject("ADODB.Recordset")
    sqlstr = "select * from sheetb where 订单号 = "&trim(request("id"))
```

```
    rs.open sqlstr,objconn,0,2,1
  %>
  <table width="100%" border="1" cellspacing="0" cellpadding="0" bordercolor="#e7e3e7">
    <tr><td width="100">订单号</td>
      <td ><%=rs("订单号")%> </td></tr>
    <tr><td>客户姓名</td>
      <td><%=rs("客户")%> </td></tr>
    <tr><td>商品名称</td>
      <td><%=rs("品名")%> </td></tr>
    <tr><td>商品编号</td>
      <td><%=rs("商品号")%> </td></tr>
    <tr><td>商品单价</td>
      <td><%=rs("定价")%> </td></tr>
    <tr><td>购买数量</td>
      <td><%=rs("数量")%> </td></tr>
    <tr><td>购买金额</td>
      <td><%=rs("金额")%> </td></tr>
    <tr><td>购买日期</td>
      <td><%=rs("日期")%> </td></tr>
  </table>
```

编辑订单详细信息界面代码段如下：

```
  <%
    Set rs=Server.CreateObject("ADODB.Recordset")
    sqlstr="select * from sheetb where 订单号="&trim(request("id"))
    rs.open sqlstr,objconn
  %>
  <form name="form1" method="get" action="update.asp" onsubmit="return checkalltime()">
  <table width="100%" border="1" cellspacing="0" cellpadding="0" bordercolor="#e7e3e7">
    <tr><td width="100">订单号</td>
      <td ><input name="ID" type="hidden" value="<%=rs("订单号")%>" />
      <input name="num" type="text" id="num" value="<%=rs("订单号")%>" />*  说明:标
星号项如果提交时为空,则系统将其数据视为不修改!</td></tr>
    <tr><td>客户姓名</td>
      <td><input name="name" type="text" id="name" value="<%=rs("客户")%>"/>*</td>
</tr>
    <tr><td>商品名称</td>
      <td><input name="class" type="text" id="class" value="<%=rs("品名")%>"/>*
</td></tr>
    <tr><td>商品编号</td>
      <td><input name="zy" type="text" id="zy" value="<%=rs("商品号")%>"/>*</td></
tr>
    <tr><td>商品单价</td>
      <td><input name="sfzh" type="text" id="sfzh" value="<%=rs("定价")%>" />*<div
id="sfzhDiv"></div></td></tr>
    <tr><td>订购数量</td>
      <td><input name="time" type="text" value="<%=rs("数量")%>" />*<div id="time-
Div"></div></td></tr>
    <tr><td>订购金额</td>
      <td><input name="dwmc" type="text" value="<%=rs("金额")%>" />*</td></tr>
    <tr><td>订购时间</td>
```

```
        <td><input name="jcsj" type="text" value="<% =rs("日期")%>" /><div id="jc-
sjDiv"></div></td>
      </tr>
  </table>
```

删除主程序代码段如下：

```
<%
  dim sql
  sql="DELETE * from sheetb where 订单号=" & trim(request("id"))
  objconn.execute(sql)
  response.Write("<script type='text/javascript'>alert('删除成功!');</script>")
  response.Write("<script
  type='text/javascript'>location.replace('certquery.asp?page="&request("page")&"&sql=
      "&server.UrlEncode(request("sql"))&"');</script>")
%>
```

这样，我们就可以很方便地对订单信息进行编辑，其他程序在此我们就不一一介绍，详见光盘所附代码。

11.2.2 相关技术：正则表达式

在ASP的页面表单中，一个非常重要的工作就是对用户的输入进行验证，本项目中当我们输入商品信息中的商品号时，输入任意一串字符就会有一段错误信息，要求必须输入正确的商品号，这就是一种验证。

在11.2.1节已列出验证的有关代码，下面将着重介绍与分析此技术的实现。

在代码11—16中，正则表达式：/^[0-9]+$/是我们要匹配一个模板，要求用户输入的是0～9中的数字，如果不匹配，就表明待处理的数据不是合法的数据，从而也就实现了数据合法性的校验。可以看出，使用一个设计合理的匹配模板（也称为正则表达式），通过它我们可以轻松地校验一批格式类似的数据信息。

在书写正则表达式的模式时使用了特殊的字符和序列。下面描述了可以使用的字符和序列。

\：将下一个字符标记为特殊字符或字面值。例如,"n"与字符"n"匹配,"\n"与换行符匹配，序列"\\"与"\"匹配,"\("与"("匹配。

^：匹配输入的开始位置。

$：匹配输入的结尾。

：匹配前一个字符零次或几次。例如,"zo"可以匹配"z"、"zoo"。

+：匹配前一个字符一次或多次。例如,"zo+"可以匹配"zoo"，但不匹配"z"。

?：匹配前一个字符零次或一次。例如,"a?ve?"可以匹配"never"中的"ve"。

.：匹配换行符以外的任何字符。

x|y：匹配x或y。例如,"z|food"可匹配"z"或"food","(z|f)ood"匹配"zoo"或"food"。

{n}：n为非负的整数。匹配恰好n次。例如,"o{2}"不能与"Bob"中的"o"匹配，但是可以与"foooood"中的前两个o匹配。

{n,}：n为非负的整数。匹配至少n次。例如,"o{2,}"不匹配"Bob"中的"o"，但是匹配"foooood"中所有的o;"o{1,}"等价于"o+"。"o{0,}"等价于"o*"。

{n, m}：m和n为非负的整数。匹配至少n次，至多m次。例如,"o{1,3}"匹配

"foooood"中前三个 o;"o{0,1}"等价于"o?"。

[xyz]：一个字符集，与括号中字符的其中之一匹配。例如,"[abc]"匹配"plain"中的"a"。

[^xyz]：一个否定的字符集。匹配不在此括号中的任何字符。例如,"[^abc]"可以匹配"plain"中的"p"。

[a-z]：表示某个范围内的字符。与指定区间内的任何字符匹配。例如,"[a-z]"匹配"a"与"z"之间的任何一个小写字母字符。

[^m-z]：否定的字符区间。与不在指定区间内的字符匹配。例如,"[m-z]"与不在"m"到"z"之间的任何字符匹配。

\b：与单词的边界匹配，即单词与空格之间的位置。例如,"er\b"与"never"中的"er"匹配，但是不匹配"verb"中的"er"。

\B：与非单词边界匹配。"ea*r\B"与"never early"中的"ear"匹配。

\d：与一个数字字符匹配，等价于 [0-9]。

\D：与非数字的字符匹配，等价于 [^0-9]。

\f：与分页符匹配。

\n：与换行符字符匹配。

\r：与回车字符匹配。

\s：与任何白字符匹配，包括空格、制表符、分页符等，等价于"[\f\n\r\t\v]"。

\S：与任何非空白的字符匹配。等价于"[^\f\n\r\t\v]"。

\t：与制表符匹配。

\v：与垂直制表符匹配。

\w：与任何单词字符匹配，包括下划线，等价于"[A-Za-z0-9 _]"。

\W：与任何非单词字符匹配，等价于"[^A-Za-z0-9 _]"。

\num：匹配 num 个，其中 num 为一个正整数。引用回到记住的匹配。例如,"(.)\1"匹配两个连续的相同的字符。

根据以上的原则和上面表中的语法，我们就不难分析如下模板：

```
"(\w)+[@]{1}(\w)+[.]{1,3}(\w)+"
```

“\w”表示开始字符只能是包含下划线的单词字符；

“[@]{1}”表示应当匹配并且只能匹配一次字符“@”；

“[.]{1,3}”表示至少匹配 1 个至多匹配 3 个字符 “.”；

模板最后的“(\w)+”表示结尾的字符只能是包含下划线在内的单词字符；

模板中间的“(\w)+”表示只能是包含下划线的单词字符。

显而易见这是一个电子邮件匹配模板 xxx@yyy.com.cn，利用模板，我们就可以方便快捷的进行数据的合法性校验了。

项目实训 11　在线订单库商品信息编辑

1. 实训目的

(1) 通过实训掌握对数据库内容进行编辑的技术；

(2) 掌握并灵活运用正则表达式。

2. 实训情景引入

任务 2 中已对在线订单后台管理的页面设计、数据表设计与代码设计进行了详细地阐述，只是完整的商品编辑功能未在任务 2 中给出。为全面了解并掌握在线订单的设计原理与方法，本项目实训的主要任务是要求在任务 2 的基础上，添加商品信息的编辑功能，建立完整的在线订单系统。

3. 实训步骤

（1）页面设计。参照图 11—11 的页面风格，来设计在线订单后台管理商品页面。

（2）数据表设计。参照任务 1 中数据表设计方法，在数据库 EnterpriseData 中添加表 Smallr，表结构参照表 11—2。

（3）代码设计。在第一步基础上，同时参照任务 2 的编辑门单详细信息代码，即可完成商品编辑功能程序的设计。

习 题 11

一、选择题

1. 正则表达式[\(\.\-\)]{1}验证正确的是（　　）

A.（　　B.）　　C..　　D.-

2. 正则表达式“.{1,}[区,市,省]{1}.{1,}[区,市].{1,}[街,路]{1}[0－9]{1,}号.[公寓,小区]{1}[0-9]{5}室”验证正确的是（　　）

A. 浙江省杭州市下沙路 256 号富康公寓 16 幢 18601 室

B. 上海市徐汇区交大路 245 号高教村 8 幢 306 室

C. 宁夏回族自治吴忠市裕民大街 265 号西湖小区 8 幢 302 室

D. 浙江省杭州市西湖大道 126 号金星大厦 16 层 1601 室

二、思考与练习题

1. 解释正则规则：[A-Za-z0-9_\-\.]{3,}。

2. 利用项目 11 中所介绍的技术，基于任务 1 的代码，设计一个多种商品类别的在线订单系统。

参考文献

[1] 魏善沛 . Web 数据库基础教程 . 北京：中国铁道出版社，2003

[2] 洪江龙 . DreamweaverMx 网页制作实用教程 . 北京：人民邮电出版社，2003

[3] 胡本峰 .asp 动态网站开发从基础到实践 . 北京：电子工业出版社，2007

[4] 郭瑞军 .asp 数据库开发实例精粹 . 北京：电子工业出版社，2007

[5] 刘好增 .asp 动态网站开发实践教程 . 北京：清华大学出版社，2007

[6] 明日科技 .asp 开发典型模块大全 . 北京：人民邮电出版社，2009

[7] 吕凤顺 . SQL Server 数据库基础与实训教程 . 北京：清华大学出版社 . 2006

[8] 杨力学 .asp 商业网站整站集成开发 . 北京：电子工业出版社 . 2007

[9] 龙马工作室 .asp＋Access 网站开发实例精讲 . 北京：人民邮电出版社 . 2007

[10] 冯昊 .asp 动态网页设计与上机指导 . 北京：清华大学出版社，2002

[11] 杨冀川 .asp 动态网站设计实战 [M]. 北京：机械工业出版社，2000

[12] Mike Morrison，Jonline Morrison. 数据库的 WEB 站点 . 北京：清华大学出版社，2002

[13] 余雷，周松建 .asp. NET 应用开发百例 . 北京：清华大学出版社，2003

[14] 李劲 . 精通 ASP 数据库设计 . 北京：科学出版社，2001

[15] 白鉴聪，王进 . JavaScript 网页效果大师 . 北京：机械工业出版社，2001

[16] 陈剑瓯 . Tom Negrino，Dori Smith. JavaScript 基础教程（第 7 版）[J]. Peachpit Press. 2009

教育部高职高专计算机教指委规划教材

序号	标准书号	书　名	主　编	定价(元)	备　注
1	ISBN 978-7-300-12890-0	大学计算机基础教程	舒望皎、王瑛舒雅	26.00	配备教学资源
2	ISBN 978-7-300-	计算机信息技术基础与实训教程	王洪香、孟祥瑞	27.00	即将出版
3	ISBN 978-7-300-12889-4	C 语言程序设计项目教程	吕新平	29.80	配备教学资源
4	ISBN 978-7-300-13434-5	算法与数据结构（C 语言版）	田晶、金鑫	28.00	配备教学资源
5	ISBN 978-7-300-12888-7	计算机组装与维修案例教程·浙江省高校重点教材建设（高职高专）	张海波	28.00	配备教学资源
6	ISBN 978-7-300-	计算机网络技术项目教程	向隅	29.00	即将出版
7	ISBN 978-7-300-11722-5	ASP. NET 网络程序设计	崔连和	28.00	配备教学资源
8	ISBN 978-7-300-13432-1	现代办公自动化项目教程（Windows XP＋Office2010）	靳广斌	29.00	配备教学资源
9	ISBN 978-7-300-11475-0	软件工程技术与实用开发工具	王伟	26.00	配备教学资源
10	ISBN 978-7-300-	软件测试技术与项目实训	于艳华	28.00	即将出版
11	ISBN 978-7-300-12061-4	Java 程序设计项目教程	张兴科、季昌武	29.80	配备教学资源
12	ISBN 978-7-300-12059-1	Java 网络程序设计项目教程——校园通系统的实现	王茹香	25.00	配备教学资源
13	ISBN 978-7-300-12060-7	JSP 动态网站设计项目教程	张兴科	28.00	配备教学资源
14	ISBN 978-7-300-12504-6	Dreamweaver CS 网页设计与实训教程	史晓红、章立	29.00	配备教学资源
15	ISBN 978-7-300-12887-0	SQL Server 2005 数据库案例教程	尹毅峰、李东	28.00	配备教学资源
16	ISBN 978-7-300-13435-2	Web 数据库设计项目教程	邵冬华	29.00	配备教学资源
17	ISBN 978-7-300-12759-0	企业级网站开发项目教程（ASP. NET）	陈义辉、沙继东	32.00	配备教学资源
18	ISBN 978-7-300-12891-7	动态网站开发技术项目教程（ASP. NET）	牛立成	29.00	配备教学资源
19	ISBN 978-7-300-13430-7	基于 C#的 Windows 应用程序设计项目教程	刘昌明、郑卉	28.00	配备教学资源
20	ISBN 978-7-300-13246-4	数据库开发技术项目教程（SQL Server 2008＋C＃2008）	王跃胜	28.00	配备教学资源
21	ISBN 978-7-300-13431-4	Windows Server 操作系统维护与管理项目教程	王伟	29.00	配备教学资源
22	ISBN 978-7-300-13433-8	Linux 网络服务器搭建管理与应用	周奇	28.00	配备教学资源
23	ISBN 978-7-300-	数字电子技术及 EDA 设计项目教程	王艳芬、候聪玲	28.00	即将出版
24	ISBN 978-7-300-	Flash CS5 动画设计项目实践教程	周奇	29.00	即将出版
25	ISBN 978-7-300-12892-4	Premiere Pro CS4 视频编辑项目教程（彩印）	尹敬齐	38.00	配备教学资源
26	ISBN 978-7-300-12894-8	中文版 Photoshop 设计与制作项目教程(彩印)	张小志、高欢	35.00	配备教学资源
27	ISBN 978-7-300-12893-1	3ds Max 动画设计与制作项目教程（彩印）	许广彤	35.00	配备教学资源
28	ISBN 978-7-300-12886-3	网页美术设计（彩印）	许广彤	42.00	配备教学资源

全国高职高专计算机系列精品教材

序号	标准书号	书　名	主　编	定价(元)	备　注
1	ISBN 978-7-300-12039-3	网络管理与维护	马志彬	26.00	配备教学资源
2	ISBN 978-7-300-12437-7	计算机应用基础	沈美莉、陈孟建、池敏	32.00	
3	ISBN 978-7-300-12435-3	计算机应用基础实训	刘静	26.00	
4	ISBN 978-7-300-12458-2	C 语言程序设计	汪剑	25.00	
5	ISBN 978-7-300-12432-2	Java 实例应用教程	王建虹	26.00	
6	ISBN 978-7-300-12459-9	计算机组成原理	朱小军	25.00	
7	ISBN 978-7-300-12429-2	计算机网络技术实训教程	曹建春	28.00	
8	ISBN 978-7-300-12431-5	Dreamweaver 网页设计与制作案例教程	李敏	26.00	
9	ISBN 978-7-300-12428-5	计算机组装与维护	陈桂生	22.00	
10	ISBN 978-7-300-12434-6	多媒体应用技术基础教程	张明	20.00	
11	ISBN 978-7-300-12436-0	三维动画设计与制作	向华	28.00	
12	ISBN 978-7-300-12430-8	数据结构导论	蔡厚新	39.80	
13	ISBN 978-7-300-12438-4	操作系统概论	杨云	29.00	
14	ISBN 978-7-300-12433-9	二维动画制作技术	牟奇春	26.00	

图书在版编目（CIP）数据

Web 数据库设计项目教程/邵冬华主编. —北京：中国人民大学出版社，2011
（教育部高职高专计算机教指委规划教材）
ISBN 978-7-300-13435-2

Ⅰ.①W… Ⅱ.①邵… Ⅲ.①互联网络-数据库管理系统-高等学校-教材 Ⅳ.①TP393.4

中国版本图书馆 CIP 数据核字（2011）第 032183 号

教育部高职高专计算机教指委规划教材
Web 数据库设计项目教程
主　编　邵冬华
副主编　周军　王海　居晓琴　吴小峰

出版发行　中国人民大学出版社
社　　址　北京中关村大街 31 号　　邮政编码　100080
电　　话　010－62511242（总编室）　　010－62511398（质管部）
　　　　　010－82501766（邮购部）　　010－62514148（门市部）
　　　　　010－62515195（发行公司）　　010－62515275（盗版举报）
网　　址　http://www.crup.com.cn
　　　　　http://www.ttrnet.com(人大教研网)
经　　销　新华书店
印　　刷　北京雅艺彩印有限公司
规　　格　185 mm×260 mm　16 开本　　版　　次　2011 年 4 月第 1 版
印　　张　16.25　　印　　次　2011 年 4 月第 1 次印刷
字　　数　393 000　　定　　价　29.00 元

教师信息反馈表

为了更好地为您服务，提高教学质量，中国人民大学出版社愿意为您提供全面的教学支持，期望与您建立更广泛的合作关系。请您填好下表后以电子邮件或信件的形式反馈给我们。

您使用过或正在使用的我社教材名称		版次	
您希望获得哪些相关教学资料			
您对本书的建议（可附页）			
您的姓名			
您所在的学校、院系			
您所讲授课程名称			
学生人数			
您的联系地址			
邮政编码		联系电话	
电子邮件（必填）			
您是否为人大社教研网会员	□是　会员卡号：＿＿＿＿＿＿ □不是，现在申请		
您在相关专业是否有主编或参编教材意向	□是　□否 □不一定		
您所希望参编或主编的教材的基本情况（包括内容、框架结构、特色等，可附页）			

我们的联系方式：北京市海淀区中关村大街 31 号
中国人民大学出版社教育分社
邮政编码：100080
电话：010-62515923
网址：http://www.crup.com.cn/jiaoyu
E-mail：jyfs_2007@126.com